第三届中国环境艺术设计国际学术研讨会论文集

# 中国环境艺术设计·景论

Analects of China Environment Art Design

鲍诗度 主编

中国建筑工业出版社

# 前 言

当我们一股劲冲进国民经济 GDP 总量为世界第二大经济体时，许多问题不断地向我们迎面袭来。现代化建设在规模、速度、效益的巨大压力下，建设环境的同时不知不觉又在破坏环境。尊重自然发展规则，提高实际高效益，提升环境景观品质，提纯景观环境文化内涵，是当今中国景观建设发展过程中专家学者和政府都很关注的前沿问题。

中国景观设计是多元的，有侧重于园林绿化设计，有侧重于环境设计，有侧重于建筑外空间设计，有侧重于环境设施设计等等。参与者是多层面的，专业倾向是多方面的，设计范畴较广，涉及领域较多而各有优势。不管什么样的景观设计，首先要以人为本，遵循自然法则，不违背这个法则，核心是生态，目的是可持续。

高质量的景观设计是高品质景观建设的基本保障。如何达到高品质的景观设计？汲取各方面的精华，多角度研讨、碰撞，是个不错的方式。来之荷兰、德国、日本、中国的设计大师和学者专家及与会各位代表，就第三届中国环境艺术设计国际研讨会的主题在景观设计与生态及未来进行了多层次，多视角地深入探讨，把大家真知灼见汇编成册，是会议主办者的职责。研讨会前后期间，会议主持人与几位专家就各自关心的问题进行探讨，双方研讨范围涉及较广，节选部分与会议主题有关的对话内容刊载本集中，以飨读者。

东华大学历次中国环境艺术设计国际学术研讨会能够圆满召开和会议论文集的顺利出版，与各位同仁、各位专家学者和编辑们鼎力支持及辛劳是分不开的，值此论文集出版一并致以由衷感谢。

鲍诗度

东华大学环境艺术设计研究院院长 教授

2011 年 10 月

# 第三届中国环境艺术设计国际学术研讨会
# 致 辞

## 致辞 1

各位来宾、各位专家，大家早上好！

今天我们非常荣幸地举办第三届中国环境艺术设计国际学术研讨会。在会议开始之前，请允许我介绍出席这次研讨会的嘉宾：东华大学党委书记朱绍中教授；中国建筑工业出版社总编辑沈元勤先生；荷兰驻上海总领事馆副总领事浦熙烨先生；中国建设文化艺术协会环境艺术委员会副会长陈汉青教授；日本世界建筑大师长谷川逸子（Itsuko Hasegawa）女士；德国艺术家、著名景观建筑师马库斯·海因斯多夫（Markus Heinsdorff）先生；荷兰环境能源部城市可持续发展 C2C 协会主席大卫·杨·姚斯特拉（Douwe Jan Joustra）先生；日本早稻田大学理工学术院教授、景观学研究专家佐佐木叶（Yoh Sasaki ）女士；德国著名景观设计师提尔·雷瓦德（Till Rehwaldt）教授。今天出席会议的还有清华大学、同济大学、华东师范大学、天津美术学院、哈尔滨工业大学、重庆大学、上海理工大学、上海大学、青岛大学、南京工业大学、上海第二工业大学、上海交通大学、复旦大学视觉艺术学院、重庆科技学院、上海商学院、武汉理工大学、苏州大学等来自全国各地高校的专家、学者。同时，今天还有来自文汇报、解放日报、新民晚报、东方早报、上海电台、设计新潮、羊城晚报、搜狐网、新浪网等多家媒体的朋友们也出席了我们的会议。在此，我们对各位专家及来宾的到来表示衷心的感谢和热烈的欢迎！

俞建勇
东华大学 副校长 教授

# 致辞 2

尊敬的朱绍中书记，尊敬的荷兰驻上海总领事馆副总领事浦熙烨先生，尊敬的俞建勇副校长，尊敬的中国建设文化艺术协会环境艺术委员会副会长陈汉青教授，尊敬的长谷川逸子教授等国际友人，各位专家，各位来宾，大家下午好！非常高兴参加由东华大学、中国建筑工业出版社和清华大学联合主办的“第三届中国环境艺术设计国际学术研讨会”。我谨代表中国建筑工业出版社向此次会议的隆重召开表示热烈祝贺，对各位专家、老师、朋友的光临表示热烈的欢迎和诚挚的感谢。东华大学作为国家 211 工程重点大学，多年来在教学科研领域不断改革和创新，为我国相关学科的发展起到了一定的推动作用，是我社保持长期密切合作的伙伴。几年来，我社与东华大学共同努力，开展了一系列学术活动，和鲍诗度教授等专家密切交流、精心策划并成功编纂出版了《中国环境艺术设计年鉴》等一批建筑与环境艺术设计方面的经典图书和教材。这次以“低碳、景观、未来”为主题的学术盛会，意在探讨和研究建筑和景观的设计趋势，搭建多学科交流的互动平台，加快我国环境艺术设计领域和国际接轨的步伐。相信与会专家高水平、高质量的演讲，会更进一步拓展中国环境艺术设计的思维与方法，推动我国环境艺术设计向更精彩的方向发展。中国建筑工业出版社是住房和城乡建设部直属的中央级专业科技出版社，50 多年来一直肩负着整理、保护和弘扬中国传统的优秀建筑文化，促进中国建筑业科技进步，宣传中国建设成就的历史使命，为我国广大建设工作者贡献了大量的优秀建筑图书。出版的图书包括建筑学、城乡规划、风景园林与景观设计、室内设计、环境艺术设计、土木工程等建设类专业的理论、应用图书、规范和教材等，主要为我国建设行业服务。环境艺术设计作为一门新兴的综合性学科，其设计对象涉及自然生态环境与人文社会环境的各个领域。环境艺术设计日益受到关注，越来越多的高等院校设置了环境艺术设计专业。发展低碳经济和文化产业是我国“十二五”计划的重点之一，这次会议的主题非常好，适应了时代发展的需要。随着城乡化的快速发展以及人们生活水平的日益提高，人们对工作、生活的环境有更高、更美好的追求，这为我们环境艺术设计工作者提供了更广阔的发展空间，也为我们出版工作者提供了更好的发展机会。我社愿意与东华大学及各位在座的专家、学者及国际友人共同携手，出版更多更好的环境艺术设计方面的优秀出版物，为推动我国环境艺术设计学科的建设、培养环境艺术设计人才、提升我国环境艺术设计水平作出积极的贡献。最后衷心祝愿“第三届中国环境艺术设计国际学术研讨会”圆满成功，越办越好。谢谢！

沈元勤

中国建筑工业出版社 总编辑

# 致辞 3

尊敬的朱书记、俞校长、沈总编辑、浦熙烨理事和各位专家、学者、同仁，大家早上好！由东华大学、中国建筑工业出版社、清华大学联合举办的“第三届中国环境艺术设计国际学术研讨会”今天隆重开幕。我谨代表中国建设文化艺术协会环境艺术专业委员会，对大会的隆重召开表示最衷心、最热烈的祝贺。对各位同仁鼎力支持本届论坛的宝贵贡献，也致以最诚挚的谢意。由住房和城乡建设部多届领导人和一大批院士、学者、专家、编委组成的中国建设环境艺术委员会，长期以来致力于环境艺术的可持续发展，协会十分赞许本届大会的主题，它既是国委（国际学术研讨委员会）当前工作的重点，也是长期以来我们一贯坚持的环境艺术设计的理念。在北京和上海多次主办的中国环境艺术设计论坛中，一大批中国的专家、学者都以他们成功的理论和实践凸显了这一理念的学术价值和应用价值。黄粱飞驰，影响全世界的上海世博会即将闭幕，“后世博”时代即将到来，也就是说，“后世博”机制已经启动，面对这种现状，国人对深层环境文化质量以及低碳设计的要求与日俱增，特别是在经济全球化以后，我们国家和广大设计工作者针对全球一体化背景下的经济高速增长，环境设计转型能力的提升，以及对城市化进程中广大农村环境的再设计等一系列重大主题都急需探讨且极富意义和学术价值。城乡环境艺术的不断发展，推进低碳高增长的城市化、艺术化进程，这就是我国环境艺术工作者对人类的重大贡献。我们深信，在在座各位的共同努力下，这次会议一定会在这方面取得丰硕的成果。借此机会，感谢在座同仁长期对国委工作的支持以及对这次论坛工作的贡献。最后，预祝本届环艺研讨会圆满成功，并取得更加丰硕的成果，谢谢大家。

陈汉青

中国建设文化艺术协会环境艺术专业委员会 副会长

# 致辞 4

女士们、先生们，亲爱的朋友们、各位来宾，上午好！

今天，我非常荣幸能够来到东华大学参加第三届中国环境艺术设计国际学术研讨会。

随着中国城市人口的快速增长，人们对于低碳城市规划设计的需求不断增加。2010 年上海世博会的口号“城市，让生活更美好”清晰地体现了政府希望为全体市民建设一个安全、稳定、可持续以及低碳的环境。

作为一个人口稠密的国家，荷兰在低碳和绿色建筑与景观设计方面有着独到的见解。近 20 年来，低碳和绿色一直是城市规划政策的重要组成部分。此外，在能源利用效率方面，荷兰的绿色建筑标准在世界范围内一直名列前茅。荷兰专注于能源转换、资源再生利用和质量提升。

荷兰与中国在低碳设计与绿色建筑领域一直保持着紧密的合作。过去的几年中，很多荷兰专家与工作人员一直活跃在中国。我真诚地希望未来中荷之间的合作能够产出丰硕的果实！

Ladies and gentlemen, dear friends and guests, good morning!

I am honored to be here today to attend the 3rd International Seminar on China Environmental Art & Design in Donghua University.

With a rapid growth of the urban population in China, there is an increasing need for low-carbon urban landscape designing and planning. The slogan of the Shanghai 2010 World Expo “Better City, Better Life” clearly reflects this growing awareness of Chinese government. Creating a safe, stable and sustainable, low-carbon environment for all citizens is a socio-economic priority.

As a small and densely populated country, the Netherlands developed a distinctive knowledge base on low-carbon and sustainable design for building and landscaping. For the past two decades, low-carbon and sustainable building has been part of the urban planning policy. Moreover, the Dutch green building standards for energy efficiency are ranked among the highest in the world. Dutch focus areas are energy conservation, resource chain management (for example re-use of materials) and improvement of quality.

NL & CHN have been working closely together in the fields of low-carbon design & sustainable building. In the past several years, innovative Dutch key players in these sectors have become active in China. I wish for a continued fruitful cooperation between the Netherlands and China in the future!

浦熙烨

荷兰驻上海领事馆 副总领事

Mr. Maurice Pourchez

Consulate General of the Kingdom of the Netherlands, Shanghai. Vice Consul

# 致辞 5

尊敬的总编辑沈元勤先生，尊敬的浦熙烨副总领事，尊敬的长谷川大师，尊敬的环境艺术设计领域的各位专家学者、来宾们、朋友们：

大家上午好！

今天由东华大学和中国建筑工业出版社等共同主办的第三届中国环境艺术国际研讨会在我校隆重举行，首先我代表东华大学向来自国内外环境艺术设计领域的专家学者表示热烈的欢迎！

东华大学是国家重点建设的高校。学校具有悠久的办学历史，正式成立于 1951 年，时名“华东纺织工学院”，华纺是由当时的交通大学纺织系以及华东、中南、西南原有的 13 所纺织院系合并组建而成的新中国第一所纺织高等学府；1960 年被确定为全国重点高校：1985 年更名为“中国纺织大学”；1999 年更名为“东华大学”。学校目前设有 12 个专业学院，同时设有国际文化交流学院、继续教育学院和体育部。学校现有各类学生 28900 余人，其中研究生 5924 人，本科生 14879 人，留学生 3000 余人，继续教育学院 5083 人。

中国环境艺术设计学科的崛起和发展，是我国近年来极为重要的科学文化艺术成就之一。随着我国经济的高速发展，人们对生存环境空间的品质要求越来越高。环境艺术设计学术研究水平如何，决定着中国城市环境艺术生存空间质量的水平。本届中国环境艺术设计国际学术研讨会是在诸位同仁和专家学者鼎力支持下召开的，也为中国环境艺术设计领域的研究搭建了学术交流平台，更为中国环境艺术学科的发展起到良好的推动作用。

我校的环境艺术学科建设虽然取得了一定的成绩，但还须继续努力，也请各位专家学者为我校环境艺术学科的发展提出宝贵的建议和意见，今后我们将进一步加大与各位学者、专家的交流和合作。在此，也衷心地感谢各位专家、学者长期以来对东华大学环境艺术学科发展的帮助和支持！

最后，预祝研讨会取得丰硕的成果，预祝各位专家、学者、朋友们在东华收获友谊。

谢谢大家！

朱绍中

东华大学 党委书记 教授

# 目 录

# *CONTENT*

**演讲时间：** 2010年10月23日（周六）

**演讲地点：** 东华大学三教二楼演讲厅

**演讲人简介：** 长谷川逸子是日本当代著名世界建筑设计大师，日本环境设计创始者之一。1963年毕业于关东学院大学建筑学本科；1970年毕业于东京工业大学建筑学硕士。长谷川逸子不仅关注建筑的形式，更加关注建筑与城市的关系、地方性与国际化的关系，以及建筑所要表达的深刻内涵。1979年成立了以其个人名字命名的建筑事务所后，开始了个人创作之路。在建筑设计作品高产的同时，她先后于1988年、1992年担任早稻田大学的讲师和哈佛大学的名誉教授，并于1997年成为世界设计领域最权威的英国皇家建筑师学会（Royal institute of british Architects）的名誉会员，2006年成为美国建筑师学会（American Institute of Architects）名誉会员。

**现场翻译：** 李毅

# 21世纪建筑随想

# The thought about architecture in 21st century

长谷川逸子（日本）
Itsuko Hasegawa (Japan)

**文章标识码：** D

**主持人：** 各位专家、各位来宾，今天“第三届中国环境艺术设计国际学术研讨会”开幕式结束以后，我们就进行一次实质性的讨论。

首先，第一位演讲者是日本世界建筑大师长谷川逸子先生。长谷川逸子先生第一次来中国大学做学术演讲是去年6月在东华大学，和各位听众进行了非常热烈的对话。在我们东华大学做了三天的学术交流，反响空前。今天她又带来了新的作品呈现给各位，也是呈现给中国的设计界。下面以热烈掌声欢迎长谷川逸子先生。

**长谷川逸子：** 首先非常感谢受邀请来参加这次国际研讨会。去年6月23日，被邀请到东华大学做了一次讲座，非常感谢东华大学给我这样的机会。一年以来，我在海外的项目逐渐展开：其中包括在法国巴黎的塞纳河，以及在中国无锡还有两个项目正在积极地进展之中。

图 1，图 2
巴黎的商业住宅综合大楼

法国巴黎的塞纳河边是一块有很多植物，风景非常秀丽的基地，为了提高该基地的功能性，为了给法国巴黎这座城市带来更美丽的风景，我在这个基地上开始种植蘑菇。这个蘑菇可以随风吹到塞纳河边，希望它能够成为法国巴黎自然的一部分。

此项目是设计一栋高层的商业住宅综合大楼（图 1，图 2）。在这个大楼里每隔三层都有一道绿化花园。在大楼的某些部分设置了一些包括风车，风力发电装置，还有太阳能电池板的装置，通过这些装置真正地使建筑成为对环境没有影响并融合于环境之中的一栋高楼。在项目的商业高层旁边，还有一些住宅，可以隔着塞纳河欣赏到对岸非常美丽的公园景色。为了使住在附近的居民能够更加自然地享受对岸的美景，住宅楼里设计了很多桥梁，并以面对着公园的方向开窗和开口，进行了精心设计，使得居住在这里的人们能够享受到自然的感觉。基地里生长着一些有百年历史的大树，为了保留这些原来的历史记忆和植物，在设计住宅的时候，特意绕开了它们，使得这些植物能够和基地融为一体。

我想介绍的第二个项目，是在距离上海大约两小时左右火车车程的无锡。这个基地位于无锡市边缘，为了更好地和自然融合，无锡市政府将长江水引到基地中央，构成一个一千亩左右的水系，周围很多围绕这个水系的山脉被联系起来，形成一个山环水绕、非常漂亮的自然景观。大都市里设计住宅通常都是在平面上进行，为了能更好地把握自然，在这次设计中，尤其对基地前部的一些小住宅进行了一个垂直性、有坡状的设计；对后面的高层，则在立面上制作了很多绿化，以使垂直的自然能够延续。在该项目的前端，即低层区：共有 9 排联排别墅，在这些别墅之间，包括每个户型之间，全都建设了一个非常好的花园和绿化。经过此地的长江水流，沿着整个基地也形成一个大环绕。在别墅区，做到每家每户门前都有小河流过。高层住宅的设计特点就是垂直绿化，楼梯中间有很多方块，这些方块就是我们平时使用的阳台，阳台旁边预留了很多空调机组的位置，为把安装后的空调都能隐藏起来，带来更好的绿色环境，于是在空调机的位置外部设置了钢网，每家每户都有一块自行负责的垂直绿化，使得绿色和整个居民的生活能够融为一体。在这个阳台上面，有很多自然色的玻璃，这些玻璃将下面的青山绿水反射到城市的建筑上，可以看到绿色的山、绿色的水都映在整个立面上，得到非常漂亮的影印，整个建筑和山水都能够浑然一体。

进入 21 世纪之后，我逐渐开始设计了一些高层建筑，高层建筑是全球化经济现象的一个折射，在全球化经济背景下，建筑设计应该是一种什么样的形式，是我一直在思考的问题。随着经济的发展和业主的要求，都市建筑在各个角落无边无际地伸展。这些建筑通常是用复杂的计算机 3D 软件描绘出来的形式。而我常常在思考，随着经济全球化和文化地方化的深入发展，在世界发展的进程当中，全球化的经济也带来非常反常的价格竞争，把一些地方文化都卷入到其中。然后再泡沫化地把地方文化慢慢毁灭，这种现象非常值得我们深思。

在日本，我有很多项目都是具有地方文化性的。日本是一个岛国，每个地区有不同的自然条件以及当地的文化、特产、传统，而且当地的居住建筑都各具特色。在我设计的一些项目中，很多都在森林和海边，我可以感受到它们非常丰富的存在方式，所以也尽力地使我的建筑能够反映出当地文化。

在进行一些项目设计的时候，我看到周边一些古老的建筑、街道，一些城市的印迹被慢慢地侵蚀掉，慢慢地消失，看到这些现象心里便会有一些感触。那些东西都是经过岁月的沉淀、文化的积累之后才能够形成的。用现在的感受来捕捉这些地方场所所特有的一些东西，我觉得非常重要。在亚洲很多地方的历史文脉、地域特征都在慢慢地消亡，作为一个建筑师希望能够通过对这些空间的重新接触和反思，反复不断地探索实践，把这些具有文化的印迹留下，同时又有一些新的东西创造发展，这样重新编排与组织对建筑师来说是非常必要的。

在保留一个地方的文化以及一些建筑的同时，还会有一些发展在历史之上的新建筑。在尊重历史建筑的同时又有一些创新，这是作为一个建筑师需要努力的方向。在各地的独立生活模式被破坏之前，必须考虑如何让它再生。具有地域性的一些固有文化并不是封闭的，也并非是永远不变，而是受到不同文化影响，不断变化才逐渐成熟起来的。这样一个批判、再生的关系，不是指要把过去旧的东西直接保留下来，而是要用成熟化的方式把相关的文化和传统重新发扬，并使我们的身体感受、精神感知保持必要的清醒。与现实的经济效益产生矛盾时，需要有人站出来，需要有人不断寻找消逝的地方性特点，特别是持续到现在的一些共同性，确保这种所谓的交流模式，以及现实文化的共享，不断实现全球化，我觉得这是必需的。全球化进程把这些共同化、自由化，对一个自由的社会而言是必要的，与封闭的社会有本质区别。若将这种多样性进行积极评价，要在一个最舒适环境的基础上进行定义。

在实际设计中，我首先会在我的项目周边的小镇，或对基地周边的历史进行调查，研究当地的地理条件和气候，以减少当地环境的负荷，并使用当地的材料和技术，所以我的某些创新项目，是想创造出当地的第二个自然。每次进行设计之前，就像刚才所说的，要对当地的文化、历史做一个深入的研究。这个深入的研究包括了我每次进行设计之前，会邀请当地的居民，不管是老人、妇女，都邀请过来进行一个交流，以了解当地的一些文化。同时还有到图书馆查阅非常多的资料。只有这么做的话，才能对当地的人文、地理进行一个了解。在对这个了解之后，相信建筑师才能做出好的作品。

现在在图上展示的是我第一个作品（图3—图5），这是1990年在湘南台的文化中心，做这个作品的时候要考虑两个问题，就是在一个有很多综合体的设计当中，怎么去安排比较大的植物空间，还有在一些小植物空间里，如何让这些空间对人们的空间和生活交

图 3—图 5 湘南台的文化中心

流产生一些影响。当时由于每个项目都会把基地进行一些平整，当地原来的一些小山丘就没有了，我觉得应该把小山丘恢复起来，所以在这里，就慢慢地想到了一个叫山丘式的建筑。为了实现这个山丘上的建筑，我是这么考虑的，首先在地面上，我要把很多的地面都留给我们的市民，基本 70% 的面积全部是放到地下，正中间大家可以看到，中间并不是楼梯，是从一个山丘上面慢慢淌下来的一条小河，水流流到广场上，组合了人们在水边嬉戏的居住空间。从右侧的一个走廊，可以慢慢爬到山丘上面，去享受周围的环境。其实这个广场就像普通住宅的居住室里面，看到有一些年轻的女孩子在回廊里面练习跳舞，右下角的大楼梯，可以坐在上面，学生在那边拉小提琴、表演，还有很多的孩子沿着河流旁边进行嬉戏，看到这些市民能够非常充分地使用我设计的空间，我感到非常的开心。

大的空间能够使很多的人聚集到这里，小的细节能够把人们的生活投入到这个空间之内。通过这样做一个公共的建筑，让我想到，在大的空间之内，和小的空间关系里面，要非常细致地去做好相互之间的联系。这样才能把整个的空间，让周围的市民能够非常自然地使用起来。

图 6, 图 7 树林感觉的多功能厅

这是我第二个要介绍的项目，是一个多功能中心。我想把它做成一个像树林的空间。在设计这个作品的同时，想到原本周围有很多的树林，在树林里面乘凉、聊天是非常舒适的，在这里我想保留这样一个空间的感觉。所以大家可以看到很多的柱子排上去之后，上面的屋檐慢慢地打开，就像树冠一样，树冠与树冠之间进行一个联系，高高低低的柱子和自然打开的屋檐，同样有一种类似于树荫的感觉。 屋顶上那些树与树之间的缝隙，由于光线的作用可以把光落到室内。落到室内的这些光线，就形成了树跟树之间一个光影的效果。这些光影的效果，这些空间，加

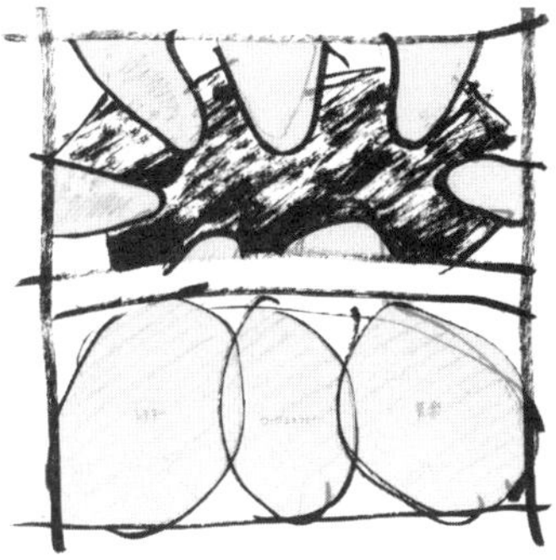

图 8—图 10 袋井活动中心

上我把地面铺上绿色的地毯，好像外面的绿地连接到室内一样，组成了一个天空、地面，还有树的，整个一个自然的空间（图 6，图 7）。

在这个建筑上面，我在外部设计了一些高反射性的玻璃。因为那边整个地区的晴天比较多，天空中的云非常漂亮，通过这些玻璃将那些云自然地反射到建筑的外表上，整个建筑成为像云一般的建筑。在材料方面，半岛上面有一个很好的东西，叫硅藻土，有一万多年的历史，对于净化空间方面的效果非常好，所以在整个的中心，在建筑立面，包括它的墙面和内部的一些装饰墙面都采用了硅藻土。当然，硅藻土在其他的一些小型医院、美容室里面也用过，在这个建筑里面是最大面积的使用，效果非常好。我本人也是喉咙不太好，空气不好的时候呼吸都会很困难，但是到了自己设计的硅藻土的空间里面，喉咙一下子就变好了。

这是在日本的一个叫袋井的地方，这个地方有一个学习、活动中心，这个中心为老人提供活动的休闲空间，为孩子提供学习、游玩的空间，在里面有音乐厅，有学习室，还有泳池（图 8—图 10）。在设计这个项目的时候，首先我想到空间的关系，自然的东西如何导入到我的基地内？大家可以看到，上半部分，这些黄颜色是在基地里面的一些庭园，这里面还有很多的绿色。庭园跟庭园之间的建筑空间里面，还有一些泳池、学习室，这些学习室跟泳池就能够自然地看到这个庭园里的风景，每个庭园里面设计了一些喷水蒸气的设施，这些水蒸气形成一些水雾，夏天的时候降温是非常好的，这种方式在世博会里面大家也已经看到了。这些庭园哪怕是到了冬天的时候，孩子都可以在室内、室外进行连续的穿梭，整个形成一个非常有序的空间。

图 11—图 13 混凝土墙的室内室外

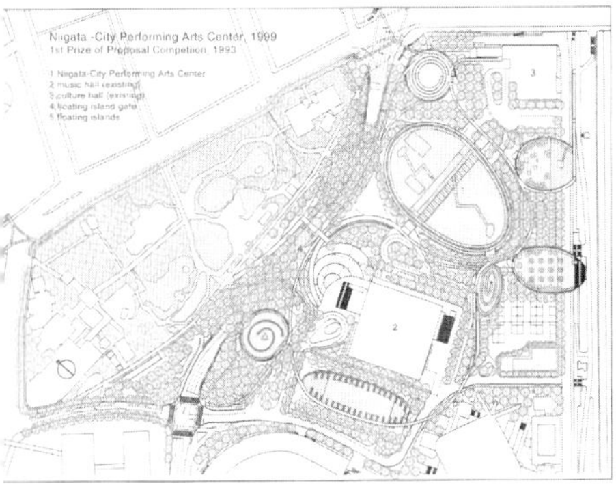

图 14 新潟市民艺术文化会馆 规划图

图 15 新潟市民艺术文化会馆 屋顶

图 16 新潟市民艺术文化会馆 幕墙系统

图 17 新潟市民艺术文化会馆 室内

这里我采用的混凝土跟平时看到的混凝土不一样，这些混凝土里面有一些硬的石头，都是采用当地的石头，放进去之后，在场地上展现出来的效果，另有一种非常奇特的感觉，和当地的一些风景能够融为一体（图 11—图 13）。

这是我另外一个作品，新潟市民艺术文化会馆，这是一个群岛式的基地，在这个基地上有很多很好的风景和水流。在这些水边上要做市民会馆，比如说表演厅等，日本传统的文乐团也要在周边布置上去。大家看到这个图上面，有一个像岛状的基地，这个基地原本是被水覆盖的。现在把它填埋掉，形成能够建造建筑的基地（图 14）。

大家看到半圆形的就是中心会场，方形的就是文乐堂。椭圆形的建筑物里面有很多的功能区，包括 2000 人的剧场，1000 人的音乐厅，还有可以坐 500 人的日本传统的表演场地，这当中可以供市民参观、游览，有一些餐厅等，整个基地里的这几个建筑，景观设计我都做上去了。 由于这个大的空间里面有很多小剧场和相关的功能，所以这个结构，包括整体的规划方面都花了非常多的心思。大家可以看到整个屋顶（图 15），我们做了屋顶花园，可以眺望到一些入海口美丽的风景，周边的椭圆形环绕一圈，周长是 300 米。

在这个大的建筑外墙上面，首次采用了计算机控制的幕墙系统（图 16），是双层玻璃结构，在玻璃之间大家可以看到有一个搭空板，可以上下移动，我们把它叫做遮光板，可以根据计算机的计算，对于每天的日照进行计算之后，用产生的结果来控制它的上下。采用了这样的一个幕墙系统之后，基本上白天到黄昏，室内的公共部分都是不需要再有照明的。另外屋顶的绿化效果使整个夏天的空调使用率比原来降低了很多。采用这样一些对环境比较柔和的方式进行改进的话，可以为日本营造一个非常舒适、环保的生活环境。在这里我也对停车场进行了设计，大家可以看到，因为是在河流里面埋设的这样一个基地，所以我把地下设计成为停车场，上部自然形成较多的风景，大家可以在停完车之后到上面游玩一下，再进我们的

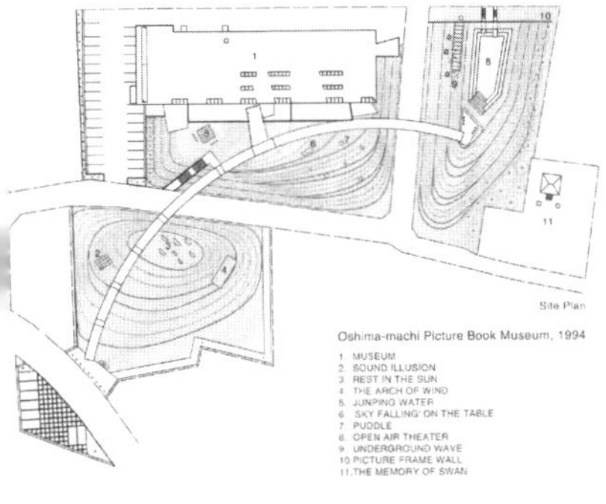


图 18 大岛镇漫画展览馆

图 19 漫画展览馆室内

图 20 风之塔

中心。

这些停车场上面的空间，我把它称之为舞台，这个舞台有七部分，等于是室内的三个剧场对外的延伸。一些专业的剧团可以在剧场内部进行表演，我们的一些爱好艺术，非常爱好表演的市民，可以在这七个外部的舞台进行活动。这样的情况是当地市民非常喜欢的，他们可以在这里游玩、表演。当然停车场上面的舞台和中央的市民中心、文化中心的建筑之间是相互联系的，中间有天桥相互连接，可以进行回流式的参观（图 17）。在这个建筑也好，在之后我设计的建筑当中也好，人流、车流能够分开，是一个非常重要的原则。可以再把地上的环境充分地让给市民，这样的空间是我希望提供给大家的。

这个就是大岛镇的漫画展览馆，接到这个项目的时候，在这里面做什么我都不知道（图 18）。后来我就在想，当地很多女孩子都乐意跟爸爸妈妈一起看些漫画书。我想，在这里成立一个漫画展览馆，一定会受到当地市民的欢迎。大家可以看到，在基地上有三个小山丘，这个小山丘是用周围和旁边的山里挖出来的一些泥土进行再利用，堆到这里，形成一个自然的小山丘。三个小山丘的山顶部分，我们用天桥把它们连接起来，这些天桥能够跨过两个主要的道路，形成一个自由游览的空间。

令我感到有些意外的是，这个设计并不是建筑本身获得了大家的关注，而是在这里造一个漫画博物馆，这件事情被世界设计界广泛关注。现在每年日本都会选举出来一些最佳的漫画，甚至是世界的漫画，在这里进行展示和举办授奖仪式。

在建筑室内设计当中，我采用了一个坡道连续的形式（图 19），比如说从绘画到装订，再到出版以及最后的一个展示作为一个连续性的形式，在中间形成这样一个坡道。这是在这里制作的一个风之塔的雕塑（图 20）。

这个叫墨田学习中心的建筑基地非常小，在这样 个小的基地里面，要做这么大内容的建筑，我再三考虑，决定要用一些搭空板作为它跟周围环境的一个隔断，光和影子可以形成内外相互关系，而一些内部的空间可以把它隐藏起来（图 21，图 22）。

在功能上将它分成三部分，有三角屋顶的是学习中心，圆形的是会议室，方形的建筑是多媒体建筑中心，这样三个不同的建筑空间连续起来，但是在使用材料和形制上，采用的是相近的手法。这三个功能区里面，一共在它们之间架出了八座桥，桥是我设计

▲ 图 21, 图 22 墨田学习中心

◀ 图 23 墨田学习中心室内的桥

当中最重要的元素，因为这个桥是空间与空间交流最好的一个联系的纽带，所以在我之后的建筑里面，这些桥都是会被充分地运用。这边的是我做的八座桥的一些照片（图 23），这是一些室内的制作，充分利用了外界的自然光线。

现在介绍的是山梨县的水果博物馆，山梨县盛产水果，所以在当地设计这样一个博物馆，不同形体的建筑在整个基地上铺开形成这样的一个建筑群（图 24—图 27）。在设计这个项目的时候，我想到种子大部分都是椭圆形的，尤其是椭圆形的种子，好像从天空洒落下来的那种感觉。所以在形体当中，大家看到的都是不同形状的，不同尺度的椭圆在进行变化。种子从天空中飘落的形象，我希望比较充分地在建筑上表达出来。为了表达这个想法，基本上大型的展示我都放在地下，使用混凝土的结构，地面上都是用钢结构，用焊接的形式塑造出这样的形体。可以感觉到，整个建筑空间是非常轻盈的。大家看到这个建筑之后，给它的评价就是——日本最有生命力的建筑。

这个是今年刚刚建成的一个叫树林的幼儿园（图 28）。在一个小山丘上面，我想

图 24 山梨县水果博物馆

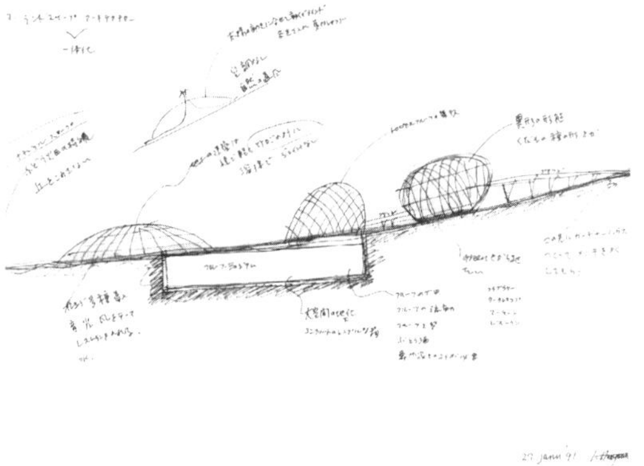

▲ 图 25 山梨县水果博物馆草图

▶ 图 26, 图 27 博物馆单个建筑

做的是一个非常有趣的、非常小的幼儿园。这个幼儿园最大的特点就是屋顶变化非常多，在这些连续变化的屋顶上面设置了很多的功能空间，有孩子的休息室，有家长陪孩子游玩的活动室，还有家长和家长之间相互交流的功能空间。

这个建筑的材料里面，也是用了我前面提到的当地出产的硅藻土，以及一些当地出产的木头（图 29）。在这样一个建筑里面，能够感受到当地的味道在里面的，所以这样子的建筑是非常不错的。非常感谢大家。

**主持人：**非常感谢长谷川逸子先生，专程第二次来中国做演讲。请大家再次把最热烈的掌声给长谷川先生。

图 28, 图 29 树林幼儿园

**演讲时间：**2010年10月23日（周六）

**演讲地点：**东华大学三教二楼演讲厅

**演讲人简介：**日兴设计·上海兴田建筑工程设计事务所总经理、总建筑师，天津大学建筑学院兼职教授，日本早稻田·同济九州研究所特别研究员，当代中国建筑创作论坛召集人，世界华人建筑师协会理事，亚洲都市环境协会（日）理事，《建筑细部》、《建筑与文化》、《中外建筑》杂志编委会委员，同济大学建筑与城市规划学院客座评委，国家一级注册建筑师。

# 亚洲的生活态度

# Asian life style

王兴田（中国）
Wang Xingtian (China)

**文章标识码：**D

图1 威尼斯双年展

图2 飞机鸟瞰

图3 八位建筑师威尼斯论坛

**王兴田：**大家上午好，我的演讲题目是《亚洲的生活态度》。我们上个月代表中国在威尼斯展出（图1），目的是将中国的建筑环境与设计的思想传递给欧洲，传递给世界。这个概念就是亚洲生活态度。这次去威尼斯的时候，我们感到，威尼斯岛上也聚集了世界文化艺术的各种展览。

这是我坐飞机拍下来的鸟瞰图，这是以前世博会的地址，整个系列的展览在威尼斯都有（图2）。

这八位建筑师，都是去威尼斯论坛进行演讲，宣传亚洲的建筑和生活的态度（图3）。威尼斯的市长也出席了我们的论坛（图4）。

我是建筑师，说起做建筑，始终以环境为中心再展开建筑。我记得我们的先辈总结中国建筑的特点时说道：中国建筑的特点是什么？是不知道建筑从哪里结束，也不知道环境从哪里开始。

我们的这种思想，是对中国东方美学思想的高度概括——大美无言，是东方人崇尚自然，顺应自然，并将自身融合于自然的世界观和生活态度。这样去做我们的建筑，会得到一个很奇妙的东西。（图 5）青山绿水，竹林溪流，

图 4 威尼斯市长出席论坛

图 5 东方美学思想——大美无言

图 6 谷风林土

古老中华文明的另一种风情。她传承着文明的激情，澎湃却又柔情似水。她就像一种气场，永远洋溢在空中，无需夸赞，无需改变，年复一年，日复一日，无声无息地自然衍生……

禅，就是自然而然；禅，就是与自然同在。它探究生命的意义，是悟“道”的精髓。如果说异化的心灵如同沙漠，“禅”就如清风甘泉，让我们保持警觉，迷途知返。它是山中的清泉，洗涤着心灵的尘埃；它是天上的白云，任你漂流四方，随云逍遥。现代人的生活，普遍追求感官的刺激，以为这就是快乐。其实，闭起眼来观照禅心，那才是快乐的源泉。禅境，在日本有很多的发展，但在我国却中断了。但是，禅是一种自然而然的，当异化的心灵如同沙漠一样，禅给我们带来的是甘泉。这样，我们冥想的时候，眼前会浮现出一种非常快乐的源泉。

在与自然长期和谐共存的过程中，我们的先人积累了许多生活的睿智，创造出适应地域的空间构成和构造方式。他们就地取材、依山而建、傍水而居，巧妙地利用自然的采光、通风、日照，形成独具特色的建筑风貌。而这与时下提出的生态可持续发展是一脉相承的。

地壳在从没停止过的运动中形成了多种多样的地形地貌。其中，山上流淌下的“溪水”长期冲刷着山体形成的痕迹称为“谷”。每当太阳升起，谷中产生阴阳、冷暖，空气因此而上升。凉爽、湿润、惬意的“清风”在“谷”间流动，潺潺溪流滋润着山涧的“土”壤，养育着无数竹林绿树。植在土中的建筑保持恒定的温度和安定的室内环境，通过天井、庭院导入清新自然的“风”，并将溪水、鸟鸣、竹林的天籁之音与自然气息引入室内。谷风林土，是自然的要素，大自然不停地在运作，形成了一些高山、峡谷，通过水的冲刷，形成了湖。湖通过阳光的照射，有阴有阳，形成了风，风的流动，又给土孕育着灵异，产生了自然的环境，所以谷风林土，这种自然要素是我们在做建筑的时候，应该尊重，并且加以巧用的一个基本原则（图 6）。

玄墨留白，黑和白是色彩的两极，却孕育着无限丰富的色彩内涵。可以说是无数设想的堆积，没有颜色的时候就形成了白。我们运用两极，通过它的一种表达，来表述丰富的思想感情和内容。它们是东方文化审美心理的表现主体，是对审美对象虚拟性间离化的显现所形成的。

“墨”不是黑，“墨”是清亮透明的。“白”不是“无”，而是“有”，孕育着丰富的内容，广阔的想象。通过水的逐渐应用，渐渐地充满各种丰富的内容，白也是如此。

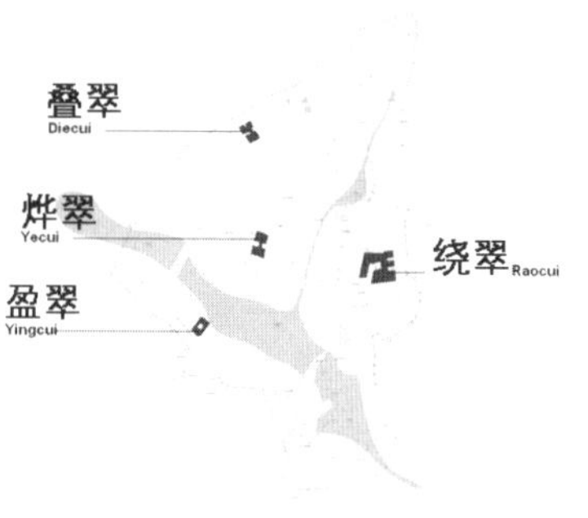


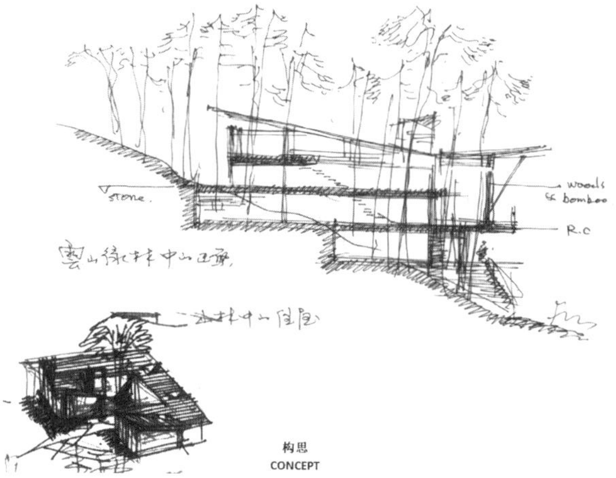


▲ 图 7 项目基地规划图
▶ 图 8 “绕翠” 构思图

“水”与“墨”的结合将黑白之间的纯净感和微差的变化推向了一个极致——“玄”。水、墨是中国水墨画运用宣纸和水墨触碰的瞬间形成的不可预见的渗化意趣。江南的建筑空间就如同中国水墨意境，非墨即白的二元空间之外，是水、墨相容相渗的“玄墨留白”的空间。

以“博风汉骨”为建筑创作的基本思想，立足于中国本土文化，博采世界诸文化之精华，探索具有时代精神的中国建筑，寻求建筑的地域性、本土性；注重建筑与生态环境的关系，致力于减少建筑及其建成环境对环境负荷的研究，并努力运用于实践，突出建筑的生态性；努力创造属于城市空间环境的建筑，将建筑恰如其分地植入城市空间与自然环境中，并与之和谐共生。

进入我们的主题，中间是一个峡谷，两边是高山，自然山水非常美（图 7）。我做了这四个小的建筑，小的只有几百个平方米，大的有 800 平方米。并且每栋建筑风格用一个字来概括，和我们猜字一样，这个我以翠为核心。17 度的陡坡，上面一栋建筑，如何将这个建筑巧妙地植入这个环境里，也就是如何将建筑对环境产生的影响减少到最小化。整座山林，周边是繁茂的竹林（图 8）。在这个很小的基地里，800 平方米的建筑，几乎将一半的面积设在地下，使得地上的建筑体量显得非常小。这是它的正面，在地面上一共是 4 层建筑，有两层是放在地下，整个建筑是环绕着“绕翠”这个概念（图 9—图 13）。整座建筑为竹林环抱，同时也环抱了一条小的内径，体现“自然环抱，环抱自然”这么一个概念。建筑材料基本是混凝土结构，和上面所做的我们叫再生竹结构，因为在阜阳竹林比较多，竹林的应用，还是一个自然环境上，以及建筑自身的一个变化。竹子

图 9—图 11 “绕翠” 建筑效果图

图 12, 图 13 “绕翠”建筑效果图

图 14—图 17 建筑室内

在两年左右形成以后，就要把它砍伐掉，否则会对环境造成一些侵害。竹制品可以说比木制品更要环保，所以我们也是采用一些工艺和技术，通过和厂家协商，制造耐久性强的再生竹。达到这么一种想法和做法，把整个的竹体引入，代替木，将很多的空间都埋入地下，所以说自然环境是我们主要考虑的，自然形成的一个坡度，以及自然的环境都保持着原样。可以看到，这个 17 度的山坡，始终没有动，只是在上面有一个 7 米多高的一个建筑。

室内空间的设计，要考虑和自然的关系，在每个它的对接都和自然在一起。在我们的使用当中，不仅是从空间上来考虑建筑和自然的关系，更是一种视觉的互动（图 14）。

这个是客厅里面，有很多这样的平台来表达人与自然的关系（图 15—图 17）。这是活动场所里面，我们采取半虚幻的，透光不透视的设计。这个关系通过虚幻的绿化来使用。这个是平面，可以看到整个建筑，两层建筑是嵌入在地下，被自然环抱的，同时又环抱了自然。这里头有一些小的空间，巧妙地把阳光、自然通风，以及光线引入到我们的居室里，这样也是我们今天所提倡的低碳、减排的态度。我们祖先在很早以前，利用这种生活智慧，已经给我们做出了一种融入自然，甚至是低碳、减排，栖息在自然环境当中的栖居环境了。

这是地形 17 度的一个坡，大家可以看到，整个建筑空间，这一部分就是在底下，只有一半的建筑在上头（图 18）。“叠翠”实际上是利用一种与自然交融，利用地形和我们的建筑、空间，将丰富的竹子引入到我们的建筑当中。这个建筑很小，地上 300 平方米，地下有 100 多平方米。包括这个坡比刚才那个稍陡一些，这个建筑也是利用再生竹，这些都可以摆开，阳光充足的时候，夏天可以关上，冬天可以把它全部打开。并且在这个空间里，保证后面的空间有充足的日照。也就是说，该有日照的地方，该有通风的地方都可以把它拉开。

这个是从侧面看到，一些和自然、山地的平面关系。平面很狭小，这个只有 8 平方米多，

图 18 “叠翠”构思图

图 19—图 21 “叠翠” 的建筑效果图

在这个小的矩形空间里面有院子，使它的采光、通风得以改善（图 19—图 21）。

在建筑创作的时候，以建筑、空间、自然景观为核心，自然的展开，这是和自然的一种关系（图 22）。可以看到，这是在起居室里头，和自然的关系；这个是餐厅里头，和自然的一个关系（图 23，图 24）。

这个是两层楼梯间，楼梯间也是人和自然的关系（图 25，图 26）。建筑外面都是我们现场拍的照片，植入到我们的效果图当中。这是从书房向外看的自然与建筑的关系。可以看到，整个建筑有一大部分都埋在地下，利用这个山坡来看，阳光的入射小，并且在这个坡上，也种了大量的绿化，使得这个近景、远景都能够看到。

“盈翠” 顾名思义，充满了自然意趣，让自然充满了建筑。在湖边这么一个景象，难点就是建设方要求建筑北边邻水，景观比较好，居室放在北面，阳光要照射到居室里面。因为北边阳光很难进来，最后我们设计了南面阳光北面照的空间。因为在江南，这个日照还是非常重要的生活要素（图 27，图 28）。

这个建筑是利用金属，不锈钢板，把整个结构做起来，通过塔孔做满，让自然充盈

图 22 “叠翠” 建筑与自然的关系

图 23, 图 24 “叠翠” 室内与自然的关系

图 25, 图 26 “叠翠

图 27, 图 28 “盈翠”建筑效果图

在建筑当中，这个表现是表现在建筑，实际上在设想当中，整个通过塔孔来做的。

这是南侧的一个入口，外面还有其他的建筑，南侧开窗不大，通过一些内院来表达它的空间。这个是与湖的关系，每个小的地方都有一个小的游泳池（图 29，图 30）。

这个就是我们讲的南面太阳北面照，试图通过这么一个天井，将在冬至日保证 10 点到 13 点的阳光照到居室里。（图 31，图 32）我们可以看到建筑平面和这边湖面协调的关系，跟道路的关系，这是一个设计。可以看到这种平台上，一种室内外的空间关系。

这个居室的外面，首层做了一个平台，利于人和自然的交流。这个是在卧室里头，整个空间还是整合错开的，照顾到不同的标高上有不同的视野，可以看到内院的一种关系。这是阳光（图 33，图 34），这个就是在冬至日的时候，阳光如何洒到内院里面来的效果。这个是南侧的光线和北面居室的关系。水边和路边有一个高差，利用高差做一个半地下室，自然采光、通风不算面积的话，是非常好用的一个空间。

“烨翠”通过窗景把自然引到室内，有很多小的树林，把它环绕起来，这座建筑是用石材来表达建筑和自然的关系。建筑基地本身是一块平地，我们也做了一个地下室，自然的庭院挖在下面，包括阳光引入，这样感觉不到是在地下（图

图 29, 图 30 建筑内部游泳池

▲图 31, 图 32 建筑内部天井采光

▲ 图 33, 图 34 建筑内部错合的空间与天井采光

图 35, 图 36 "烨翠" 建筑效果图

35，图 36）。整个地下有很多的院子，使用它来通风。这个建筑是我们做的几个建筑里面，唯一一个为残疾人准备的一套休闲设施。这些是引进地下的一个内庭、院落。

这里有很多这样的开窗，在我们的坡道跟庭景当中有一个很自然的对话和交流（图 37）。

大家可以看到，通过大大小小的开窗将自然环境框在我们的窗景当中，像一幅画一样（图 38）。中间这个是自然的框，通过户型进到这个坡道的时候，两侧大小不等的窗可以自然地对话。可以看到，这是一个无障碍交通道（图 39）。中国人尊重人与自然交融，我们也试图通过各种不等的开窗，以及类似于天窗的空间。隐隐约约表达一种禅境空间。

建筑虽然只有 30 平方米，但是对这里面的空间可以以小见大，尤其在设计当中，我们始终以环境对话，环境与建筑，环境与人的对话为主题展开。

从中可以看到，我们无障碍设计交通空间的核心，以及对烨翠的理解。

以上是我汇报的亚洲生活态度。希望我们祖先给我们留下来的，人与自然、人与环境的生活态度的启示，达到一个生活的更高境界，谢谢各位。

图 37 "烨翠" 建筑中的庭院

图 38 大大小小的窗

图 39 无障碍通道

**演讲时间：** 2010年10月23日（周六）

**演讲地点：** 东华大学三教二楼演讲厅

**演讲人简介：** 欧洲著名景观设计师，毕业于德累斯顿工大，受聘于莱比锡城市设计委员会和德国景观设计师联盟局，曾任柏林工大客座教授，现为德国景观设计师联盟会员。并于1993年获得独立景观设计师资质，并创建雷瓦德景观建筑事务所。其著名景观项目“格尔利茨-玛丽亚广场”荣获2003年德国景观建筑奖，柏林市中心ULAP广场项目荣获2009年德国景观建筑奖。

**现场翻译：** 唐璎

# 设计与生态——会是互相矛盾？

# Design and ecology —— A landscape antagonism?

提尔 • 雷瓦德（德国）
Till Rehwaldt（Germany）

**文章标识码：** D

**主持人：** 提尔 • 雷瓦德先生是德国著名景观设计师，我专程去德国德累斯顿拜访过他并参观了他的设计事务所，在柏林总理府拜读过他的设计作品。提尔 • 雷瓦德先生在中国和德国做过不少的知名项目，比如德国柏林市中心广场的艺术景观设计，包括法国巴黎的几个重要的景观设计项目。他这次专门从德国赶过来，给大家做演讲。根据他本人的意见，他做完演讲以后，请一些听众向他提问，不包括媒体，下午五点钟以后是留给媒体的专门时间。

下面大家以热烈的掌声欢迎提尔 • 雷瓦德先生做演讲。

**提尔 • 雷瓦德：** 各位同仁，大家下午好！今天我非常高兴能够在这里跟大家分享这样一个“低碳、景观、未来”的话题，这个话题在德国也有很多人在讨论。我是一个景

图1 森林树木的景观
图2 风力发电机的景观

图 3 太阳能电池板群的景观

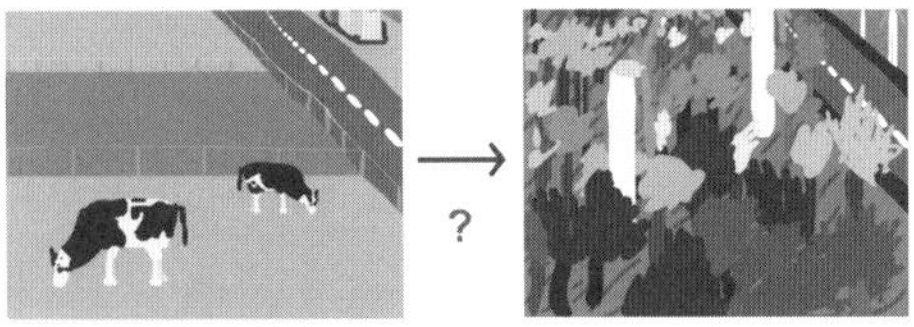

图 4 改变所有的景观?

观建筑师，今天我从一个景观建筑师的角度，来跟大家探讨一下低碳和可持续发展。

第一个问题，什么是低碳的景观?

大家看到这张图片，是一片森林，没有街道，没有农业，没有碳元素（图 1）。

这张图片显示的是风能，也是没有碳的（图 2）。

这张图片是太阳能电池板，也是一个很好的例子（图 3）。

这张图片是我 10 岁的儿子画的，右边是他对现代景观的诠释，这是一个具有碳元素的景观，因为还需要去除草（图 4）。这张景观图实际上是显示还是需要人力去除草，这不是一个反映低碳的图片。第二张图片就是低碳的，从碳元素的使用角度来看，第一张图片比第二张图片要好，从低碳角度来讲第二张图片要好。

第二个问题是，将来我们在作为一个景观建筑师之后，怎么样遵循什么样的原则，去实行一个低碳的原则? 我们作为一个景观师，受历史的影响，在低碳的设计方面，是不是能够适应这一点?

这张图片是法式的一个花园，这些灌木丛要经常去剪除，这不是低碳景观的一个设计图片（图 5）。所以这些图片都是我们有时候太注重技术的元素，而忽略了低碳的一些因素。这上面显示的就是花园设计的一个历史（图 6）。第一张图片是一个文艺复兴时代的，所以是方块形的，右边的是现代的，但是当中有古典主义的元素。这张图片是浪漫主义的，就是我们如何用第四张图片，渗入更多的浪漫主义元素，在我们今后的设计当中。

第一张图片显示的是一个浪漫主义风格（图 7）。这是景观设计的一个发展，最后就是最生态的，这是景观发展的一个过程。在景观设计当中，和我们自然当中有一个冲突，有一个对抗性，如何去协调这当中的一个冲突。

这个是显示的技术层面的一个景观设计，更多地运用了低碳的元素（图 8）。右边的照片，都是低碳的一个表达，左边是用太多的景观技术层面设计的。

图 5- 图 7 某种设计规律

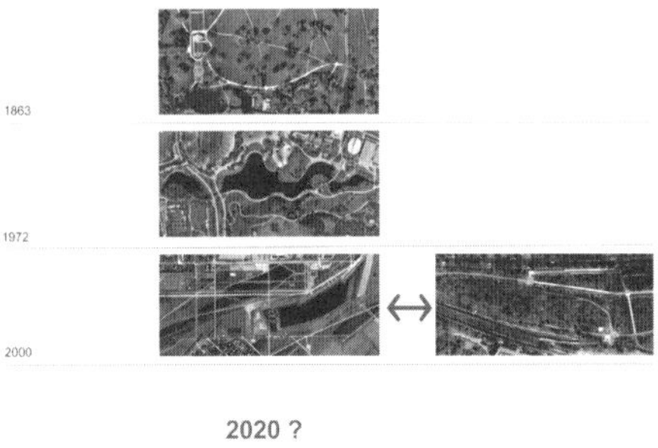

图 8 风格转变的历史

下面分享一下我自己公司所承接的一些项目，如何来体现低碳的原则，讲到低碳后面的时代，一个是低碳时代，还有一个是后低碳时代。也许我们在今后对景观的理解判断上会有新的审美观。有时候我们会舍弃一些旧的审美意识，产生新的审美意识。新的审美观念当中，会渗入更多的历史文化的元素。我们现在到未来，如果替代一下，我们估计这样也很漂亮。将来会产生一些新的审美意识。

举例，水是天然的，是浪漫的，但是有时候我们可以用水再造水，完成一个景观的设计( 图 9 ) 。这是我公司承建的一个项目。这是一个煤矿 ( 图 10 ) 。蓝色部分是湖，橙色部分是建造的公园。这是一个自然的景观，前面的图片很简单，现在有一些景观要显示出一些历史的元素。这是一个人造的景观，这个是人造的这样一个农场，正好和自然是相反的 ( 图 11 ) 。讲的是低碳时代和后低碳时代可以和自然融合，同时我们可以自己创造一些和自然完全相反的景观。后面的这张图片里面的人是以前在工厂里面从事工作的 ( 图 12，图 13 ) 。他们从事工业景观设计，现在退休了没有工作，他们在展望他们的未来，未来具有新的审美意识。前面这些图片是原来的工业、工厂里面机器的一些碎片，这些碎片放起来以后，人们觉得非常不好看，但是这实际上是一段历史，这些人以前曾经在这些工厂工作过，然后把这些碎片拾起来作为纪念品 ( 图 14，图 15 ) 。

这张图片显示的是低碳时代和后低碳时代的一些景观 ( 图 16，图 17 ) 。这是德国柏林原来的一个机场，现在德国政府在招标，有 6 家在竞标，这个项目是有关新的柏林机场的建立。德国政府准备把这个老机场对外开放，像一个公园一样的对外开放。有 2.6 公顷地大小，你说这是一个公园还是一片景观？柏林政府的观点是，保存一些原来柏林飞机场的设施，同时给这个地方注入新的审美元素。现在德国政府给他们一天

图 9 新都市自然：瑞士 苏黎世的都市湖

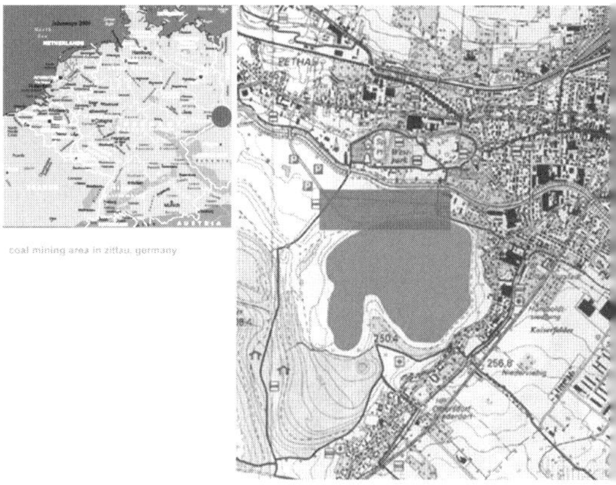


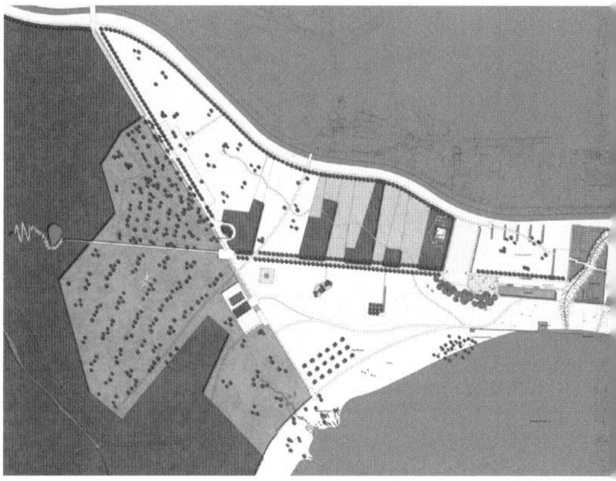

图 10, 图 11 矿区景观新建示意图

图 12, 图 13 以前的工人在此展望未来

图 14, 图 15 原工厂机器碎片做成的景观小品

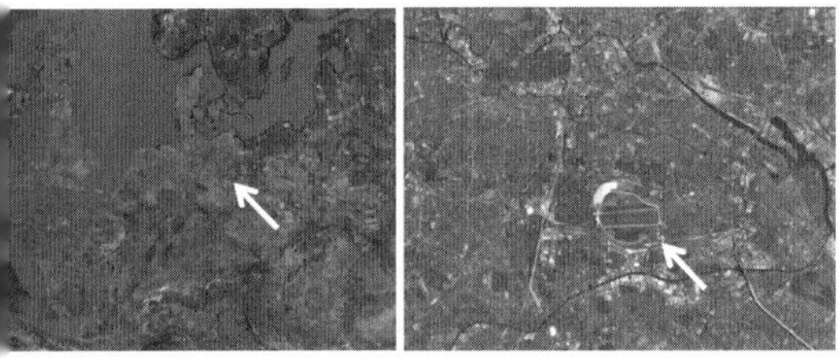

图 16, 图 17 前柏林机场

图 18 现在的娱乐区域

到两天的时间，把这一块原来柏林机场对外开放的地方，作为公园对外开放。原来老机场是没有什么景观的，现在对外开放以后，很多人过来娱乐，所以准备置入更多的设施。这个地方成为公园对外开放以后，不是作为古典性的公园，而是让更多的人参与到其中。最重要的是如何把原来一些存在的东西和现在的汽车、自行车等设施融合在一起，成为一个优秀的景观。这是一个圆环，前面的机场，从飞机上看原来的机场有很多的圆的元素，在这个地方会注入更多的圆环这样一个元素。这是内部的一个空间，这是公园的一个内部，外圈，在外圈会有更多的人行道，还有很贵重的树木。这是从外观到里面这样的一个景观。大家可以看到，在这个地方有不同的树木，营造不同的氛围（图 18—图 20）。

这是一个新的水利系统，优化水的使用率，是如何使用水资源和如何使用太阳能的例子（图 21）。也是在这个景观设计当中如何用人力的资源，能源、水，还有发电站的技术要求。就是这个外圈周围有很多刚才讲的能源，能够很好地使用自然资源。这个是用太阳能的，我们如何去利用好这个草地，就如图片上显示的，如何去利用这个草地，这个是低碳的，同时也是一个露天的，体现了低碳的原则（图 22）。

大家有没有什么问题，我非常乐意回答大家的问题。

## 现场提问

**提问 1：**你好，雷瓦德先生，我来自企业，我提一个企业面临的问题，我们最近投资一个太阳能光热发电的企业，我最想知道，太阳能光热发电，工厂这个景观设计，它的关键所在在什么地方？

**提尔・雷瓦德** ：我刚才讲的例子，比如建水管，尽量使用这个项目的地方资源，不要借用外面的能源过来，不要建太多的水管，尽量使用项目本地的能源、资源。

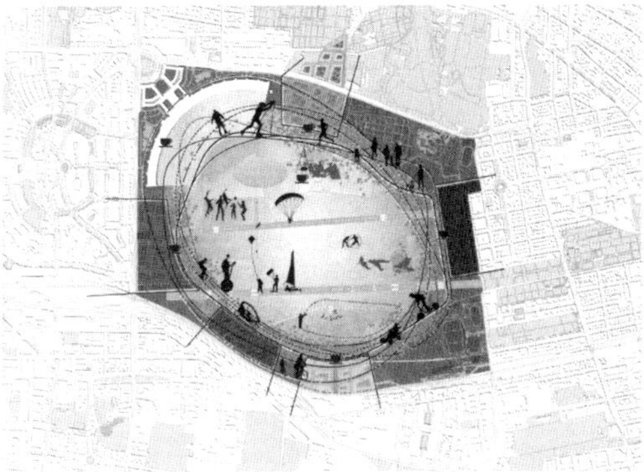

图 19 现在的区域划分

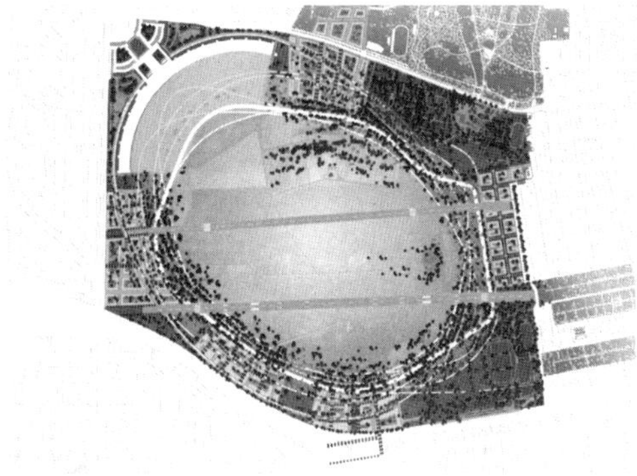

图 20 绿色植被部分

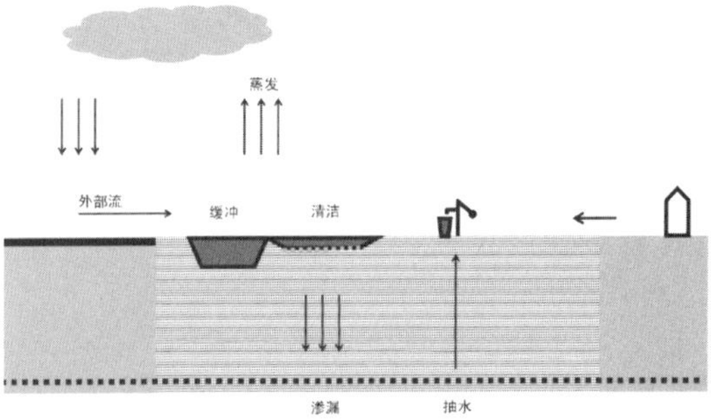


图 21 水循环系统

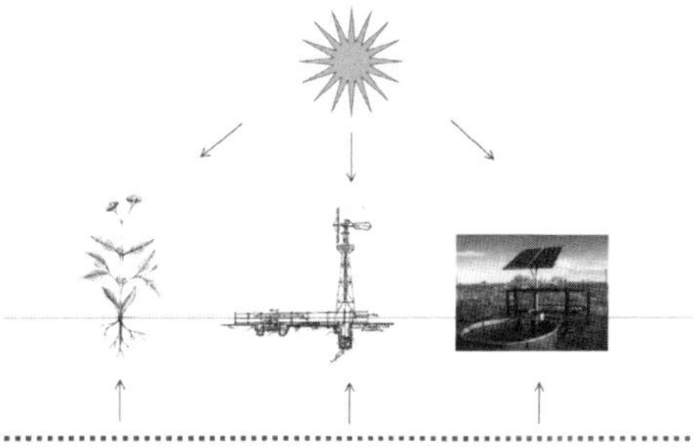

图 22 自身维持无碳系统

**提问 2：**如何来评价什么是低碳？

**提尔・雷瓦德：**德国不大用低碳这个词，也许荷兰同仁会对低碳做更进一步的解释。低碳就是用更小的系统，更多的循环，能量、能源更少的使用，尽量保持原有的一些历史面貌。

**提问 3：**我是一位学生，我想问一下，您所说的低碳，指的就是原始和简单吗？怎么来平衡低碳？

**提尔・雷瓦德：**低碳，你不做任何事情，肯定不会有能量的发生。但是低碳这是一个原则，当然零碳是不可能的。将来低碳的概念，是作为一个指导的方针。这是一个很好的例子来说明低碳，这个旁边有一些设施，都是需要能量的。但是当中就是什么也没有，就是体现了低碳的一个很好的平衡。

**主持人：**非常感谢雷瓦德先生做的精彩发言，雷瓦德先生不善言辞，但回答问题十分严谨。下面几位朋友的提问，只涉及一个“低碳”。实际上我们整个论坛主题是我们对未来的一个思考，我们目前提到低碳的观点，在某种程度上只是当下的思考方式。这种思考方式在某种程度上，有积极的意义，同时也对我们当下有一定的阻碍，可能它考虑的并不全面。请诸位朋友接下来向演讲专家的提问可以更加宽泛些，思考更深一些。

**演讲时间：** 2010 年 10 月 23 日（周六）

**演讲地点：** 东华大学三教二楼演讲厅

**演讲人简介：** 日本著名城市景观学专家、日本早稻田大学创造理工学部社会环境工学科教授。佐佐木叶以“现代社会的景观论”为中心研究课题，从“景观”这一概念的形成发展，以及对这一概念认识的变迁为出发点，通过从事符合地域的历史特性的“桥”为主要对象的设计活动，研究符合地域特性的景观设计的方法论。

# 全球化时代中城市景观设计的可持续性

# Sustainable form and space in urban & landscape design in our globalization age

佐佐木叶（日本）
Yoh Sasaki（Japan）

**文章标识码：** D

**主持人：** 下面是佐佐木叶先生的演讲，她演讲的主要核心是环境的“特质”问题，环境不仅仅从美观的角度，从实用的角度，更应该从环境本身的特色来思考问题，这也是我们这个学科未来发展的一个主体方向；也是我们这个研讨会主题的核心。

下面以热烈的掌声欢迎佐佐木叶先生。

**佐佐木叶：** 下面开始进入主题。

今天的演讲，和前一位设计师的介绍方式有所不同，所以请大家倾听的时候，要花

图 1 复原 19 世纪 80、90 年代以前风格的建筑

图 2 1890 年的东京丸子内地区

一点心思去理解。每一页都有一些观点，层次总是在不停地变化之中。

这个是在东京的丸子内地区（图1），最近刚复原的一幢19世纪80、90年代以前风格的建筑。1890年，在东京的丸子内地区有模仿欧洲城市的运动，当时建了很多欧式的房子，后来因为大地震，基本上都毁坏了。之后经过几次变迁，到1986年，才形成了现在的这样一个城市景观（图2）。（Marunouchi Tokyo in 1890’s so called “one block Lonodon”）到了最近几年，也有一些把当年1890年的这些欧式的建筑复原的动向（图3）。

今天我的演讲里面，并不是讨论建筑保护这方面的内容。我想说的是，城市的历史变迁就是被不断地更新和破坏然后又被重新建造的过程。在这个过程当中，发生了很多二氧化碳的排放和能量的消耗。所以最好的节能低排放的方法，就是正如刚才那位先生所言，我们什么开发都不做，但这是不可能的。

我们就只有进行第二种选择了，就是怎么样开发，或者在城市更新的过程中，尽量减低二氧化碳的排放。那么我们首先要面临的一个问题就是我们该怎样去认识我们所处的环境。在做城市规划建筑设计的时候，在考虑周边环境的时候，肯定会用到一些地图。这是东京的地图，大面积绿色的就是皇宫，这个地图也经常被我们使用，这也是一种工具（图4）。

还有一种（图5），这是日本的一个公司，它有详细的测绘图，包括建筑的外形和地形的标高，都在这里，反映得比较精确。我补充做一个说明，这个是日本土地院做的测绘（图6），在高层每5米做的一个，通过一种软件还原，把测绘的数据还原出来，这样就可以很清晰地看到东京整个的标高。

在刚才的那几张地图里面，可能表现不出微妙的地形变化，（图7）在这样的图纸里面我们可以看到，巨大的都市，其实是结合在微

图3 现在的东京丸子内地区

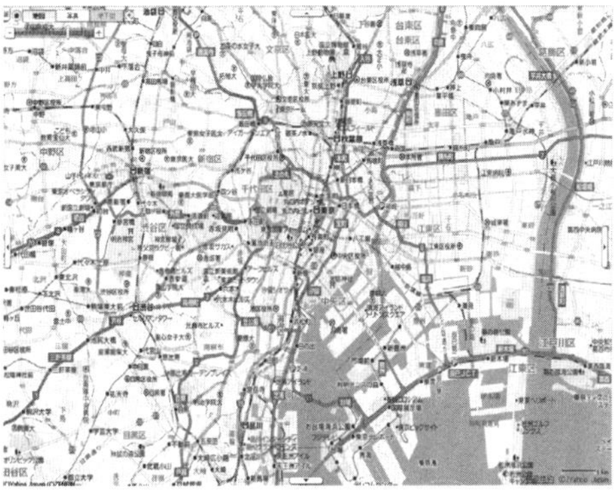
图4 东京地图

图5 东京详细测绘图

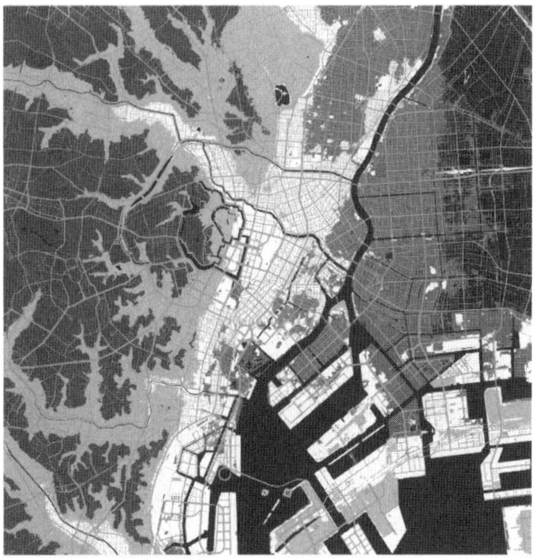
图6 日本土地院测绘地图

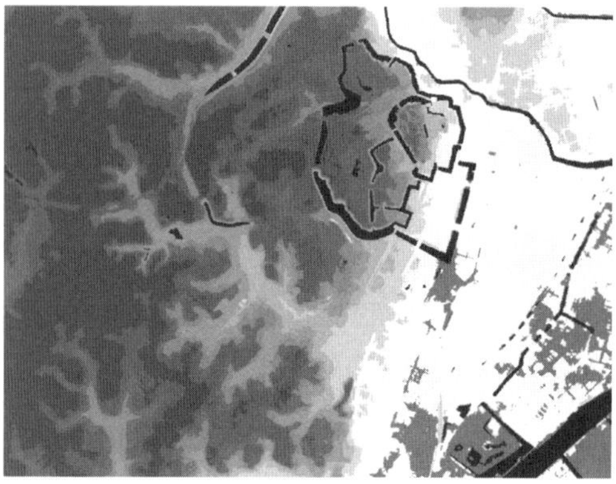

图 7  东京地形图

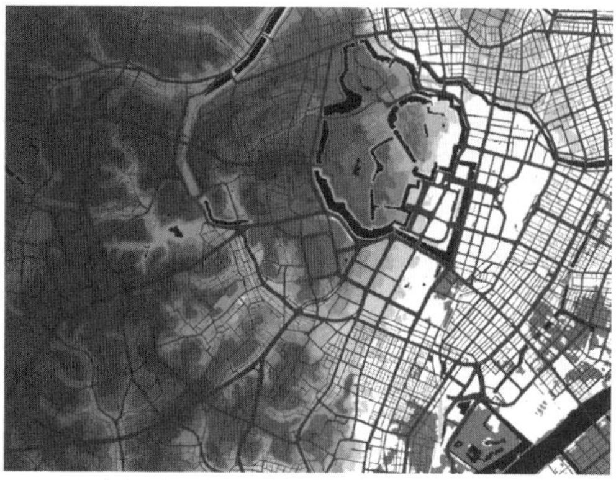

图 8  东京护城河挖掘方法

妙的地形变化之中得以规划。当年东京是一个巨大的城下兵，在最中心的是将军住的地方，里面这些一圈一圈的水，其实是内层和外层的护城河。当时日本做护城河的时候，跟中国军事都市的思想不一样，我们中国往往是四方形的城，日本的战争形式不一样，它的决战不是发生在城乡，而是城市的最中心，这个就反映出了（图 8）。我们可以从中看出，这个护城河的一些挖掘的方法。

日本有一个宗教学家：中哲新一先生，他有一本书把日本的绳纹复原，通过对一万年前的绳纹时代，人类居住状况的调研，有了一些人类活动痕迹的一张复原图（图 9）。我们对于大都市东京，一般人觉得它是很人工的，很现代化的，完全是一个人工构筑的城市环境。通过这个复原图可以发现，它再城市建造、城市发展的过程当中，其实考虑了很多自然的水质、地形、物流、生活，还有一些微气候，都是考虑到它作为一个城市所处的位置特质和气候特质的情况下，慢慢发展起来的。

我刚才说明了一点，从绳纹时代的那张图，我们可以看出来，人类的活动从很古老的时候就是在自然水系的周围，就说明这个城市形成最早的阶段都是跟这个土地的自然条件有密切联系的。而现在我们讲的这些水，或者是绿色植被这些东西，实际上它并不是一个视觉上的功能，并不是为了看起来很漂亮很舒服。实际上这些绿色、植物和水系都是跟在这块土地上生活的人民息息相关的，会促进或者形成这块地方的人类活动，这些在背后是有这样一个内在的作用来衡量。近自然河川法，这是一种技术。

我把一些刚才讲的水系、地形如何跟人民的生活相关，现在在日本有一些怎么样的动向给大家做一个介绍。刚才我讲的叫近自然河川法。这个是在横滨的一条小河，（图

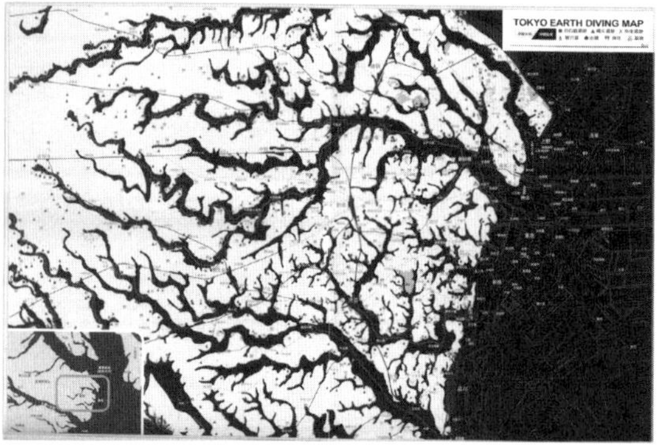


图 9  人类活动痕迹复原图

图 10  设计改造前的小河

图.11, 图 12 设计改造后的小河多了人的参与

10）刚才这张照片是在进行设计之前，（图 11，图 12）现在这张照片是统一经过设计和改造之后的。通过对比可以发现，改造后在视觉上还原成了自然的景观，同时它带来的作用是还原了人的这些活动。可以看到，有很多的小孩子会到这里玩，之前河的样子是不会吸引这些当地居民活动的。通过这个河道的改造，等于是把水质的功能还原到了当年形成的状态，其发挥了这样一个作用。

图 13 日本设计协会的最优秀奖

现在讲的这个事例是日本设计协会的最优秀奖，（图 13）这个设计协会是把城市的设施，设计成景观的一部分，以这个为评价的标准。还有一个原则就是，这个奖的评选一定是项目完成之后，一直从竣工完成到使用两年之后，才能对这个项目做一个评价。如果设计完成的两年以后，出现了各种的问题，没有达到原来设计的意图的话，这样的作品不会得到很高的评价。我也是这个评审委员会的委员，十年之中一共有 92 件作品得到这个协会的认可，刚才提到的是最优秀奖。那次评价，就是把这个原始的自然，插入到人工的环境之中，这点得到了设计协会的高度评价。

这个就是刚才那个项目的另一段，从这个项目来看，完全是感觉相互交换的一个风景。实际上我们看一下河的周边都是很密集的居住地，只是不是很明显。最终，大家看到的这个效果，是经过一个很漫长的设计过程，对地形、水流的分析，才得到这样的一

图 14 丰田区改造前的公园

图 15 被填平的小河

图 16 种植了水稻后的河道

图 17– 图 19 六本木建筑屋顶的农业园

图 20 被空出的铁道俯瞰图

个结果。

接下来举的这个例子就是在丰田区，这个是设计改造之前公园的样子（图 14）。这个是近自然河川法，符合原始环境的，在这样一个设计下得到的一个结果。

这个项目也是当年日本设计协会得的一个大奖。我们看它改造之前的时候，经过实际调查，把画蓝线的这一条原来的河给填了（图 15）。1992 年做改造的时候通过这些调查和研究的结果，把这个给复原了。这些看似很原始的地形，以及和水平的流向，都经过了工程师很周密的计算，现在是这样一个景象，中间种的是水稻。这个河里面种了水稻以后，周边的市民，都会很积极地参加到这个活动中来，大家一直到参与配置水稻的过程当中，并且可以持续分享下去。通过这项活动，展现出来一种叫城市农业的文化（图 16）。

这是六本木（图 17—图 19），东京相当繁华的一个地方，我去了六本木好多回，但是从来没有发现这个屋顶上还有一个原始姿态的农业园。在很现代的，符合建筑的屋顶上面动了很多的脑筋，在屋顶上做一个完全自然的农田。在六本木这个繁华的城市上空，就会吸引很多的人来参加这个种田的活动。这就是六本木旁边的那个稻田。

这是东京西部的一个小边界线的高级住宅区，中间有一个项目，就是把小边界变成地铁，有了地铁以后，铁道就空了出来（图 20 ），后来讨论做成公园，就会有管理，最后的结果就是把工地做成一个农园（图 21）。在东京，近五六年，有很多人的生活方式崇尚自然。有很多的地不用来建造公园，而用来建造农园，出租给周围的居民，非常流行。在这个地方也是这样，一个 6 平方米的市民农园用地，一年的租金是 12 万日元（9000 元人民币），租给周边的市民使用。建造者为农园也做了一些配套设施，里面也做了很多比较有意思的设计（图 22，图 23）。

对以上的这些事例做一个总结，可以看出一个什么样的动向。这些绿地、植被、水源，不仅是做视觉效果，为了漂亮。而是通过这些设计，我们可以使这些自然的要素更进一步接近人的生活（图 24）。从看到触摸，从触摸到让它成长，从成长最后渗透到人的身体里面：吃它。吃它的这个过程，看起来跟自然还是有一定的距离，但其实，触摸以后，我们和自然的关系更接近；吃了以后，就会促使自然生长在自己的身体里面，就会促进对环境的保护，这些人就会真正很努力地去对环境做一个设计和保护，因为跟它的身体已经直接发生了关系。我们对周边环境，跟环境关系的理解、变化和深入，我们在参与环境的保护或者是设计的过程中，我们会想，这个东西最终吃到肚子里，这个水和土壤质量是不是好的，大气、空气从哪边吹过来的，每个人都会去关心整个自然资源。

我们现在这些技术，已经到了一个几乎可以复制任何现状的时代。我两年前做演讲的时候，也用了这张照片，这个是完全复制的巴黎的铁塔（图 25）。这些人工的建筑物和构筑物，我们可以简单地进行复制，但是我们现在所处的位置还是久远性的。往往这种唯一性，很多是通过视觉看不见的，这就造成了地域性很重要的一个原因。在我们设计的过程中，我刚才讲的事例，我们以什么样的思维方式，要把这些的唯一性，这些不可视的要素，通过各种各样的工具、技术，或者媒体，还有就是通过 IT 继续感受到这些特征。

比如说把这两张地图重合看，对这个地区的开发，我们的想法不一样（图 26，图 27）。所以我们搞景观规划，都是计划什么呢？用纸量的媒体，比如用地图、照片，我跟当地的居民一起探讨当地的景观保护、景观规划的时候所绘制的一张会议图，这张会议图就是我画的。我们并不是创造一种什么样的可视化的东西，而是要对可视化背后东西的一个看不见的构造，进行一个操作和控制。这样，通过这些看不见特性的构造，反映在我们的设计之中，我认为这是设计的一种思路吧。通过这样一种思考方式，是不是现在的一种可持续发展，从表象到内部的构造机制，个人认为是一种可持续发展的方法。

谢谢大家！

图 21 改造后的农园

图 22，图 23 农园里的配套设施

图 24 人接近自然

图 25 被复制的巴黎铁塔

图 26 两张不同的地图重叠

图 27 与市民探讨后的手绘会议图

## 现场提问

**提问：**佐佐木叶教授，您好，做可持续发展设计您觉得有哪些方法?

**佐佐木叶：**可持续发展设计，可以分成三个切入点。一个是从自然环境上，还有一个是从人类的活动上，还有一个是从历史上。这个根据研究方向，我觉得可以分成三种方法。这三个研究方向，我个人认为，是不是它们为了达到目的，殊途同归，切入点是这三个。但是最后的目标，和实现的，到现在为止，形成的方法论，已经渐渐形成一个大同的方法论。

**主持人：**佐佐木叶先生是早稻田大学著名教授。这次是第二次请长谷川先生和佐佐木教授来东华大学作演讲，其中一个重要因素是看二位专家和学者设计创新性和学术观点发展性。请长谷川先生来东华大学演讲，主要看长谷川先生晚年的创新之处；佐佐木教授此次来，主要看其学术观点的发展性问题，学术研究应该是多个方面的。专家的学术创新能力和学术观点的发展变化，也是研究的一个方面。

**演讲时间：** 2010 年 10 月 23 日（周六）

**演讲地点：** 东华大学三教二楼演讲厅

**演讲人简介：** 严国泰，同济大学城市规划专业风景园林方向硕士，历史文化名城保护方向博士。现任同济大学建筑与城市规划学院教授、博士研究生导师，上海同济城市规划设计研究院资源与旅游空间规划研究中心主任。兼任中国风景名胜区协会专家理事、上海市旅游协会常务理事、旅游教育分会副会长、上海城市建设职业管理学院兼职教授。刘悦来，同济大学城市规划专业景观规划设计方向博士。现任同济大学建筑与城市规划学院景观学系讲师。兼任同济大学建筑设计研究院都市分院景观研究室主任设计师，国家注册城市规划师，中国风景园林学会会员，上海市生态学会会员。

# 景观再生——
# 关于历史文化遗产地旅游规划辩证思维的思考

# Landscape regeneration ——
# Dialectical thinking in tourism planning of China’s cultural and historic heritage sites

严国泰（中国）
Yan Guotai ( China )
刘悦来（中国）
Liu Yuelai ( China )

**文章标识码：** D

**主持人：** 下面的演讲嘉宾是严国泰教授和刘悦来先生，他们两位在旅游景观方面都做了共同的研究和探索。今天由刘悦来先生作为代表把他们的观点陈述给大家。本演讲是从旅游规划的角度来演绎论坛的主题。

**刘悦来：** 前面的各位专家都介绍了从低碳、景观，以及未来的考虑，以及对城市内容做了一些相关的研讨。我这次就讲讲关于对大城市周边乡村旅游这个角度的考虑。我们认为，对上海这样的大都市来讲，它的郊区，对本身住在上海市的居民来讲很重要。

汇报的要点包括四个方面，第一个是背景介绍，第二个是对相关问题做一个分析，第三个是对相关的问题做一个思考和对策，以及思路等。第四方面我们做了一些实践的案例给大家介绍一下。

图 1 宁波图腾村

图 2 2010 年 4 月 30 日晚

本届上海世博会的主题是“城市，让生活更美好”。我们有一个案例，就是宁波的图腾村（图 1），提了一个口号叫“乡村，让城市更向往”。确实对于在城市当中的人来讲，拥有更多休闲和游戏的场地，像上海这样的城市，利用率非常之高，所以它所开展的项目，所能得到的休闲空间也非常紧张，所以更多的人会选择去往郊区的一些场地。我本人也是这样。

这是今年 4 月 30 日晚上，世博会开幕的情景（图 2）。那天晚上，上海提前放假了，我和家人就到郊区，我们在一个农家乐里面过的。当时外面的天空一片黑暗，我们听到的是一些昆虫的鸣叫，没有礼花和礼炮的声音。我们从上海跑到郊区去，但是很多的四面八方的游客都跑到上海来，这是一个很大的差别。

长期以来，国内旅游和假日消费都是以长途旅游和观光为首选，近年以城市郊区和周边地区为目的地的短程旅游则成为旅游热点，并逐渐引起政府、投资者和开发商的重视，引发了新一轮城郊旅游开发热。从目前的整个的旅游市场来讲，以城市郊区和周边地区为目的的旅游，都是一个很热的趋势。以上海为例，2009 年上海郊区接待游客数超过 2500 万人次，比上年增长 40% 以上。2011 年上海乡村旅游接待人次将达到 3200~3500 万人次，旅游直接收入和带动消费 110 亿元左右，新增就业岗位 5000 个。大家感觉到郊区的可达性强，更加经济和实惠。目前的自驾，包括公共交通的延伸也非常便利。

还有非常重要的一点，就是生态环境的差异——城乡对比。对于上海郊区，乡村旅游划分为农家乐、专题性观光农园和综合性农业园。我举两个例子，这个是在金山的廊下中华村（图 3），是由锦江集团进行操作的，是目前管理水平比较高的一个农家乐，这是两种类型。后面有很多，有一些是比较有特色的，像金山农民画村（图 4），包括像现代化的一些产业园区，还有一些服务。

前面这些照片当中，比如这张图片，大家去的比较多，大部分稍微有一点规模档次

图 3 金山廊下中华村

图 4 金山农民画村

图 5 前卫村农家乐

图 6 生态池塘

的话，大家都会看到大棚这种场地。包括里面的这些设计，其实都是非常的接近。

从景观设计角度来看，现在初步总结有四个问题。第一个就是有一种雷同化的现象，刚才大家已经看到一些，就是大家感觉非常的熟悉，很多地方都可以看到。第二个地方，就是农家乐的植被，种植规划，也有一种城市化的倾向，我们说得简单一点就是弃土崇洋，觉得原来的档次不够高，希望种得好一点，比如摆一些盆景，或者是把原来的一些杨树、柳树除掉，再种一些感觉档次高一点的树，这样的话，会吸引更多的人。第三方面，材质也越来越标准化，比如铺地的做法，一般都是地砖的。包括一些建筑物、构筑物的做法，大家看到的一般都是，要么是木头的；如果是农民自己盖的房子都是粉刷白色的或者其他的颜色，房子本身一般都会采用公式化的构筑形式，有很多的栏杆，大多都是一些欧式的做法。还有一方面，因为有一种一窝蜂式的发展，流量不断的在增加，发展趋势非常迅猛，一旦有一家觉得状态不错，有很多的游客，另外一家马上复制，包括道路设施，对于环境也造成了很大的破坏。

这是一个在前卫村的农家乐（图 5），早晨起来的时候，看到我的邻居，也就是这个农家乐，整个院子里面没有任何的种植，本来农家小院应该有很多的种植，但是它这个里面都是汽车，生意非常的火爆。

包括大家看到的这个生态池塘，但是实际上大家看这个做法，算是上海发展比较好的农家乐（图 6）。

我们针对这些现象和问题，做了一些初步的思考，也跟大家分享一下。

透过景观设计的有机介入，恢复自然的精致，达到旅游区的活力再生，这是低碳时代旅游景区特色定位的一个必由之路。具体的措施，第一，景观的自然化。第二，文化地方化。第三，生态精致化。我儿子当时在农家乐的时候，买了一盆含羞草，用手稍微的一触，含羞草的叶子就收起来了。通过这样细微的一个动作，他每天都去动它一下，会感受到自然界的生命，它是有生命的。其实从专业角度来讲，自然界是非常精致的，会对某种特定的温度、湿度、气味讨厌，有 定的适应性，但是更多的还是按照规律来做的。第四，生产艺术化，比如说农民的插秧，包括一些其他的住宅，我们可以融入这个艺术。这样的话就是说，使它原来看似很普通的材料，产生一种美感。第五，过程参与化，其实刚才有教授讲到，人通过做工来产生能量，而不是说仅仅到最后来耗能，或者是消费。

景观的自然化，我们提出对策。我们说这个数是 1 亿，实际上对于我们同样的道理，

图 7 符号化的文化

如果在乡村景观当中，把自然抛弃，或者是不够重视的话，整个的价值就会失去。乡村景观的自然状态是旅游发展的基础，保护自然是发展利用的先决条件，只有创造出良好的生态环境才是必由之路。

文化的地方化，涉及管理者、经营者，应该更加重视文化的地域性，避免文化抄袭。刚才说的杭州的做法，因为在农村这种情况下，本身文化就不够充分自信，所以更多地去模仿别人。我们作为设计师，也要在地域文化教育方面，应该更多地投入一些加强教育，培养一种地方的自信感。

图 8 生态的精致化

大家看，这些都是每家店都有的卖同一样东西，然后很多街道都挂灯笼（图 7）。这是种对文化的理解，这些并不能代表周边的文化，上海是江南水乡地带，应该有更多自己的特点，这一点都没有更好的体现。

图 9 稻田

这几张照片是我拍的，我们当时在做一个湿地公园的时候，我们去看现场，有时候现场的考察还需要接触，不要光拍照片就走，我们要更多的善于发现自然（图 8）。自然本身不是粗犷的，应该是非常敏感和精致的。作为设计师来讲，也是我们的一种观念，不断地去加深和理解的话，应该对自己本身设计会有很好的触动。

图 10 农家乐水车项目

这是稻田，大家可以想到，金色的稻穗是非常的漂亮（图 9）。

生产的艺术化，生产同样可以是艺术。比如奉贤有油菜花节，融入了当地的一些文化，把这个生产过程化就变得艺术化。实际上对于景观来讲，我们有一个不是特别明确的观点，就觉得要好看、好用、生态，现在说好看、好用、低碳，首先就是说，以前我们基本是要好看多一点。是把它进行相关印刷的处理就是为了起到一个好看的作用，这是一种途径，也是一种做法，我们就当成艺术，就模仿。

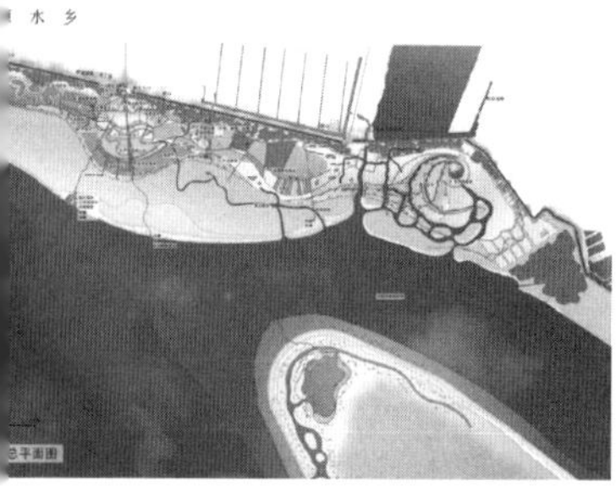

图 11 崇明西沙明珠湿地公园

过程参与化，活动本身就是一种景观，可以更好地融入到当地景观的形象当中去。其实，有一个观点叫游客本身也可以做工。来，不仅是来吃两只土鸡，然后带点土菜就回去了。更多的能参与一下就好了，比如这里（图 10），这是一个水车项目，通过推水车，可以来做一点工作，这个也是很有意思的，本身也是一道风景。

图 12 主入口

图 13 从入口鸟瞰图

图 14 苇亭

后面介绍一下我们的几个案例。第一个，师法自然，是上海的一个项目，上海一个叫明珠湖的南侧。现状是有一片自然的湿地，地方政府想通过吸引游客，把周边的这些相关的设施全部带动起来，有利于参观（图 11）。这是一块大的湿地，但是是受保护的，所以不允许别人进入，这块是叫可以进入的湿地。我们做了很多的草图，这是一个大的布局，可能这个是因为四年前做的，跟今天的观念也会有一些不同，比如说我举例，我们做了这个，希望从自然界得到一些灵感。

这个就是我们做好的（图 12，图 13），这是一个休息亭，采取了芦苇，受到一些启发，所以叫苇亭（图 14）。

第二个案例叫艺术化生存。我们在金山漕泾做的，是在漕泾镇，属于金山。这里有一个污水处理的问题，我们希望通过一些生态湿地进行污水处理。这是它的现状，大家可以看到，整个就是一个非常典型的自然状态，有很多的芦苇。当时给这个项目定位是，叫“走入自然和艺术的画卷”，基本上大家去吃点当地的土特产，有的时候都不住，第二天，或者当天就回来了。他们就想吸引人能住下，也想做一些，他们也想发挥一些特点。所以我们就提了，就是可以住下，利用这些水和上面这些小岛，以及当地的一些特色蔬菜，特色种植，游客可以坐船在里面绕来绕去，有很多的小山，也可以上去看一看。这里面有很多的小岛，我们当时研究自然的使用流向，也做了一些分析，因为时间关系不多讲（图 15）。总的形式还是取材于树叶。这是一系列详细的设计（图 16，图 17）。这是一个小稿，是一个比较有特色的设计，主要是想提高艺术品位。

◀图 15 总平面图

▼图 16，图 17 详细设计

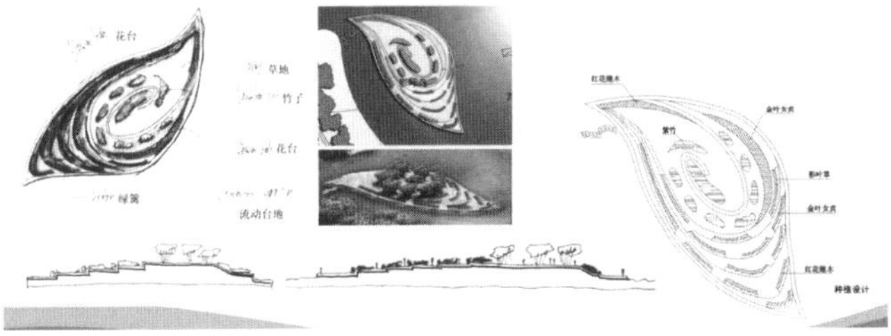


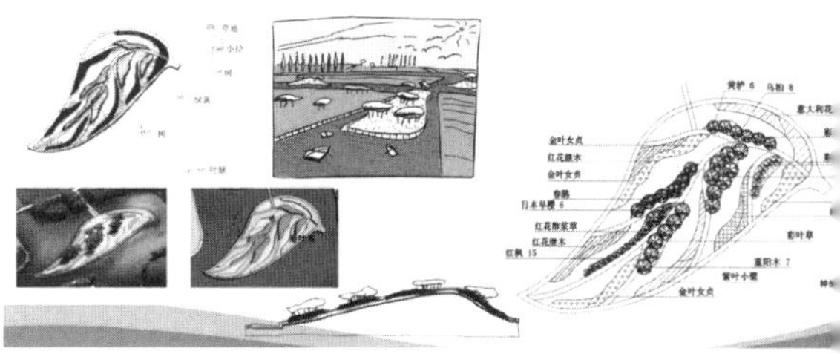

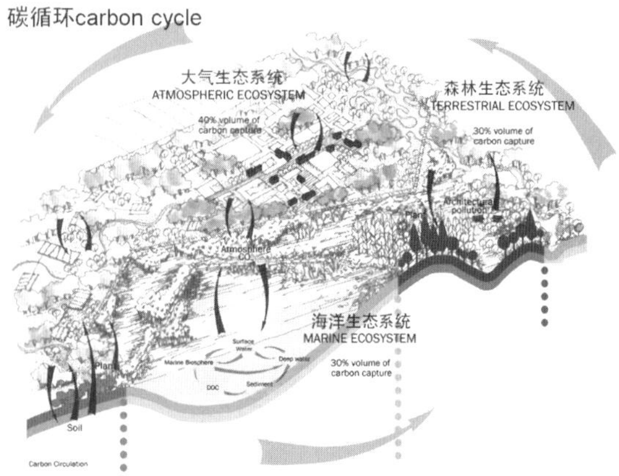


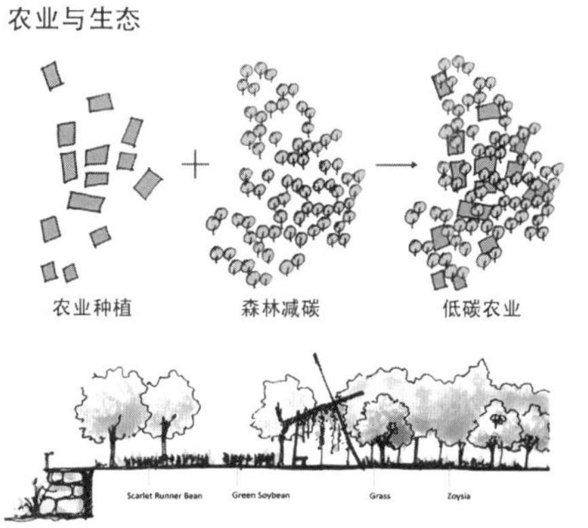


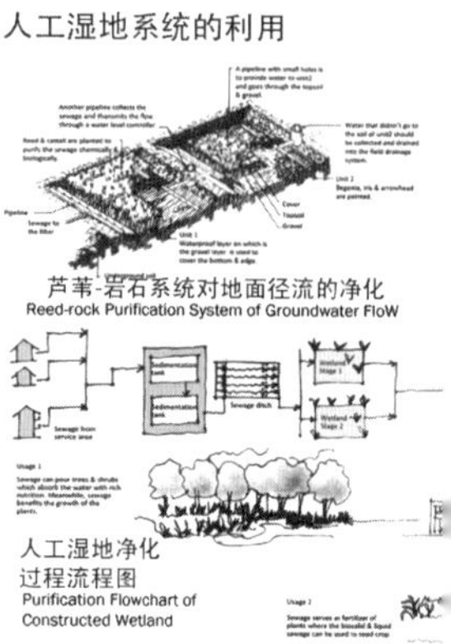


▲ 图 18—图 20 设计分析

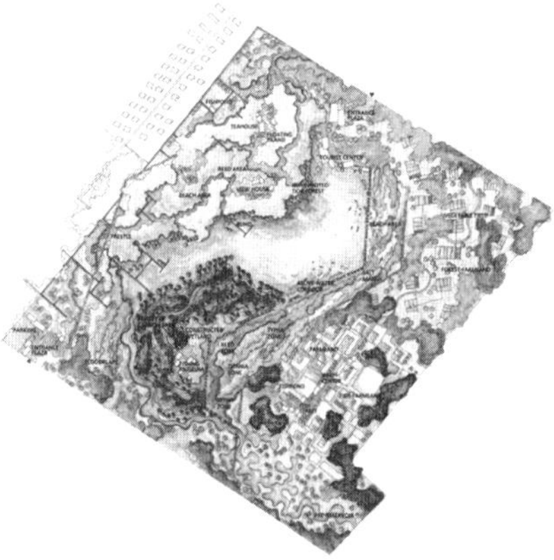

◀ 图 21 后期方案

低碳实验，我们在崇明东村做了一个公园。当地的居民以渔业为主，在全国已经做了一个比较大的公园，目前还是想保留生产功能。因为当地的服务业比例比较大，大家知道养鱼有一个过程，我们想通过这个，增加它里面的内容，相当于是把里面一部分的鱼塘，变成人工湿地，把这些养鱼的营养水进行相关的处理，再返回来。这个就是集体的，大家看，这个是鱼塘，相当的方正，非常好的运行。但是这样容易产生审美疲劳，所以我们在做的时候，也做了一些调整，包括问题的分析，从地形、水系这几方面做了相关的讨论。因为当地风比较大，所以希望能通过相关的乔木，相关的树木，来做一个挡风屏障。实际上崇明本身也在不断发展，现在芦苇已经不去动了，而是增加一些乔木。

这是做了一些分析，这些分析我们希望在目前的状态下，种植也好，或者养殖也好，通过我们增加树木，以及本身对它的湿地效果。有一个湿地的生态循环，有机结合，对当地的水质做一个改善，同时景观上也有一些，也是代表一种历史。 这里面是我们做的相关分析，主要是对他的水的处理（图 18—图 20）。

我们一年之后，拿这个参加了 2008 年的一个国际项目，获得了金奖，这个图是后来的做法（图 21）。因为当地政府希望我们保留大概一半左右的鱼塘，所以现在完全保留了生产公开。但是养鱼的价值，原来说养草鱼，现在经过生态，本身自然界的草可以作为养料，作为食物，这样价格提高了很多，虽然产量降低了。但是同时在景观上面做了改观。

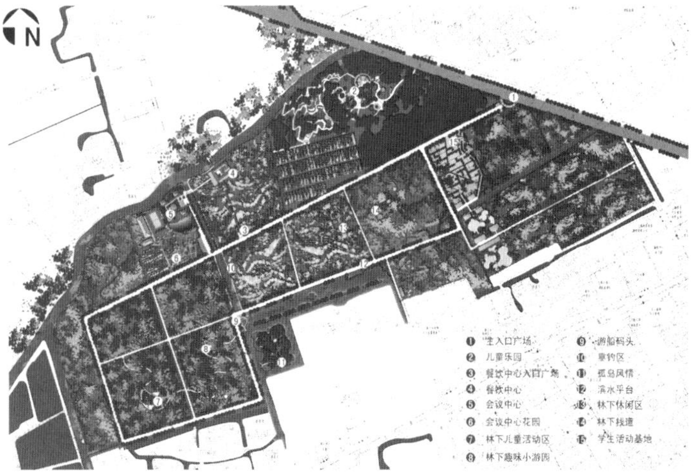


图 22 总平面图

最后一个案例是在上海的宝山区月浦丰水梨园做的。这个房子已经有一定的规模，已经建立起来了，但是周边有很多的高压线，地块的景观价值不够高，所以通过这个进行分析。例如，我们对餐厅的改善，餐饮中心边上就是高压线。

这是我们对总平面图进行调整，中间是一小平面，完成疏散功能（图 22）。

这是一个主入口（图 23），包括有一些葡萄藤架，也对当地的传统植物进行了相关的设计。

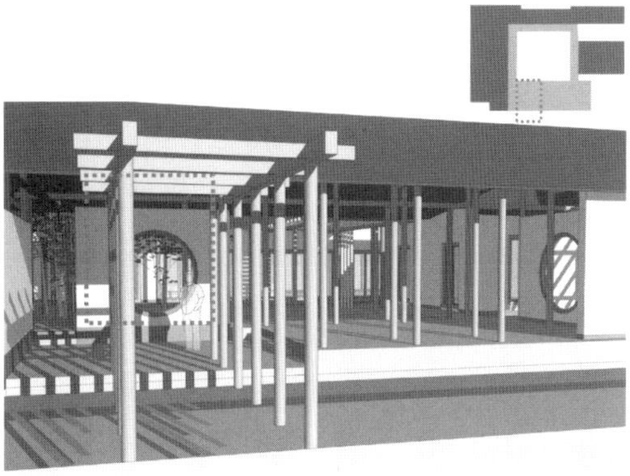

图 23 南面创造新的主入口

这个是郊区非常常见的农家乐，适当地增加一些小的绿化，包括一些座位，这样使得空间更加有序（图 24）。我们还把雨水进行收集，可以进行疏散性灌溉。包括收集点，包括流线，也不能说是把原来的流线全部打乱，我们要进行有序的组织。

图 24 围合主庭院空间

这是进行一些立面的改造，包括原来这边窗户各方面，完全都是非常小的窗户，我们希望大一点，这样通风好一点，视线也比较开阔一点（图 25）。

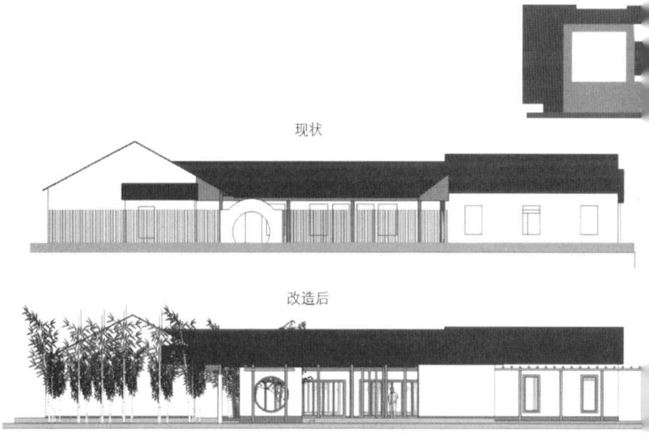


图 25 南立面

好的，非常感谢。

## 现场提问

**提问：**我有一个朋友想做一个旅游环保的概念，他外面在围湿地，造地，可能以后要用这个地。现在他们想到一个问题就是说，这块地应该怎么操作会比较好，从您的角度给一些建议好吗?

**刘悦来：**这个问题比较大。首先我们对基地周围的情况不太熟悉，只知道一个大概，比如说它是在江边往外填呢还是怎样?

**提问：**一边是江，一边是入海口，对面就是崇明。一边现在用来做造船基地，还有一块地，他们可能也要用来派什么用处，现在这块地想看看是不是能够做一些什么项目?

**刘悦来：**因为崇明岛我们陆续这几年在做旅游规划，主体规划，包括里面的一些项目，有盐分的，对植物生长要求要高。如果按照一般的做法，水（因为水还涉及土的问题，所以从生态角度来讲）这个问题是最关键的。所以说，我们有很多项目，也通过一些自然的做法更好地去适应水及周边的环境，比如刚才讲的，围的话用什么方式。如果直接围的话，希望高度要做低。如果慢慢做的话，可以通过水不同的潮位，围合不同的高度，或者有一些是比较自然形态的，我们碰到这样的情况。如果有一根桩，插在这儿的话，过了，因为每天有潮涨潮落，首先第一点就是水的问题，以及标高，这是第一块考虑的。第二块，利用本土的能够生长的植物，芦苇就可以，包括一些地方的水草，这些是可以自然生长的。从你本身来讲，因为是项目的问题，今天我们更多的讨论的是其他方面，就是怎么利用自然，顺应自然，设计更加的低碳。首先水土问题要解决好，这是最关键的，具体我们可以后面再交流。

**主持人：**谢谢刘博士。

**演讲时间：** 2010 年 10 月 23 日（周六）

**演讲地点：** 东华大学三教二楼演讲厅

**演讲人简介：** 1954 年出生于巴伐利亚的雕刻艺术家马库斯 • 海因斯多夫为“德中同行”系列活动中的“德国大道”设计了 14 个亭阁，其中一个亦在 2010 上海世博会欧洲片区展出，成为本届世博会环保、低碳的代表作之一。其主要材料是这位艺术家第一次到亚洲旅行时即令其着迷的竹子。由透明布料和青铜色织物绷成的立面使得这些亭子在黑暗中散发出童话般的光彩。这些作品迄今已在南京、重庆和广州展出过。

马库斯 • 海因斯多夫主要设计公共空间中的艺术品，到目前为止主要展出除了在德国和中国，也在泰国、印度尼西亚和南美。此外，在过去的两年中他还在东南大学和重庆大学的建筑系作为客座教授开设有关艺术、建筑及可持续性建筑的讨论课程。

**现场翻译：** 童凌峰

# 设计结合自然——竹子建筑

# Design with nature ——The bamboo architecture

马库斯 • 海因斯多夫（德国）
Markus Heinsdorff（Germany）

**文章标识码：** D

**主持人：** 大家看到的这个图片比较熟悉，就是在 2010 上海世博会德国馆边上有一个《德中同行》竹子建筑的展馆。（图 1）是马库斯 • 海因斯多夫代表德国政府做的中

图 1 世博会德中同行竹展亭

德一个项目里面的主要的成果展示。下面请马库斯·海因斯多夫先生演讲。

**马库斯·海因斯多夫：**大家好。首先感谢主办方的邀请，非常感谢东华大学，非常感谢鲍教授，能够邀请我来做此次演讲。谁如果有幸能够去鲍教授的办公室看一下，他的瓷器作品，这是非常大的荣幸。当我们谈论到一些专业问题的时候，鲍教授跟我一样，从内心来讲都是一个艺术家。从专业来讲，我是一位自由艺术家，是一位雕塑艺术家，是一位装置艺术家，但是在我自己的创作过程中，我把雕塑艺术、建筑和景观相融合，创造一种新的艺术形式。

第二个特点是我在作品当中，融合东方和西方文化中的精华，融合成我认为代表未来文化艺术的表现形式。作为自由艺术家，雕塑艺术家，装置艺术家，其实没有必要一定去创造有用的或者是实际的建筑形式。但是我认为，这可能是一种机缘巧合，或者是一种机遇，可以用建筑的形式来表达我对于艺术的想法。

作为艺术家的我，主要的创作元素都是来源于自然。有风、光、太阳能，或者是竹子等等，这些都是我创作的，既是一种手段、工具，也是一种创作的成果。但是近年来，我创作作品的中心，集中到三个层面，就是竹子、水、茶。正如刚才佐佐木叶教授提到的，日本的景观设计的新动向，就是叫重塑自然的景观设计方式。我的家乡是在德国的慕尼黑，在慕尼黑有一条伊萨尔河（Isar），伊萨尔河正是现在设计的方向，可能是全世界最大的一个在城市的人工河流重塑自然的项目。我作为艺术家的身份，会参与到整个项目当中去，去重塑自然，用艺术的装置方式，向世人进行一种传播和表达。

大约四年前，德国政府决定在中国举办一个名为“德中同行”的活动。所谓德中同行，顾名思义就是德国和中国一起前行，在中国进行德国国家形象的推广，最终选择我的提议，用竹子来表现德中同行的主题。

接下来今天向大家呈现的就是我在德中同行领域，为整个活动所创造的“竹展亭”的设计过程以及成果。对于中国作为竹产品的最大制作国和出口国，每年都会有几十亿欧元产值的竹产品被生产。中国也有几千年用竹子建筑的经验，但是到今天为止，很多传统都遗失了。我在德中同行活动中，采用竹子作为材料，有两层含义，第一层含义就是我觉得，竹子作为一个非常好的象征物，可以象征我们可持续的未来，是可持续的一个象征。第二层含义，竹子本身是一种非常环保，非常可持续的建材，用它来制造我们的展览所需要的展亭，是一个很好的实践。

德中同行活动在中国举行，选择竹材、竹胶板作为材料，本身就是一个非常环保的行动，也是从这里，我们从选材开始，尊重可持续和环保。大家可以看到，这张图片是刚刚出炉的竹板条，从原生的竹材上一片一片切割下来的，完全是一个物理的过程，没有掺加到任何的化学制剂，所以生产过程基本上是比较环保的（图2）。

大家看到，这个就是在世博会上呈现给大家的一个竹子的展亭（图3）。特点是，我既采用原生竹材，又采用竹胶板来制作竹展亭，整个建筑基本上都采用了竹子作为自己的支撑构建，是一个真实的建筑物。同时这也是全世博会唯一一个有双重国籍的馆，既是德国的又是中国的，这也是我们德中同行为期四年活动的其中一个，在世博会上一个精彩的亮相。

图 2  刚出炉的竹板条

图 3  世博会德中同行竹展亭

德中同行起点是南京站，不是从世博会展亭开始，一共做了 22 个展亭，22 个展亭有五种形状，刚才看到的这张照片是我们在沈阳人民公园的一个活动现场（图 4）。我为了世博的展亭和其他之前的德中同行展亭做了不同的设计，这也是我的一个设计之一，但是没有实现。众所周知，竹子在中国或者在东南亚被称为穷人的材料，或者穷人的木材，因为它比较廉价，但是缺点是很难进行加工成好看的形态。四年前在南京，我们做这个活动的时候，所有人从南京市政府到德国的这些大企业，像西门子、奔驰这些大企业都说，怎么用竹子来做我们展示的展亭呢？但是我的挑战就是，如何用真正所谓穷人的木材，来构建真正高科技的展亭，这也是当时在我面前的挑战，也是德国政府想要在中国展现自己国家的一个方式。

大家看到，这是我们第一种形状的展亭（图 5,

图 4  沈阳人民公园活动现场

图 5, 图 6  水滴形展亭

图 7 用红色布围合的展亭

图 8 红蓝两色的气候展亭

图6），我们称之为水滴形展亭。创意来源于自然界的一个形状，一头大一头小的水滴形，整个展亭除了竹子之外，顶上的膜，也是构成整个屋顶的一个材料。整个展亭设计出来，这是在南京站的两种建筑形状的其中一种。开发出来，是为了便于装卸，便于移动，以及运到下一城市便于进行继续展示。

什么是可持续性?

我们的活动当中，第一、可持续性体现在就地取材，就是从中国传统的材料当中，选取我们在为德国做展示的这么一个展览。第二，用当地的手工，当地的方式加工而成。第三，它的材料本身也是可循环、可降解的。因为来自于自然，某一根竹子坏掉都可以进行很简单的替换，而它的垃圾处理也是非常环保的。

我们的德中同行活动都是在广场上举行的。在广场上，要为我们的活动专门准备景观灯光照明是非常浪费的，要花费巨资。我的想法就是，在展亭设计的同时，就把展亭作为广场上的灯光装置。第一，节约了整体的二次灯光的投入；第二，可以成为一个景观的第二部分。于是，在设计中就引用了中国的灯笼的抽象概念，在活动当中进行自己展示内容的照明，同时也是广场灯光装置的照明。

大家可以看到，我们的展亭有很多的材料，其中一种就是红色的布，为什么采用布?因为对于我来说，中国是一个传统的纺织大国，所以布也是一种非常东方的元素（图7）。在使用的时候，把它进行折叠，折叠有几种好处：第一，让整个的立面看起来比较立体；第二，整个布的感觉，风可以从中间穿过来起到降温的作用；最后，中国夏天或者日照比较强的时候，可以作为外遮阳来进行节能的处理。

每个展亭其实都有不同的展示内容，其中这个就是我们在广州展示的叫气候展亭（图8）。整个活动是德国政府的外交部来举办的，这个气候展亭是我的家乡巴伐利亚州州政府出资来做的，这里面展示的是巴伐利亚州在可持续性方面的一些成果。本来这个气候展亭要用非常昂贵的太阳能技术来做，后来因为经费、时间等各方面的原因，最后不能实现。我就把这个概念变成了一个艺术的概念来制作。其实很简单，就是把这个展亭一分为二，一半蓝色的是空调的室内机，另一半红色的是空调的室外机，一半制冷的时候另外一半加热。

接下来就发生了什么事呢? 因为我们展亭用的薄膜不是保温、隔热性很好的薄膜，在 11 月份的广州天气非常热，我们在展亭里面能够感受到一丝的凉快，但是展亭本身

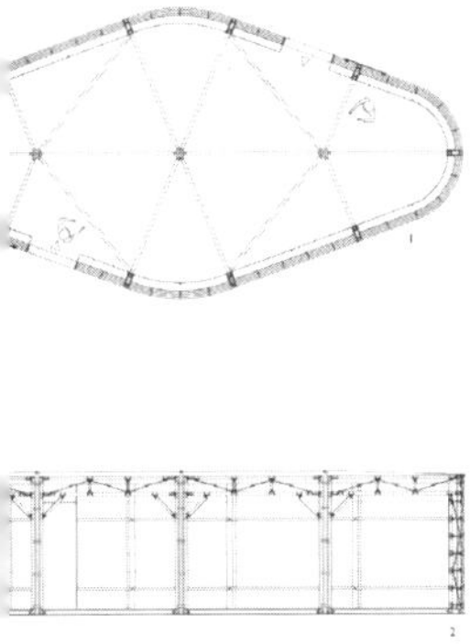

◀图 9 钻石形展亭 ▲图 10 类似中国竹伞的连接件

还是非常的热，它里面的苹果的一体机，温度达到 80 度就自动关机了。这个展亭其实就是以一种非常简单的方式，告诉所有的参观者，我们为了一丝丝的凉快，给整个地球的环境会造成多大的负担，也就是从每个人的身体力行上面来进行减少我们对于整个地球的负担。可能没有人真正知道，在室外机创出来的空气会有多少。

这个展亭是第二个展亭，叫钻石形展亭（图 9）。刚才看到的是 PVC 膜的透明展亭和外墙，也是被德国的政府和企业用以展示他们的理念和一些成果。大家可以从这两张图片上看到，外形在灯光的照耀下，丝绸般的光泽，也是我想用金属的材质来达到的一种特殊的效果。图 10 是我们刚才看到的，我本人开发出来的竹子连接件，以及在竹子连接件中间伞状的柱子，也非常像中国竹伞的构件。

刚才那种是我们的莲花形，特点是内排水。大家一般都很讨厌下雨天，但是在这个展亭里面，下雨是一种景观，可以让大家进行观赏（图 11）。大家看到的这个形状是我们的会议亭，可以容纳 130 人进行开会，我们的活动日程非常紧张，因为第一站只有两个展亭，最后有五种类型的展亭，每个展亭在开会和设计的过程当中，都还是在边学边做，设计出来以后马上就要依比例进行制造，这也是对我们的设计周密度的一个考验。刚才看到的能容纳 130 人的竹子展亭，中间没有柱子，都是靠精密的钢节点进行连接。这个展亭在重庆经受过大的地震的考验，也没有发生什么事，尽管是有一米多的位移的距离，所有的节点都是德国的两所大学和中国的同济大学一起来进行设计和开发的。

大家现在看到的展亭是中央展亭（图 12），是整个德中同行的主题活动和可持续城

图 11 莲花形内排水设计

图 12 中央展亭

图 13 上海工厂生产现场

图 14 现场搭建过程

图 15 一个个展亭逐步建造起来

图 16 武汉扬子江畔的德中大道

市化活动来进行展示的。当初第一站的时候还没有，第二站在重庆的时候，当时因为资金有限，我们只做了两个。第三站在广州的时候，德国政府又增加了预算，我们造了三个展亭，就像刚才说的，既有两个可以进行组合，也可以有三个进行组合。整个中央展亭的外表，就像是一个竹林交叉生长的感觉。那么在整个的展亭里面，我们中央的屋顶也是漏斗状的，下雨的时候，同样可以看到下雨的场景。大家可以看到，为什么我们的展亭都是在底下有一个钢的网架？因为我们整个活动都是移动的。在广场和公园里面都有铺地，我们为了让铺地在活动之后不受损害，专门为每个展亭都做了一个基础构架，在基础搭好以后再搭展亭，整个展亭移掉以后，对广场的地面损伤是最小的，也符合我们可持续的理念。

再重申一下，我们的德中同行活动不仅是在每一站继续使用我们的展亭，而且在活动结束之后，把这些展亭都找到一个可以赠送的单位，基本上所有的展亭现在都找到了归属。刚才看到的中央展亭就在我们的上海，在上海的一个新植物园可以见到，这个植物园是由中国和德国的设计师们一起完成的。这是一个搭建的组装图，为了搭卸的方便和快捷，我也是在中国蒙古包的搭建过程当中学到了一些东西，尽可能不用钉子，在工厂预制好，然后在当地进行组装，这个组装是非常方便的。

这是我们在上海工厂，展会公司工厂生产

图 17 沈阳城市公园里的展亭

的现场（图 13）。

这是我们搭建的一个过程（图 14）。

在这里可以看到，展亭有一些是一个一个的增加大小，所以说，其实也是从小到大，把它一部分一部分地增加起来，建造起来（图 15）。在整个的设计过程当中，我没有考虑到搭建的顺序，总是想从基础开始搭建。搭建公司也有非常巧妙的方法，我们从屋里开始搭建，这也是德中同行共同合作的一个结晶。另外一个就是展亭与城市，因为我们的整个活动是在不同的城市间进行穿梭，所以说在找到一个场地——广场，比如说刚才这张图是重庆的人民广场，在这里来进行搭建，搭建成了一个竹子制成的小村落，和中国城市的容量，好像一千万，一千五百万，两千万的人口是非常大的对比。这张看到的是在武汉的公园（图 16），这个是在沈阳的人民公园（图 17）。

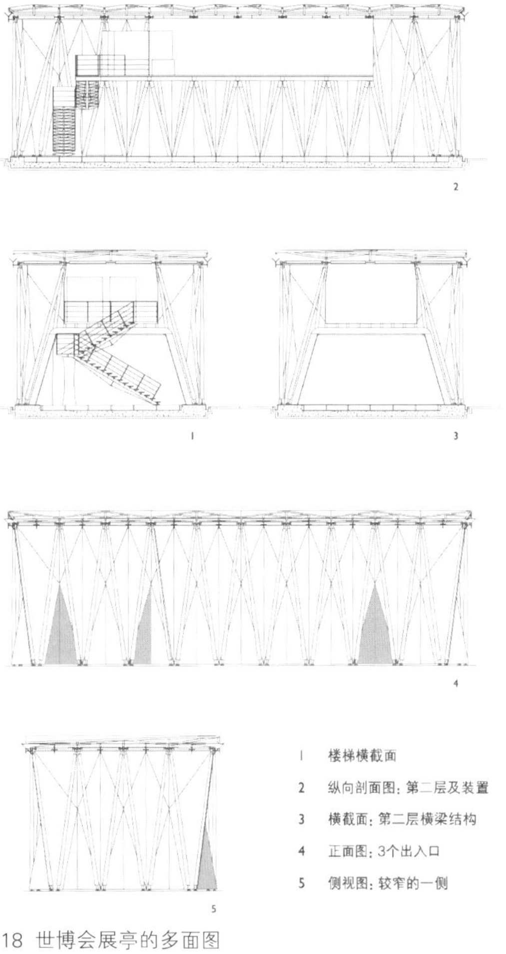


图 18 世博会展亭的多面图

这个是上海世博会的展亭，建筑面积 330 平方米，基地面积是 250 平方米（图 18）。整体的竹子展亭采用了很多的中国、日本的折纸的感觉，还有折扇的感觉，所有的展亭设计都有一点就是吸取了东方艺术的精华。大家可以看到，这是一个 VIP 层，整个是还没有放家具的现状，大家可以很

图 19 结构分解图

图 20 巨龙竹

清楚地看到，有很多技术层面的东西，一些钢的节点，还有后面三个大的空间，一个是仓库，一个是茶水间，还有一个是厕所，整个展亭虽然很小却具备了各项功能，可谓“麻雀虽小五脏俱全”。这个展亭也让我头上多了几根白头发。为什么呢？因为整个项目是在时间非常紧的情况下完成的，6 个月的时间要设计，要选材料，要施工，要最后做室内设计等。整个项目，建筑师说时间太短，工程师说结构太复杂，我们的供应商说材料太大等，但是最后还是做成了。

这个是整个的分解图，从最上面开始是法拉利的膜结构，中间是钢结构屋顶，再下面是竹子结构的一个屋顶（图 19）。最外面的一圈是 ETFE 的薄膜。ETFE 膜旁边的是竹压板制成的框架，再下面是倒 U 字形的一个竹胶板梁的框架，非常大，大概是 40cm 高，20cm 宽，整个跨度超过了将近 7m。

巨龙竹产生于中国云南靠近缅甸的边境，寻找巨龙竹的过程也是非常艰辛，从上海去那边，路程要一天半，最后在云南的原始森林里面找到了可以用的巨龙竹（图 20）。大家看到这是巨龙竹冠上面 50cm 的竹节的照片。建筑用的混凝土是由我们德国的一所大学专门研究的配合比。因为膨胀、收缩会对竹子的结构产生变化等影响。

大家知道，世博会对于防火检测非常严格。我们在非常短的时间内，必须经过防火检测。本来我们想，竹子其实比较容易燃烧，我们做的很粗的竹 U 形梁可以承受很长时

图 21 由竹家具配合的整体设计

图 22 巴厘岛的飞艇

图 23 印度教的开幕仪式

图 24 泰国的治疗场所

间，但是这次结果出乎意料，检测结果相反。后来又对德国进口的防火漆，进行了测试，时间非常紧张，我们也承受了相当大的压力。

众所周知，中国是产竹和竹制品大国，所以说我们在设计家具的时候也特别想用竹子来做家具。这也是我在世博会上设计的家具。这个是竹子家具，因为展馆非常小，没有足够的空间，所以我们在家具设计的时候，既要考虑美观性、实用性，还要考虑多功能性。大家看到这是竹子的沙发，可以立起来，上面加一块板就是一张桌子，也可以成为一个大的会议桌，以及后面的叠起来以后可以成为一个架子等，都是在有限的条件下做一个多功能设计进行的一个整体设计（图 21）。

作为一个艺术家，装置艺术家，雕塑艺术家，我有很多的装置艺术，其中这里介绍几个有关于竹子的装置艺术，第一个是 2002 年在巴厘岛制成的飞艇。我 2002 年的时候，第一次将竹子用在装置上，也是学习如何打造一个巨型的竹子装置。作为装置艺术家，我的艺术概念就是说，是一个天空之城，或者是飞艇（图 22）。6 个月之后，飞艇应该着陆，在水下种植了水稻，飞艇落下来以后，像是一个飞艇着陆在地上一样。所有当地工作的工人都在问我，为什么我们要用这种结构的方式，或者怎么样来做竹子？因为要找那么直的竹子确实很难，我们没有办法做到像德国这么高的工艺要求，为什么用竹子做？我说，为什么要做，其实也是通过这种方式向世人宣告，我们可以做到。就是说，未来式的设计，竹子可以做出很多传统的东西。但是我们用这种未来式的设计，我们需要走一条未来美学的道路，这就是我们的一个让世人惊叹的作品，所以我们必须给出更多的努力，去找到合适的材料，去推广它。

图 25　泰国树屋

图 26　欧洲之塔

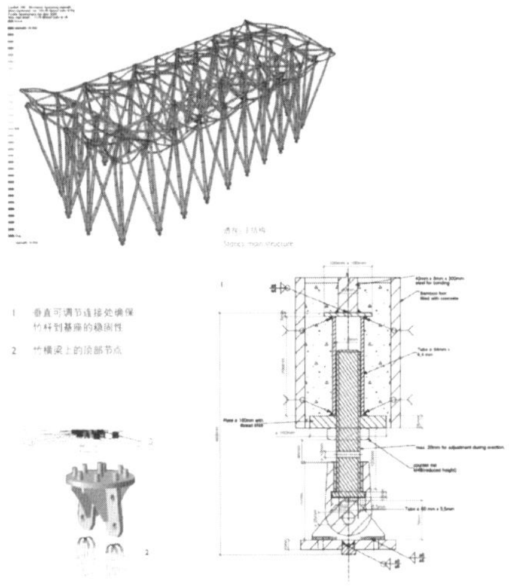
图 27　竹材的力学计算及检测

这个飞艇的中心概念就是说，人是在中间走动，下面离空，环境在周围既可以在里面看外围的环境，也可以从外围看里面的人，整个就是一个融为一体的概念。刚才看到有一个印度教的开幕仪式，所有巴厘岛的民众都很喜欢这个装置，因为它既有传统的意味，也有代表未来先进的感觉（图 23）。

另外一个是泰国的作品，这个是为一个泰国的治疗师打造的一个治疗的场所。这也是一种尝试，三年之后如何最后用自然生长的竹子来代替我们作为构架的竹子（图 24）。

这是泰国的树屋（图 25）。

这是曼谷的中心欧洲之塔的一个装置，也是在欧盟的一个绿色之日，在曼谷召开的一个活动（图 26）。

最后是刚才我介绍的，我们在整个竹亭搭建过程当中，竹材的检测，以及所有的力学的计算（图 27）。这些竹子与未来设计，也会在书里面进行公布。我也非常希望能够和亚洲的同行，中国的、日本的同行去交流，怎样去和自然打交道，去设计自然，谢谢大家。

过去的一段时间，过去四年，总共参观展亭和活动的至少有 200 万人，光世博会就有将近 70 万人，很多人从我们的竹亭走过，都要去抚摸我们的巨龙竹，这让我感到非常的高兴。

**演讲时间：** 2010 年 10 月 23 日（周六）

**演讲地点：** 东华大学三教二楼演讲厅

**演讲人简介：** 荷兰环境能源部城市可持续发展负责人，C2C 项目经理（C2C 即是“从摇篮到摇篮”，是对“从摇篮到坟墓”思维方式的一种回应，是迈克尔 • 布朗嘉特先生和威廉 • 麦克唐纳先生在合作完成的著作《从摇篮到摇篮》中提出的）。

**现场翻译：** 唐璎

# 摇篮到摇篮，为未来设计范式

# Cradle to cradle, Design paradigm for the future

大卫 • 杨 • 姚斯特拉（荷兰）

Douwe Jan Joustra（The Kingdom of the Netherlands）

**文章标识码：** D

**主持人：** 下面请荷兰的大卫 • 杨 • 姚斯特拉先生演讲，他从另外一个角度来谈景观生态和未来的设计。大卫 • 杨 • 姚斯特拉先生在荷兰从事“C2C”管理工作，“C2C”字面的意思是“从摇篮到摇篮”，深层含义是从自然到自然。请大家以热烈的掌声予以欢迎。

**大卫 • 杨 • 姚斯特拉：** 今年的 7 月份，我在荷兰和鲍教授见过面，鲍教授问我一个问题“上海怎么样？”我说我觉得上海是一个没有特色的城市。鲍老师说他有一个使命，要邀请我来，他说要让我找到上海一个很显著的特色。而我这次来感受到：上海确实是一个很有动力的城市，虽然太技术化。

上海这个城市，也许商业观稍微早了一些，可是这个城市的系统非常好。说到这个城市，森林在哪里，城市就在哪里。在上海也许能看到一些公园，看到一些绿色，但是肯定没有森林。但是我觉得城市可以运作得像个森林一样。我的意思不是说将森林带到上海这个城市，而是将上海这个城市运作得具有森林的一些特点。我是荷兰的一个政府

图1　1969年所摄的地球照片

图2, 图3　荷兰自然风景景观

官员，我在这个行业一直从事有关城市的可持续发展工作，即从“摇篮到摇篮”，贯彻到我们的城市建设当中，城市规划当中。

这是40年前，1969年在太空上照的这样一张地球照片，我们可以看到地球很漂亮(图1)。这些图片是荷兰的一些景观，我就是出生在这里，我来自于这个地方。我展现的是一个生存的环境，也是在荷兰的一个景观。我很感谢我的家，也很自豪，我感觉我的家很美，因为我就住在这里面（图2，图3）。这是我生活的，车停放的地方，我的住处就具有风车的功能。这是个风车，可以把地下两米以下的水取上来（图4）。在工业化革新之前，我们就已经有这样一个风车。下面我们来讲景观设计。景观的第一个层面并不是生活在自然的空间中。这是一个生物层面的；这是一个人类社会层面的。在这个系统当中，一层层上来，最后是一个以人为本（图5）。城市的可持续发展已经很久了，这是一个可持续性发展的进程，现在处在一个称之为生态效率的层面。低碳体现在生态效率这个层面。在这个层面通过技术来实现低碳。然后我们发展的方向是从生态效率，发展到从摇篮到摇篮，这是政府的一个发展目标。

我们问过一个荷兰的专家，从摇篮到摇篮是不是我们国家城市可持续发展最后的一个方向。从摇篮到摇篮是整个荷兰最终的一个发展方向、发展趋势。我们有很多想法可以从这个从摇篮到摇篮的过程中，从这个生态效率化的过程当中去实现。

这是我们经历的一段可持续发展道路，但是我们不需要新的标准。这是我们一个发展的方向，我们也经历了很多，在生态效率之前，我们经历了很多。我们已经不需要新的原则，这是我们一个既定的发展方针。强调设计的重要性，所以我们要对设计有规范，设计师要在可持续发展当中发挥重要作用。

图4　荷兰的风车

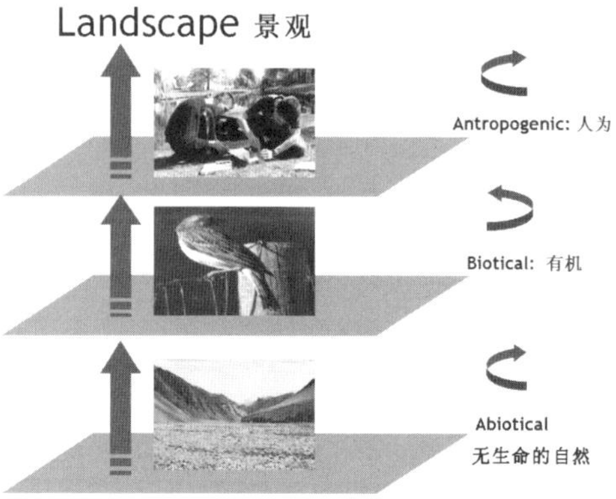


图5　景观系统中的上升模式

图6　C2C的定义和原则

（注解：C2C：就是摇篮—摇篮，实际上是从自然—自然，是对“从摇篮到坟墓”思维方式的一种回应，是迈克尔・布朗嘉特先生和威廉・麦克唐纳先生在合作完成的著作《从摇篮到摇篮》中提出的。C2C 是一种可持续发展的新视角：使地球比我们发现它时更加美好。是一种工作方式：从产品设计着手考虑原材料的循环利用，以养分管理替代垃圾管理。是一种乐观的理念：只要我们对环境贡献的比消耗的多，那么这种发展就是良好可行的。C2C 方案使生态与经济和谐发展，从而为全社会创造价值。是对“罗马俱乐部”中的“增长极限论”此类预见的回应。）

实际上，我们在使用物质材料的同时，要在每次使用当中保持一样的水准，一样的质量。这样形成一个循环，我们在不断地使用这个产品，就形成了一个内循环。如果使用产品当中，为了某种使用目的，让产品质量恶化了，或者低层次了，那么这个产品有一些就会消失，或者没有用，或者成为垃圾，所以在使用产品当中，一定要保证产品原料，保持原来水平。为什么这样呢？因为地球的资源是有限的，所以要保证使用每个资源同时，要保证资源使用当中，保持在同一个水平上。所以如何将这样一个物质的循环能够保持下去？我们需要更多的能源让这个循环继续下去，同时也让西方社会和东方社会这样不断地发展下去。

每个人经常会说到能源，我们经常说能源是一个问题，实际上能源不是问题。比如刚才讲的太阳能，太阳能是提供干净能源的。实际上太阳能提供给我们的能量是我们所需要能量的 3 万倍。如果我们有这样的一个从摇篮到摇篮的准则，就可以通过设计让世界变得更多样。我们在讲产品质量的时候，总是讲森林有什么用，城市有什么用，河流有什么用。我们在讲到产品的时候，就是产品能附加什么价值。比如说这一瓶水里有清洁剂，水就会受污染。为什么不设计一个瓶子，这样的瓶子可以净化瓶子里面的水，一般的瓶子没有这样的功能，所以就是说，将产品附加其额外的价值。为什么我们不建立这样一个城市，这样的一个城市能够加强城市的多样性和多元性。为什么不能建造这样的一个房子，这个房子也能够起到一个树木的作用。所有的产品都在一个系统当中被不断循环使用。

这张图上有两条线是生态效率线，这根线实际上体现的是什么？我们平时在使用产品的时候，经常做到的是降低产品的负面影响，就是我们可以做得不差，但是并不够好（图 7）。上面一根橙色的线称为有效性，这根线体现了经常可以把产品增加额外的价值。我们现在使用很多东西的时候，我们可以使用，但是还不够好。三年前有人跟我说，我们现在可以制造一种车，可以让空气更好。我们现在用的车，即便这个车的污染越来越少，但是对整个城市还是有污染。将来的车可以像一个过滤器一样，把空气变得更好。一样产品应该优化它的价值，来增加它的社会价值。

材料物资管理，西方有一种说法，就是“从摇篮到坟墓”（图 8，图 9）。生活当中很多的东西都是被废弃的。所以现在我们针对从摇篮到坟墓，提出这样一个从摇篮到摇篮的理念，形成材料循环使用这样一个概念。材料管理分两种，一个应该称之为生物循环，还有一个是工艺。所以刚才讲的纸张，我们用了很多技术层面的东西，最后让纸张的原料不能回到纸的最初原料，技术太多是使纸张回不到原材料的原因。我重点讲的

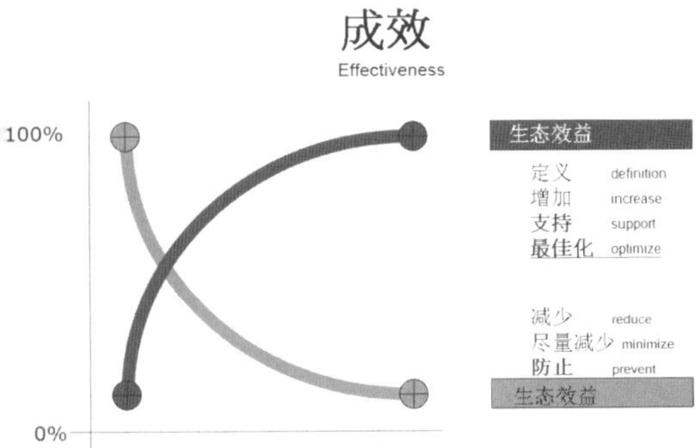


图 7 生态效率线

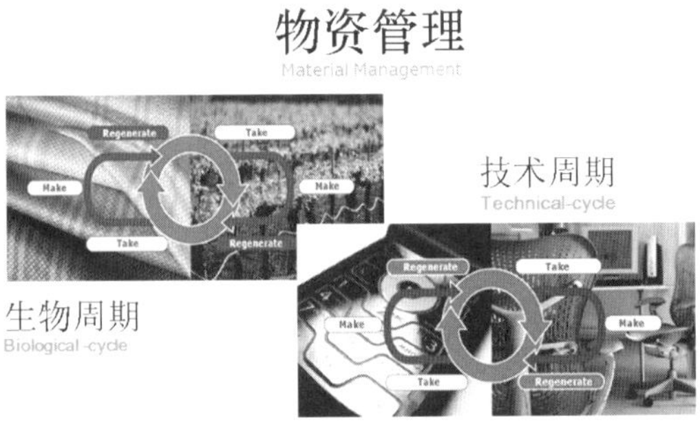


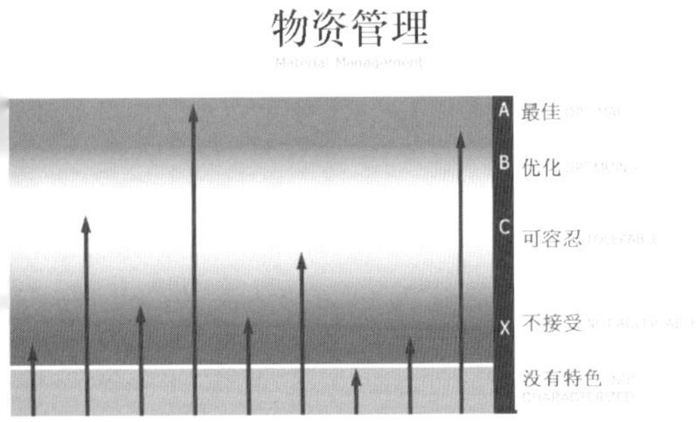


图 8, 图 9 材料物资管理

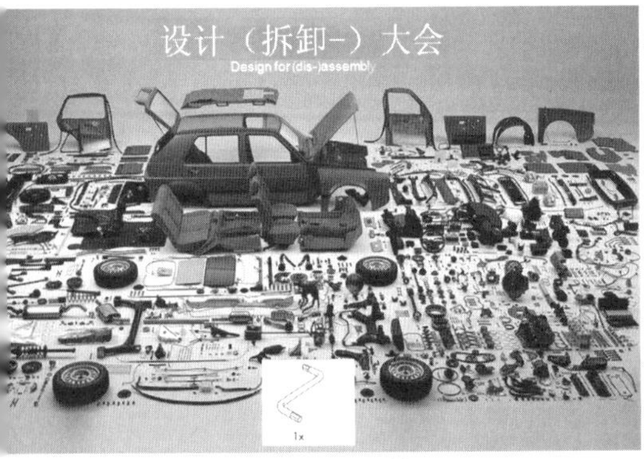


图 10 设计循环的重要性

图 11 25 年前的新城镇

就是生物循环的重要性（图 10）。我们在使用材料的循环当中，随着使用的次数增多，原材料的质量会越来越差。所以现在问题是在工艺循环过程当中，怎么样保持材料的原来质量，并且提升这个质量。现在我们的很多材料要做到，如果一个材料有好几种原材料，最终要做到让原材料能够分离。在我们人类的发展史当中，意识到人类做的很多事情，经常是没有把产品很好地使用。现在我们意识到，拥有的社会体系，或者是景观，可以增加一些原有的价值。

我们需要有创造力，来做重新设计。我们必须有勇气，去创造一些新的东西。

从摇篮到摇篮的项目指南，有很多内容我可以讲半小时。这里告诉大家最基本的，有关于摇篮到摇篮的一些原则。我知道摇篮到摇篮，这个理念首先是从《摇篮到摇篮》这本书上开始的。大家要不要了解一下，从摇篮到摇篮有关的一些理论？

这里我跟大家分享一下，我们的能源部在荷兰如何去实施这样的一个摇篮到摇篮的项目？首先，在做摇篮到摇篮这样一个计划当中，是要选择有才智的人参与我们这样一个摇篮到摇篮的工程。当然我们在建筑商这里，也需要更有才智的人共同来完成从摇篮到摇篮。在实施过程当中，对他们不是给具体的例子，而是给他们讲一个理念，讲原则，给他们一些空间去做这件事情。在项目的合作当中，他们必须一一告诉我们，如何体现从摇篮到摇篮的设计原则。所以建筑师往往会有和常人不一样的眼光去对待这样一个从摇篮到摇篮的系统工程。当然，我还有更多的原则。

第一个就是创新的重要性。这里讲到，健康的系统的重要性。因为以人为本，人是最重要的。

这个城镇大家看一下，是一个新的城镇，建于 25 年前，这个地方就是一个从摇篮到摇篮的系统工程（图 11）。问题是，我们的政府官

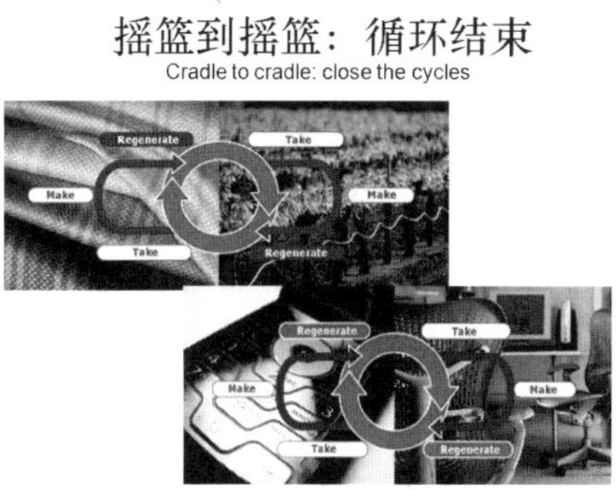

图 12 对“从摇篮到摇篮”循环的探讨模型

图 13 成功案例分析

员并没有足够的能力，去完全做到从摇篮到摇篮。我们只能有一个原则去指导，但是并不知道到底具体应该怎么去做。这些都是一些照片显示的，每一个行业如何做到从摇篮到摇篮，去实行他们的产品的生产和设计。

这是一个模型，如何去做到从摇篮到摇篮，当然在纺织行业有很多从摇篮到摇篮进行的探讨（图 12）。这是一个钢椅，来自于美国的产品，这个产品很受欢迎（图 13）。这个产品在美国的销量非常好，是美国的设计师设计的。这个钢椅是可以分解的，同时又可以重新做成这样一个钢椅，所以一个生物循环和工艺循环，这是一个圈。这里我想讲，要给原有的产品增加附加值，附加的价值让这个世界变得更多元，更多样性。每一个我们设计的产品，必须提高它周围环境的价值。如果今天我能够让大家意识到，每一个产品，在设计当中，我们贯穿一个原则，就是要让这个产品对周围的环境，包括所存在的系统当中增加价值，我将无比高兴。

非常感谢大家！

**主持人：**非常感谢大卫 • 杨 • 姚斯特拉先生，从荷兰阿姆斯特丹专程赶来参加这个会议。我在荷兰参加了他主持荷兰“从摇篮到摇篮”的学术研讨会，有十几个国家的专家来参加研讨会。这个研讨会的人很少，大概三十几个人，学术层次较高，大家交流的都是从自然到自然，也就是刚才说的是从摇篮到摇篮。我们以最热烈的掌声感谢大卫 • 杨 • 姚斯特拉今天给我们带来的精彩发言。

**对话时间：** 2010年10月20日

**对话地点：** 东华大学环境艺术设计研究院

**现场翻译：** 唐璎

# 荷兰生态设计现状

# Ecological design of the Netherlands

**对话人：鲍诗度　与　大卫·杨·姚斯特拉**

Interlocutors : Bao Shidu & Douwe Jan Joustra

**鲍诗度：** 我们第一届、第二届国际研讨会，包括中间大大小小的国内或国际的学术研讨会，从来没有把政府官员引入其中，今天您是第一位。今天我们的交流想着重三个内容：一个是希望您能够把“摇篮到摇篮”在荷兰这样一个国家的项目跟我们详细交流一下。第二个是从您的角度出发，谈一下您对我们中国在设计这个领域有什么建议，能够在“摇篮到摇篮”这个理念上给我们一些概念或观点。再一个我们今天的交流是很自由的，完全是探讨性的，如果产生了新的观点，我们再具体交流。

**大卫·杨·姚斯特拉（以下简称大卫）：** 首先，我不是科学家，我为政府做事，在政府里我的角色很自由。一提到“官员”，你们会觉得我们做事是很官方的，但其实在环境保护方面荷兰政府做得很好，我们需要以另一种方式去提升，我们就提出了“摇篮到摇篮”的理念，更好地去提升环境。所以除了用规范和政策，我们努力在思想上提升建筑与规划的设计理念，就以“摇篮到摇篮”为一个新的准则去引导设计的思维。我们一个最出色的环境部门的部长同时也是环境科学的专家，她是这样说的：“第一，‘摇篮到摇篮’要有理论基础，必须可行。”这个我们已经做到了。“第二，我们不用传统的政治工具，‘摇篮到摇篮’是一种理念，我们要让它自由地发展。”

**鲍诗度：** “摇篮到摇篮”我们翻译成中文应该就是从自然回归到自然这样一个核心精神。其实是一种生态设计的可持续性。

**大卫：**是的。首先，太阳能是无限的，但是我们有些资源是有限的，就是材料。所以材料是我们能够循环的最关键的因素。我们有两种循环方式：一种是生物循环，一种是技术循环。但是无论在哪个层面上循环，材料的质量都不能够破坏，这是首要的准则。这样才能够顺利地进行下面的循环。如果中间环节出现了问题，我们为了某种利益降低了质量，使材料变得低档，那么下面的环节就无法正常进行，这个材料就结束了它的寿命，成了废物。第二点，使用干净的能源，使用太阳能，太阳给我们的能量远远大于我们的使用量。第三点，我们提倡产品多样化。只要在原材料质量不降低的情况下，我们可以使用各种原材料生产出不同的产品，提供给人们更多的选择。第四点，创造新的价值。这是设计师很感兴趣的问题，因为这个理念要求他们在开始设计的时候，将新的价值赋予他的作品上。比如，这个建筑不仅仅要美观，我们要想它对我的健康要有什么好处，它能否像一个会呼吸的建筑一样，带给我们新鲜的空气，带给我们精神上的享受。比如一杯水，如果用普通的瓶子装，它就是一瓶水而已，如果我们把瓶子改变为可以净化水的装置，它的价值就增加了。所以这个理念改变了我们传统的设计思维方式，为设计师增加了一个新的考虑问题的层面。

**鲍诗度：**在未来的发展中其实设计师主导了整个市场，他可以影响业主和生产企业。

**大卫：**确实，设计师是很有影响力的人群，他可以感染别人。因为我们需要新的产品，有功能性产品、概念性产品、多元化产品，这就要求设计师有很好的创造力。

**鲍诗度：**我在荷兰看到你们太阳能和风力发电的使用明显比发展中国家要多，在善于运用能源这方面，荷兰还有德国的技术都是很成熟的。那么对于中国这样一个国家在环境建设方面你有什么看法呢?

**大卫：**中国是有巨大潜力的国家，在“摇篮到摇篮”这个概念的理解上，中国有深厚的文化底蕴。从文化的角度讲，中国做得很强，因为中国的哲学理念就是讲整体性，整体性其实就是讲求循环，就比如你们的中医讲求治本。所以中国更适合为“摇篮到摇篮”做出贡献。但是鉴于你们有自己深厚的文化传统、政治传统和建筑传统等，要从思想上去接受“摇篮到摇篮”这个新的理念，做起来真的是很不容易的。

**鲍诗度：**是这样的。我对“摇篮到摇篮”这个主题很感兴趣，我们今天这个会议的主题翻译过来就是从自然到自然，回归自然的设计，不要过多地破坏自然的状态，我们的主题词是“景观”，但是我们关注更多的是“未来”，关于未来的发展怎样回到自然的过程，我们的主题方向是一致的。

**大卫：**是的。我们原来是学习自然，现在是从自然中学习。就比如我们知道这种水果叫香蕉，但是我们不知道它是怎么形成这样的形状的，但是自然知道。它维持着生态平衡有几亿年的历史了，它更知道怎样去解决问题。比如我们不需要电扇和空调，而完全用自然的资源去调节房屋的空气和温度，这就是建筑师向自然学习到的。所以我们从自然中去学习，我们创造技术是帮我们维护自然的，而不是破坏自然的，不是像现在这样过度技术化。

**鲍诗度：**是的，自然本身是有规则的，这种规则可以更好地为人类服务，而我们没有发现它，反而用技术扭曲了这种规则。我们知道荷兰政府的办公大厦，利用的都是自

图为：大卫·杨·姚斯特拉先生和鲍诗度教授在对话现场

然的循环系统，比如新风系统、地源热泵。这种低能耗，也就是低碳的生态设计在中国也是大力提倡的，包括太阳能、风力发电也是中国未来的发展方向。

**大卫：**碳本身也是一种能源，我们要低碳，还要循环使用碳，同时还要让它来净化空气，而不仅仅是低碳。这也是“摇篮到摇篮”高于低碳的地方，我们不仅要使材料的质量保持下去，还要让它增强价值，充分利用。

**鲍诗度：**您能分享一下“摇篮到摇篮”在荷兰的案例吗?

**大卫：**对于可持续发展，在荷兰已经不需要再去宣传这个理念，这个大家都能够认识到。关键是要怎么做?做什么?我们一年也会举办几次各国研讨会，我们请来各地的材料商、设计师、建筑师、工程师等，我们政府搭建了这样一个平台来凝聚他们，然后针对各个领域分批来做研讨，让他们在各自的领域发挥作用。我们不是要他们马上去改变，而是为他们营造一个“摇篮到摇篮”理念的大环境，我们会辅助他们去实现“摇篮到摇篮”理念的。当然各个部门也会有利益的冲突，所以我们让他们在一起相互制约，共同起到一个比较好的作用。政府同时也是企业的一个很重要的客户，我们在购买时是时刻遵循着可持续发展原则的，这对企业也是起到监督作用的。

**鲍诗度：**在中国我们是大学教授，站在学科前沿，所以我们去研究它，推导它，为什么一个政府官员要去主导“摇篮到摇篮”这个研究呢?你是以一个怎样的角色在做这件事呢?

**大卫：**在荷兰，政府想把这个观念不断提升，而我是走在前沿的，我能够更好地理解“摇篮到摇篮”这个概念，所以我作为一个主席去主持这个会议是应该的。政府的目的是让我们来转变人们的观念，我们有两三个人，一个人在政府内部做，一个做政府与外界的对接工作，我主要是对外倡导这个理念。政府给的经费很少，我们有的就是人和想法，所以我们为了让更多人转变观念就只能靠一些创意，这就是我为什么要举办多次研讨会聚集这些有影响力的人的原因，我们没有经费上的支持，只有思想上的支持。

**鲍诗度：**“摇篮到摇篮”在荷兰只是作为理念有一部分人自己在做，还是国家已经有相应的制度和法律在做?执行方面，比如废料到哪去，谁来负责?

**大卫：**荷兰的环保理念很强，是一个组织很严密的国家，我们这方面有很多规定。

如果你有产品不合乎标准，这些机构会对你进行控制，让你无法再继续生产。对破坏环境的行为，我们是有惩罚的。但是我们的方式是教育，教育，还是教育，我们讲给感兴趣的人听，不强迫你一定要听。政府提供这个理念，其实公司在实行，很多人自发地在做努力。这就像金字塔一样，塔尖是我们“摇篮到摇篮”的最终目标，政府在最底层，保证人民最基本的安全层面的生活。但是现在我们要提升，中间的层面就要由企业做，企业家去向下面传达这个理念，树立企业文化，带动社会生产。在“摇篮到摇篮”理念的落实方面，我们很难去有一个标准，虽然制定了很多政策，但也很主观，你觉得这个不错，打了 8 分，另一个，差一些，打 7 分，人们对于“摇篮到摇篮”的理解是不同的，每个人去实行时侧重点都不同。

**鲍诗度：**对于荷兰这样一个在环保方面卓有成效的国家来说，在过去的几十年甚至上百年，政府在环境保护方面所做的努力分为哪几个阶段，社会环境又有什么相对的改善呢?

**大卫:** 首先，自然的保护。要有良好的基础环境保护系统，基本的质量要有保障。其次，自然的管理。良好的环境管理系统。第三，自然的发展。当设计师有了可持续发展的理念时，不需要政府去说应该怎样做，给他们机会就可以了，让他们自己发挥创造力。最后，与自然的融合。自然是与人的融合，与技术的融合，与文化的融合的一个整体。老实说，不是每个人都致力于“摇篮到摇篮”，而是一个小群体在做，但是这个群体正以很快的速度增长。新的荷兰政府并不是很重视“摇篮到摇篮”的发展，政府只能做一个基本的保障，关键还是公司在具体执行这个理念，公司把“摇篮到摇篮”作为自己的企业理念，作为自己产品的特色去销售。

**鲍诗度：**也就是我们是政府机制，你们是市场机制，政策不一样。我们在这方面还在初步发展阶段，荷兰已经走在前面了。我们知道荷兰现在连材料都是生态的，比如地毯，都是可以分离再生产的，不用尼龙或丙纶等化纤材料，全都是羊毛或麻。那么在荷兰有哪些支柱产业呢?

**大卫:** 是的，荷兰在各个领域做得都很好，无论是纸还是玻璃，都有内在的循环机制。地毯是荷兰一大支柱产业，再循环方面它做得特别好，技术成分太多会使产品无法回归到原材料，我们要让多种材料构成的产品，最后其原材料能够分离，就像我们的地毯使用过之后表面和底部是可以分离的。第二个是废物处理。第三个是电子产品，它们很低调，不像美国那么市场化，不会因为什么好就做什么，我们要求材料的再循环，我们有自己的理念。第四个是荷兰的建筑业。

**鲍诗度：**有机会我们详细作进一步的交流，谢谢您。

**对话时间：** 2010 年 10 月 21 日

**对话地点：** 东华大学环境艺术设计研究院

**现场翻译：** 李毅

# 我是研究环境的设计师

# I am a designer for research environment

**对话人：鲍诗度 与 长谷川逸子**

Interlocutors : Bao Shidu & Itsuko Hasegawa

**鲍诗度：** 欢迎长谷川逸子老师这次来东华大学参加第三届中国环境艺术设计国际学术研讨会的交流活动，长途的飞机辛苦了，您能来东华大学环境艺术设计研究院接受本次访谈我感到很荣幸。（介绍 23 日大会的时间安排）我们会把这次的对话内容进行整理放在我们的《中国环境艺术设计》里，书出版后会给您送去一本。

**长谷川逸子（以下简称长谷川）：** 这次我来中国带来我最近的一些作品，包括在中国近期设计的一些作品。（放了很多她的设计作品，在光盘中的很多内容她自己也没有看到过，这是日本电视台刚刚给她制作的。）（很谦虚的笑）这个光盘介绍的内容太酷了，看着自己在上面，我自己都接受不了。在每次设计中，我都会和当地的居民进行交流，尽量把当地居民的想法能融入到设计中去。包括这次在江阴和上海漕河泾的设计，我都考虑到了这点。

**鲍诗度：** 我本人很喜欢您设计的作品，去年您到东华大学来从某种意义上来讲是您第一次来中国。我们在《中国环境艺术设计》还有其他媒体上都对您做了大面积的宣传报道。

**长谷川：** 自从您上次安排我作了演讲后，这边就有业主愿意找我合作，做项目，加深了中国对我的了解，非常感谢。

图为：长谷川逸子先生在对话现场

**鲍诗度：**在中国有很多喜欢长谷川老师的设计师，本来这次来中国我们还给您安排了很多的活动，但是由于您时间紧，就都取消了，感到非常遗憾。本次论坛是专家、设计师们站在一个平台上对建筑和环境进行交流与探讨。您这次的学术报告以什么为主题，主要有哪些特色?

**长谷川：**上次受鲍诗度教授的邀请来东华大学的主要课题是景观和艺术相结合，到 21 世纪，建筑面临全球化、地方化进程，我以后的研究方向主要就以这个为主。

**鲍诗度：**您的研究方向紧跟时代。

**长谷川：**这个主题我一直在关注，一直在等，日本的全球化，地方化消失，地方化一直要进行下去。这次我在无锡江阴敔山湾的项目，发现中国古运河上的老房子没有拆掉，而只是进行了改造，很有感触，有历史感，有些老建筑不该消失而应该与现代文化结合。21 世纪就好像种蘑菇。

**鲍诗度：**这是建筑的回归。没有历史的建筑，是没有根基，没有情感的。它是 21 世纪的建筑基本走向。

**长谷川：**感觉现在的城市化进程是一直在破坏，很可惜，泡沫经济破坏。

**鲍诗度：**最近几十年，可持续发展是中国设计师长期奋斗的目标。

**长谷川：**谈这个话题有点伤感，谈些开心的事情吧。

**鲍诗度：**这次演讲的主要内容是关于哪些方面的?

**长谷川：**我本人很喜欢大海，对大自然很有感触，在探索自然景色，材料研究上都花了很多的时间。我对现在的建筑提出了一个新概念——景观建筑，日本建筑主要是以木建筑为主，在若干年后还要进行重建。欧洲建筑有所不同，主要是石材建筑，具有可持续性，这样很好，建筑师一直能用的，景观应该和建筑师融合的，不应该是分离的，景观不应该只在建筑的外面。希望以后能在项目合作上多保持交流。

**鲍诗度：**（介绍上次长谷川来中国后，中国各大媒体给她作的报道），中国设计界可能在出了这本书后对您增进了了解和认识，上次来中国后我们给您做了广泛的宣传，说明这次宣传还是起到了作用的。另外我们的《中国环境艺术设计》是一本介绍中国环境艺术设计状况的书，在这本书里我们采用了大篇幅的版面对您进行报道和宣传，一方面作为一位设计师我们是没有国界的，您的成就应该由大家来共享这种资源。不管您是给日本做设计还是给中国做设计，都是在为全人类做设计，这点不管对您本人来说还是对大家来说都是件非常好的事情，这也是提供给大家一个交流的平台，这是第一个层面上的意思。第二个层面的意思是，我们出版的这本书中总结和集中报道了中国环境艺术设计界一年来的比较有代表性的项目和事件。书中有五分之四的作品是要删除的，留下的五分之一才会刊登出来，主要是因为书中的作品要留给历史去评价。长谷川老师的作品很优秀，我们也很喜欢，所以我们单开了版面向中国的设计师介绍您的作品，希望您以后能跟中国设计师多保持交流。

**长谷川：**谢谢，非常感谢。（介绍自己的作品）这个是我在日本做的一个会展中心，在日本来说是个比较大的项目，今年就可以完工的，到时候如果你们需要模型的话都可以送给你们。还有现在中国的项目主要就是有一个澧河泾的项目竞赛还有一些中国小型的住宅设计。在中国主要有两个项目，法国有两个项目，日本还有些小项目。在日本的这几年，设计师都难以接到项目。这种情况下，设计师还能有这些项目做，也还是很不错的。我现在的主要研究方向是建筑立面和绿化的问题，主要在小的细节的研究上下工夫。从这些作品图中就可以发现。

**鲍诗度：**非常感谢。

**对话时间：**2010 年 10 月 21 日

**对话地点：**东华大学环境艺术设计研究院

**现场翻译：**童凌峰

# 新生态景观建筑

# New eco-landscape and architecture

**对话人：鲍诗度 与 马库斯 • 海因斯多夫**

Interlocutors : Bao Shidu & Markus Heinsdorff

**鲍诗度：** 去年的《中国环境艺术设计 3》年刊里，我们刊登了马库斯先生在德中同行活动中做的大量生态竹子展馆作品。为什么我们要发表这样的专题，主要是因为马库斯先生的竹子建筑的主旨观点与我们环境艺术设计专业倡导的思想是不谋而合的，这个核心问题就是“环境空间艺术”，而这个艺术是以建筑、景观，还有其他的空间来组成的视觉艺术。这种艺术是实用的，并不是那样死板的建筑，这也是我们所坚持的建筑美学观点。整个世界建筑设计的指导思想都是一样的，就是“实用、坚固、美观”，而我们环境艺术设计所追求的理念却正好相反，是“美观、实用、坚固”。因此，今天希望马库斯先生就您在德中同行中的竹建筑所采用的技术、材料，还有您的设计思想、观点给我们简单地介绍一下。

**马库斯 • 海因斯多夫（以下简称马库斯）：** 首先非常感谢您特地去看我的作品，并且把我的作品作为一个专题来介绍。但是在今天的对话中可能会比较困难，因为之前我是以一个艺术家的身份来做这个设计的，在这个作品中我有三个身份：艺术家、技术师、建筑师。同时，这个作品也是在这三个共同体下产生的。我本人觉得未来的建筑设计走向应该是更多的和艺术联合在一起，这样建筑设计才会有真正意义上的发展。

**鲍诗度：**这也是我一直以来坚持的观点，为什么我们要举办这样的学术研讨会，主要是因为在中国没有任何一个机构、任何一个学校来举办这样的活动，同时也没有任何一个大学来出版这样的刊物。

**马库斯：**就像我之前在中国看到的一个传统的茶楼，它只是公园里的一个单体建筑，但是这个单体建筑与周围环境共生共存，起到一个烘托主体环境的作用。重要的是我在建筑创作过程中，一直追求把人的感受与空间融合在一起，而不是和环境完全割裂开来。

**鲍诗度：**第一，一个建筑师是从地上长出来的，而不是从空中飞出来的；第二，他是要发自内心的设计，同时设计出来的事物应该很好地与人糅合在一起。我们未来设计发展的大趋势事实上是我们生存的环境包括建筑业，都进入了一个视觉艺术时代，这一点在今年的上海世博会就充分得到了体现，特别是几个重要的发达国家的场馆设计。

**马库斯：**首先我是一个艺术家，作为建筑师更多的是一个客串角色。对于我设计的建筑，只能定义为实验性建筑，因此我把很多作为艺术家的观点融入到我的实验性建筑当中去了。最重要的一些观点是对环境的影响、对人的感受和对可持续的一些想法，当然还有我的一些美学观点，同时也很乐意与同行进行交流与探讨。除此之外，我还把我对亚洲和中国文化的感受和观点也放入了我的建筑创作中，例如，我设计的竹建筑中的外形有类似于中国的折纸和传统布的形式，把这些元素艺术抽象化，我认为抽象既是古老的又是对未来有启示的。中国未来的设计的走向应该是东西方文化的结合，从大的方面来讲是全球化的趋势，从小的方面来说是一种艺术的交流。我在巴厘岛曾做过一个装置艺术的飞艇，我把它做得里外通透，这样人在里面就能很好地感受到外面的自然环境，把自然引入到我的创作中。

**鲍诗度：**无论是学科发展的过程，还是历史的发展过程中很多都是业余的战胜专业的。在两千多年前中国艺术上有个理论，这个理论无论是在绘画上还是在书法上都有一定的影响，这个理论就是“解衣盘礴”，“解衣盘礴”就是如果要画好一幅画或是写好一幅字，特别是创造性地淋漓尽致地表达一种最高境界，是要把衣服解开的，因为在古代中国人的穿衣方式是被束缚的，一定要把衣服解开，才能达到一种松弛的状态，才能创造出好的作品。

图为：2010 年上海世博会德中同行之家竹展亭

图为：竹建筑结构

**马库斯：**我觉得在西方也有类似的说法，就是先学尽可能多的东西，然后把它们尽可能忘掉，然后再来创作。

**鲍诗度：**对，这是一种更为通俗的说法。第二个问题是，在学科的发展或是社会事业的发展，社会学科和自然学科是相互交叉的。马库斯先生您所做的这个专业事实上是应用学科，不是基础理论学科，它既不属于社会学科，也不属于自然学科，是一个交叉学科，而这种交叉学科往往是一种复合型的，这种复合型学科最重要的一个特点是不能受到过多的制约。20 世纪西方很多当代艺术家，都不是专业院校出身，这就是所谓的业余战胜专业。就像著名的服装品牌阿玛尼，设计大师阿玛尼他本身并不是学服装设计的，但是他却在这个领域做得很好。

**马库斯：**艺术家创造一个艺术品并不是完全天马行空的一种想象，而是一种艺术，因此，我本人很重视与大学和研究院的合作，例如我们这个竹建筑背后有同济大学、达姆斯坦工业大学、慕尼黑工业大学三所高校的支持，同济大学帮我们做的是竹子本地的测试、力学指标；而达姆斯坦工业大学主要负责混凝土的配合比，因为需要新型的混凝土才能放入竹子中去，也不会膨胀或是收缩，有足够的摩擦力；慕尼黑工业大学的结构教授根据我们的想法对我们的钢节点进行优化。对于艺术家来说，我本人达不到这样的深度，必须与他们进行交流。

**鲍诗度：**我看了您的作品后觉得，虽然您的整个建筑物体量并不大，但是它却是一个多学科的产物，包括它的结构、荷载、采光、室内室外的暖通、所用的透光膜等。

**马库斯：**当时采用 ETF 膜，主要是考虑到环保性，因为在上海世博会之后我们的展馆如果没有后续用途的话，这个 ETF 膜就要作为回收。如果用 PVC 膜的话，这样的回收就会有问题，而 ETF 膜可以做到 100% 的回收。我选择材料的宗旨是不同材料可以分类，得到很好的循环利用。

**鲍诗度：**这个项目的总投资者是谁?

**马库斯：**是德国政府，属于外交部德中项目。2006 年开始，德国政府决定在中国进行国家形象推广。这个想法源于中国文化年或是德国文化年，这些都是一年在中国几个大城市搞一些活动，但是提出来德国不想只搞一年，想搞德国文化周，不只是在北京、上海，还有中国很多的内陆城市做一些推广，就这样产生了德国文化周。这个文化周分成了好几年来做，原来计划的是 2007 年到 2010 年，但是现在为了响应胡锦涛主席的号召，这个活动会继续办下去，但是可能会办成一个更为精致的活动，没有以前那么大。德国怎样做这个国家新形象的推广，因此我的想法对他们来说就非常重要，但是我不是

图为：马库斯先生为东华大学环境艺术设计研究院题写下“用自然做设计”

德国的什么艺术大师，只是一个小有成就的艺术家。

作为艺术家我以前的作品不只限于竹子，当然主要还是很多自然元素，例如：水、光、声等。但是，我很早就把我的作品创作放在文化交流上。在 1997 年，我第一次在中国举办了自己的个展，名为“马可波罗之梦”，这个展览的场地设在杭州西湖边的浙江省博物馆，关于这个展览我还有一本展册，可以作为背景资料来介绍一下。在这展览中我最关注的是几百年前，马可波罗作为一个欧洲人到中国来进行文化交流，也折射出现在两个国家的交流。这个展览是一个大型的装置，先在杭州展出，然后到威尼斯、纽约等不同城市相继展出。所有的参观者对这个展览都很感兴趣，这个也是类似于德中同行的一个展览方式。对我来说，对展厅的搭建、移动，在不同的城市巡回展，是我非常感兴趣的一个研究课题。未来可能更多的研究运动中的建筑，包括很多东西都是可以拆卸的，表皮也是可以替换的，有各种可以选择的可能性，这也是我作为一个艺术家感兴趣的地方。

通过这三到四年的德中同行的活动，反而把竹子做成了德国活动的一个标志。这个标志用竹子首先拉近了中德两国的距离，其次竹子也是可持续再生的象征物，寓意着两国的文化交流和未来发展的重点都是在可持续再生发展这个领域。那么如果 2012 年中国要在德国搞文化年的话，我也希望以艺术家的身份参与到这样的活动中去。怎样运用德国的元素来展现中国的文化，当然也可以用竹子来表达，但怎么用也是一个可以探讨的话题。在这个建筑中除了膜结构和钢结构，其他都是由竹子构成的，横向的是由竹压板构成的，这种结合也体现了高科技。以前我们没有竹压板，只有竹子，做出来的东西可能比较手工化，但是现在有了这样的产品与之相结合，更能体现出未来的审美取向。整个表皮的设计是处于对中国的印象，中国是一个纺织大国，所以用金属网、光来模拟这种编织、波纹的感觉，把这种意向带到我的建筑当中去，这也是我学习中国文化和亚洲文化时把这种文化的感受融入到我的创作理念。那么从功能上面讲，中国夏天都比较热，遮阳是一个重要的问题，例如用布和金属网就可以起到自动遮阳的作用，如果风穿过的话还可以降温，这也是在这个设计中所体现环保和可持续的节能的理念。还有与灯光的设计结合，整个活动都是穿梭在各个城市的大广场和公园中。如果专门为这个广场或公园做一些灯，那么费用就会很高。我们想把中国灯笼的意向来与展厅结合，展厅可以发光，可以照亮周围，也是广场上的一个灯光装置，这也是我对中国文化的一种提炼。

**鲍诗度：**第一次看到您的作品我读懂了您想表达的含义，您的作品具备了审美的价值和实用的功能，还有您的想法非常的好。我所负责的这个学科最主要推崇的是：很多能够改变世界环境设计的往往不是来自于建筑师而是来源于艺术家，您要是稍微注意到我们出版的第一期或者第二期年鉴很多都是艺术家出身，这些人所做的东西首先都让人眼前一亮。

**马库斯：**最后我要强调一点，设计的时候也考虑到使用寿命和未来的利用。所以整个活动结束以后，我们总共有 23 个展厅 5 种形状，加上世博会上的有 6 种，最后它们都会找到自己的归属。一些大学也好，研究院也好或是一些政府，他们都可以接受这些展厅，这个展厅能找到它新的用途和地点。

**鲍诗度：**你的展览结束之后，我们再在此方面做一些合作。

**对话时间：** 2010年10月22日

**对话地点：** 东华大学环境艺术设计研究院

**现场翻译：** 今琦实里

# 日本低碳景观设计

# Japan low-carpon landscape design

**对话人：鲍诗度　与　佐佐木叶**

Interlocutors : Bao Shidu & Yoh Sasaki

**鲍诗度：** 今天想跟佐佐木先生进行一个深度的沟通，想更多地理解一下您的学术思想。

**佐佐木叶（以下简称佐佐木）：** 我今天想通过一种不是很专业的语言或者说通俗的语言跟您沟通。我最近在做的关于低碳景观设计的研究，从这方面着手进行沟通。

**鲍诗度：** 我也是想就这方面跟您进行沟通，原来考虑到大家可能词汇上沟通有些问题，还想弱化这个问题呢，现在能沟通真是太好了。

**佐佐木：** 我这次的演讲主题是"城市一直在改变"，以最近在东京重新建成的一个建筑来表现这个主题。但是这个建筑是设计师在一百年前设计的，现在又重新建了一个一模一样的建筑。我想介绍一下每次城市都是以开发来建筑且演变的，不可能不产生碳元素，但是真的要来停止发生碳元素这一情况的话，对于城市的发展来说，这几乎是不可能的。那么，我们可以选择环境延续下去，这个应该延续下去的环境应该是什么样子的，就是我的演讲主题。在考虑环境的时候，我们首先要看的应该是地图，我们拿日本东京的航拍地图为例，这幅地图是表现得非常细腻的变化，地形的高低表现得非常详细，这是东京的中心地区，我们可以看到它的地形的高低还是非常自然的，规划性质的成分很少。这个地形的形状加上街道之后，您会发现，街道、建筑物都是依地势而建。虽然东京是一个被城市化了的城市，但是还依然保持着它的有机形态。在这种情况下，城市景

图为：佐佐木叶教授与鲍诗度教授在对话现场

观设计最重要的是让绿化和水系之间延续着有机形地形，然后再设计。我会在下面介绍一下日本的实例，是关于这方面做得比较好的，比较接近自然的景观案例。这个案例就是上面那个图片现在的情况，改造之后很多的市民参与其中，增加了许多人文气息在里面。这个是最近日本土木协会得奖的一个作品，是一个回归自然的景观案例，看上去像是在郊区，但其实这部分地区已经在开发了，但规划的非常自然。在上面标有蓝色点子的位置原本是一条河流，后来被填充改造成道路，最近又被复原成河流，是考虑到要恢复自然的节奏感和形式感。这是最近这里的一幅照片，现在开始在这里种植水稻，许多孩子们也参与进来，其乐融融、生机勃勃。最近在日本比较盛行的是在城市内部种植农业，在右本木的一个高层建筑的屋顶上面人们已经开始种植农业，这已经成为城市居民的一个休闲活动了，并且组成了俱乐部。最近关于绿色空间与人的关系这方面改变了很多，在之前人们总是追求视觉美、表象化的东西。现在已经开始注重与自然的和谐亲密关系，由之前的观感到触感进而达到和谐共生。这是上次我在演讲时发表的可以复制或者说拼贴的方式，在中国的杭州出现巴黎的埃菲尔铁塔，虽然可以使用这种方式去达到我们想要的视觉效果，但是类似于巴黎的埃菲尔铁塔这种地标性建筑是不能够使用这种方式去诠释的，每个地标性的建筑都有其文化性、地域性，都是独一无二的。无论在何种环境下，每一地区的设计都要遵循其地域性、文化性等地方特色的东西。做设计就是要做它的内涵以及与其相关背景的总体设计，这个概念我觉得是我们将来做设计最重要的一点。

**鲍诗度：**那我们就以“景观设计的特质性、地域的特质性、文化的特质性、历史的特质性都是独一无二的，是无法被复制的”这个为主题进行深入的交流，我觉得正如佐佐木女士所说的这样，对于表象化的狂热追求和忽视设计主题本身内涵在中国当前的设计中是普遍存在的。所以，今天想跟您在这个方面进行深入的探讨，希望通过今天的交流，我们能做一些具体的工作。因为目前我们中国的社会需要一批专家来呼吁这个观点，这个观点不单影响设计师，对于市民、政府官员、地产商、企业也都有很大的影响。它必须要有一个系统的理论和文化作为支撑。

**佐佐木：**在 1990 年左右，有研究古代建筑和将来绿化的人群，他们发现其实这两个方向上的研究有很多的相同点，古代建筑的研究对于未来建筑的发展是一个指导作用，对于过去的建筑设计或者说景观设计，我们可以利用现代的技术手段去复原它，让民众了解为什么是这样来表现。这张地图是通过非常详细的调查之后绘制出来的，这种表现可以用最直接的视觉传达来说明过去的人是如何根据地形来建造这样的城市，这是一个很好的传达古代人想法的一种表现方式。在现代社会，让大家了解环境与设计的关系是非常重要的，做设计不仅仅是为了做好一个设计，在做设计之前，有一点是非常重要的，那就是让民众去了解你的设计。

**鲍诗度：**佐佐木女士是不是最近在做这方面课题的研究？您在短期内或者长期的一个研究方向是什么？

**佐佐木：**我近期在做的是关于景观特质性的研究，譬如来到上海之后，街道带给我的感受和街道本身景观设计在视觉上的感受以及这个地区的文化所带给我们的感受，这些怎么样用一种传统的方式来传达给民众。这是一个我最近在做的设计，是一个关于桥的再利用的实例。这是被洪水冲废掉的一个废桥，把它保留下来，现在可能不会立即被用上，但以后想用时经过工厂检验后随时可以被再次利用。这个桥的组装方式非常简单，也可以轻松组装，是一百年前德国人发明的，而当时的日本没有这方面经验。这种设计看上去很简单，但在他们要用旧的东西之前，要做相当长时间的检查。

**鲍诗度：**您的这种再利用的价值观念非常好，使它的历史性价值在延续。在刚才您所讲到案例中关于桥的再利用中，桥是不是作为结构的主体，也就是说桥是作为装饰品还是具有承载力量的主体？

**佐佐木：**它是一半的结构主体，这一半的结构主体是直线的，另一半的结构主体是拱形的。我觉得这次的工程最重要的不仅是再利用，更重要的是将古人的设计思维应用到现代景观中。这是我的一个新工程，过去是个车站，现在已经被拆掉改建为高层住宅，这张图片是刚才那个桥被拆时的图片，由于当时就考虑到要再利用这个桥，所以在拆的时候就非常细心。这个桥是四十年之前的，也非常陈旧了。

**鲍诗度：**您的这个研究方向非常有意思，德国的很多景观是在做后工业景观的改造，就是把一些旧的东西进行一种再利用，现在德国慕尼黑工业大学的几位教授就是研究这个方向的，也就是后工业景观的一种设计，或者说是再利用。在再利用这个方面，我想和您进行深入的探讨，在中国很多旧的东西拆掉以后都扔掉了，在再利用这方面的价值没有得到一种回归。像上海的石库门很多都已经拆掉，其实我们对其进行修缮一下便可保留其历史价值，也是一件非常有意义的事情。

**佐佐木：**“再利用”这种形式的设计不仅仅是利用原有的物件，更重要的是在使用原有物件的同时考虑前人在做此设计时的设计想法。

**对话时间：** 2010 年 10 月 25 日

**对话地点：** 东华大学环境艺术设计研究院

**现场翻译：** 唐璎

# 中德景观设计合作

# Sino-Germany landscape design and cooperation

**对话人：鲍诗度　与　提尔 · 雷瓦德**

Interlocutors : Bao Shidu & Till Rehwaldt

**鲍诗度：** 今天我们就中德景观学术方面展开对话，主要是双方合作。今年 5 月我去德国德累斯顿专门拜访了雷瓦德先生。一直希望我们之间能有个深度的交流。

**提尔 · 雷瓦德（以下简称雷瓦德）：** 非常感谢你们送我的世博会门票，昨天进入世博园之后，我感觉整个世博园的环境和设施做得非常好，快接近尾声了，人特别多。世博园内的公园景观也非常好。

**鲍诗度：** 靠近德国馆，那个是后滩公园。您什么时间从世博会回来的?

**雷瓦德：** 我花了一整天的时间，但不累，因为这是我的专业。

**鲍诗度：** 说得非常好，再一次感谢您能来到上海看世博会，并且接受这次合作的邀请，也很高兴您喜欢 2010 上海世博会。

**雷瓦德：** 我非常喜欢参加这样的国际演讲。我参加过许多的国际演讲，但那些演讲都非常格式化。我喜欢这次环艺学术研讨会，有问题反馈形式，可以进行更深层次的交流。

**鲍诗度：** 这次雷瓦德先生来中国，我想说，双方未来合作有两个方面：一是学术研究方面；二是业务合作方面。开始要相互了解，相互沟通，我对雷瓦德先生不了解，雷瓦德先生对我也不了解，万事开头难，慢慢来，中国的市场需要慢慢合作。

**雷瓦德：** 我对这个很感兴趣，希望有更多的中国人来德国，现在德国人对中国市场感兴趣，中国人也对德国市场感兴趣。有个德国景观设计师协会，我将成为其中的一个董事，目前为止还不是正式的董事，我们可以通过这个平台来进行中德合作。

**鲍诗度：**我们也希望可以有一个这样的董事来帮助中德景观设计与学术的多方面合作。

**雷瓦德：**我们认为还没有好的平台。

**鲍诗度：**我们要争取这样的平台。

**雷瓦德：**现在中德交流局限在大学与大学、公司与公司、建筑所与建筑所、设计所与设计所之间。我想打破这样的局面，我觉得像您这样开了三年国际研讨会的人，可以帮助改善这样的局面。中德的不同可以互补，这是介于前一个平台之外的另一个平台。您有这样的经验来合作。

**鲍诗度：**通过企业等有关机构来构建合作平台，中国由我，德国由您来操作，我们朝这个方向努力，争取中德能展开合作。

**雷瓦德：**我会尝试，虽然我今天不能允诺，但我今天回去会和我的同仁谈这个事情，来进行中德合作。

**鲍诗度：**我想找一个企业来赞助这个合作基金。

**雷瓦德：**这个想法很好，因为我们的问题主要是交通问题，如果有企业对这个合作感兴趣，那对德国方面来说这个基金将非常好。

**鲍诗度：**我会来找一个企业。

**雷瓦德：**那将会有更多交流。我们能找到一个研究项目，有的概念可以获得德国政府的赞助。

**鲍诗度：**这个提议非常好，但怎样能把这个项目充实到可操作的程度？

**雷瓦德：**我还不能保证德国政府会对这次合作感兴趣。这只是一个想法，我们一面在中国找资金，一面在德国找资金，有许多问题和话题。我们有一个项目在中国，在德国也有个相近的项目，现在是后工业时代，中国和德国有很多问题，如何将现代景观的技术方面与可持续发展相结合，将引起德国政府的关注。

**鲍诗度：**中国政府也会关注。

**雷瓦德：**现代景观和可持续发展有对抗性。中国某个项目有的问题，可能在德国已经被解决了。中国人来德国看，德国帮助中国解决。交流中中国也能帮助德国。

**鲍诗度：**这是一个非常好的想法。

**雷瓦德：**政府会对这个项目感兴趣。

**鲍诗度：**我非常欣赏，希望这个合作成功。学术研究课题可以申请经费，在东华内部成立机构没有问题，在大学里是支持这样的研究的。

**雷瓦德：**我曾经教过5所大

图为：提尔·雷瓦德先生与鲍诗度教授在对话现场

学的景观建筑课程，现在在做城市设计工作。第一个想法是在同仁中成立一个机构，第二是大学里，第三是政府机构里。

我在德国有个工程，是在旧的工业煤矿区进行景观改造的项目。

**鲍诗度：**德国后工业时代景观设计是史无前例的。

**雷瓦德：**我们的两个项目，一个在普鲁士，一个在煤矿区，那里有很多废工业物品，有很多景观设计师参加改造。这里可以称为一个省，省政府对如何改造非常感兴趣。所以在这个煤矿区建一个合作机构是非常适合的，因为这里需要进行改造。几年前我在柏林大学任教，两小时车程，离市中心近，容易得到政府的帮助。

**鲍诗度：**我的合作涉及许多具体的问题，非常感谢您能来，以便我们深入讨论，如果您没来，这些问题我们就没办法深入讨论了。

**雷瓦德：**还有一点，我们的合作可能会促进两国的交流，因为从星期六讲座时学生和媒体问的问题让我感觉到两个国家之间围绕这些话题认识差异很大。

**鲍诗度：**这条路任重而道远。10 年前我到过德国，深深感到对德国的不了解，同时也感到德国人对中国的不了解。上一次我们合作的项目等会拿过来给您看，我很想了解德国，所以有一个这样的项目，虽然过程非常的艰难，但我们看到了希望，能更好地了解德国。

**雷瓦德：**欧洲给了美国历史，他们能更好地理解并使用欧洲的想法。但中国有自己的想法，欧洲离中国远。

**鲍诗度：**我有几个学生从美国留学回来，我认为他们没有真正学习到了景观设计真正的精神内涵，但却铺天盖地的被很多学生追捧。中欧都有各自的文化体系，工业文化还没有被历史鉴定。文化在景观上的反映需要经过一代一代的淘汰才能留下精华。铺天盖地的美国式城市化景观给中国的景观带来了深重的灾难，但呼吁的人太少。

**雷瓦德：**有一个土人景观，TUREN。

**鲍诗度：**很多人没看清事物本质，学生和社会容易被误导。

**雷瓦德：**对的。美国的景观设计简单得像敲章一样，到处敲。但美国的景观还没有经过时间的鉴定和沉淀。

**鲍诗度：**对这点我表示非常认同。

**雷瓦德：**但我并没有意要对美国同仁进行抨击。德国前十年顾着发展，没有注意到问题，但在近 20 年一直在反省。前东德是社会主义国家，中国正在经历 20 年前前东德的经历。鲍老师您有这样的使命来呼吁大家。

**鲍诗度：**您来自前东德社会主义国家，我们在一些思想方面可能距离更近一些。

**雷瓦德：**中国有些问题对我来说很熟悉。

**鲍诗度：**那您是否也有使命来参与中国发展景观?

**雷瓦德：**有些人拒绝改变，老一代的人不理解。

**鲍诗度：**在中国也有。

**雷瓦德：**我在想可能中国也会遇到拒绝改变的这些人。

**鲍诗度：**在这里有一个问题，美国的设计受到认同。

图为：提尔・雷瓦德先生为东华大学环境艺术设计研究院题字

**雷瓦德：**您看问题很直观。您是怎么看待日本景观建筑对中国景观的影响?

**鲍诗度：**日本的景观建筑对中国景观建筑的影响。我认为现代日本的景观设计不太成功，但他们的学术值得研究，像佐佐木的研究有点类似日本后工业理论。日本和欧洲的思考有距离，我们可以找出差异和不同。

**雷瓦德：**佐佐木在那天讲座中提到过，她有一条河流再造设计，是完全复制的过程。也许她在另外的工程上有更多的设计理念，但在那个河流的方案上是完全复制再造的。

**鲍诗度：**合作刚开始，需要克服很多困难。希望德国方面对中国有信心，并以长远的角度来考虑问题，互惠互利我们才能结出丰收的果子。

我还有一个想法，明年是东华大学校庆 60 周年。到时我想找一个空间，对两个校区的景观进行小规模的改造。希望可以在这次改造中有一件您的作品。希望雷瓦德先生您可以抽一点时间给我们做一个椅子或石头等这样的小的景观设施，因为一个大学做大规模改造的话通过起来会比较困难，做这个小的景观设施是可以通过的。

**雷瓦德：**没问题。

**鲍诗度：**这个是义务的，没有报酬。希望雷瓦德先生能在我们学校留下一个历史痕迹。您的作品上会有关于您的介绍铭文。

**雷瓦德：**我对能够义务做这个设计感到非常荣幸，可以留下历史痕迹真是太好了。以前都只是做项目。

**鲍诗度：**这个设计作品需要在明年 9 月份之前完成。同时也是为了增加学校的文化氛围，我们这边也做了几个小设计。给您看一下，有时间记忆轴，食堂前的花坛改造等。

**雷瓦德：**恩，很好。

**鲍诗度：**今天访谈非常愉快，很高兴您今天能来。

**雷瓦德：**我也是，预祝我们合作愉快。

**鲍诗度 / Bao Shidu**
（东华大学环境艺术设计研究院，上海．邮编 200051）
（Environment Art Design Academe Donghua University, Shanghai. 200051）

# 城市景观模拟系统[1)]实验研究
# Study on urban landscape simulation system

**摘要：**

中国城市建设高速发展，建设之前的设计成果无法达到实践检验，设计思维和设计方法不适应日益变化的城市空间环境景观发展速度和新矛盾解决，需要有更新的科学技术与方法，更新设计思维来把控城市空间环境景观日益变化的局面。以艺术学与工学学科交叉的角度，利用工学背景下已相对成熟的景观模拟系统的理论、成果、方法，进行新的城市景观模拟系统研究，除城市设计之外，它同时可以对景观设计、建筑设计、区域设计、组团设计、公共艺术设计等设计成果进行精确验证，真实再现设计场景，进行多角度、多视点的观察、分析、判断，可以为政府、企业等决策部门提供设计指导意见。

**Abstract:**

The rapid development of China's urban construction and building design before the results can not achieve the test of practice, design thinking and design methods suited to the changing environmental landscape of urban space development speed and new contradictions are resolved, the need for updated science and technology and methods to update the design thinking to control the ever-changing landscape of urban space environment situation. To Art and engineering interdisciplinary perspective, the use of engineering background has been relatively mature landscape simulation system theory, results, methods, a new urban landscape simulation system study, in addition to urban design in addition, it also can be landscape design, architectural design, regional design, tour design, public art design, design for accurately validate the results, true reproduction of the design scene, multi-angle, multi-view observation, analysis, determine, for government, business and other decision-making to provide design guidance.

**关键词**：景观模拟，模型，城市设计，数字化
**Keyword**：landscape simulation, model, urban design, digital systems

**中图分类号**：TU984
**文章标识码**：A

城市景观是城市设计的具体载体。城市景观在城市空间环境形象和城市审美功能中能否得到最佳状态的展现，城市设计是关键。

城市设计是“对城市体型和空间环境所作的整体构思和安排。它贯穿于城市规划的全过程。城市设计目的是创造高质量的城市建筑环境，使人们感到舒适、方便、安全、愉悦和融洽。它的设计范围可以是城市整体形象布局，也可以是城市中局部地区、地段。主要是以三维的城市空间形象和城市的审美要求为目标，也涉及功能、社会、人们的心理、

生理的要求和工程等。内容包括土地上的安排及其使用强度；地形的处理；建筑物群体的空间布局；空间界面的处理；人流、车流的组织；绿地、旷地的使用和布置；城市的建筑文化脉络；有关创造优美空间环境的因素等”[2]。

但是，中国城市设计一直是在没有精确设计到位的状况上进行建设的，给中国城市建设发展带来很多遗憾，有些遗憾是不可逆转的，它直接影响了中国城市环境景观现状的健康可持续发展。

社会发展需求是学科的发展方向。检验城市等设计计划，在建设实施之前确保设计计划的准确性、周全性、全面性，更加科学、更加合理的解决设计学在理论与实践中的根本性矛盾，给国家和政府等决策部门提供真正科学的城市建设实施计划，使决策更加有科学依据；城市空间环境景观的设计真正得到可持续发展；研究从艺术学与工学交叉结合的角度，以审美为特征的探索城市环境艺术设计的方法、规律；研究解决城市设计中诸多学科边界的城市环境景观设计问题等；以推动艺术设计学环境艺术设计方向的学科发展。笔者认为这是中国环境艺术设计学科景观设计方向今后发展的主要学术研究课题之一。

城市设计周全性、精确性、长期性、全面性、可持续性不够，造成中国城市建设各种各样的有形物质、无形物质大量浪费。中国改革开放三十多年，城市建设突飞猛进。古今中外数千年城市建设历史发展过程中，城市从来没有这样翻天覆地的变化。城市高速度建设发展，城市环境有了重大改观，同时也因城市迅速发展，产生了很多始料不及的问题：城市空间环境景观凌乱，交通拥挤，污染严重，其中城市环境景观问题是最为主要的问题之一。为了适应城市不断更新发展的需要，城市的建筑物、道路、设施等拆了建，建了拆，设计的预期性、全面性、周全性、精确性、长期性、可持续性不够，造成各种有形和无形物质的大量浪费。拆了建，建了拆，是中国城市建设发展中最普遍的现象。城市设计图纸不能预先得到有效的实践检验，而是靠经验指导制定实施方案和法规，这是根本原因之一。城市设计，从图纸到建设之前，没有机会精确检验、核实其成果数据。图纸中绘制的建筑以及空间环境景观等实际成果如果没有达到预期期望值，只有实际建设成功后才会发现设计图纸和实际建设与周围环境空间景观有着根本性的差距，原来的设计没有考虑周全，实际建设中的发展变量因素没有考虑周全，各种空间环境景观问题产生连锁性反应，此时已为时已晚，错误已经形成，没有更正机会。所以从世界范围上来看，中国城市建设的高速度，没有先进的科学高技术进行技术支撑，没有新形势下的新思维与之对应，中国城市建设拆了建，建了拆比例之高也就不足为怪。目前，我国城市设计只能通过经验积累的方式来制定各种各样的设计法规指导设计社会实践工作。设计计划在图纸阶段没有预先通过真正意义上的实践检验来纠正设计不足或可能产生相对比较高错误的概率是基本国情。

当今，城市空间环境景观不断变化需要新思维、新知识、新技术与之适应。十几年来上海浦东从一块平地，已成高楼林立。从外滩眺望浦东，从浦西的北、西、南观看浦东陆家嘴金融贸易区景观天际线，东方明珠塔，金茂大厦等空间环境景观组织秩序基本上主次有序。而环球金融中心的建成，由于过度靠近金茂大厦，使整个陆家嘴城市景观天际线原有的秩序感被打乱，现在无论从哪个方向看浦东陆家嘴，都无法得到以前美妙的城市天际线景观。2014 年建成的上海中心大厦是否能够改变这一空间环境景观现状，从目前来看难以给出肯定的结论。这只是众多城市空间环境景观问题之一，这些问题产生有一些是根本性的问题。城市规划设计在空间环境景观上，主要依据图纸及一系列数据和相关规划法规进行分析与制定的，无法精确真实模拟再现城市建设实际量变过程中不断出现的空间环境景观性矛盾，也就无法预先制定应对新矛盾出现的精确对策。原有的设计思维和设计方法不适应日益变化的城市空间环境景观发展速度和新矛盾的解决，需要有更新的科学技术与方法，更新的设计思维来把控城市空间环境景观日益变化的局面。

计算机虚拟技术由于当今各种综合因素的制约而精确度不高，设计效果图容易为“真实”造假，欺骗业主，造成决策失误。日常城市设计、建筑设计、规划设计、景观设计等是通过效果图表达、计算机动画，虚拟再现设计后的“实景”效果，再现建设后的“真实”状况。这种真实存在严重误差。首先设计效果图表达因不同的视角，由于角度的变化，产生的效果是不一样的。效果图成图焦距有微距、标准、长焦等，视角从 14°—179° 之间的广角到全角每个度数都可以进行效果图表达，而人的视角是固定的数值，人的双眼正常视角在 120°—130° 之间，注意力集中之处在 25° 左右，单眼视角 45° 左右，相当于 135 相机的 50mm—55mm 焦距的视角（照相机 50mm 镜头也叫“标准镜头”，它的视角和人眼的视角是基本一致的，这样焦距的照片是“真实”的）。一般设计单位为了便于设计项目通过，往往在设计效果图上大做文章，改变视角，渲染环境，增加美感，虚假真实，而实际建设起来与效果图设计表达是大相径庭；其次，效果图表达是静止的区域画面，效果图对人的视觉是不真实的。计算机动画除了也存在上述问题之外，它只能让人被动地观看它已经设定的路线，不能有任何主动改变的行为，就像人们在观看电影、电视画面一样，人只能被动地观看，不能改变它，更谈不上参与决策等。

因各种因素所致与设计专业配套的模型制作粗糙，难以体现真实状况。目前现有的设计模型制作，是照设计图纸再按比例用水晶、有机玻璃、塑料、木材、纸板等各种材料，用电脑技术或人工雕刻拼装而成的。因制作材料局限、技术手段传统、制作观念滞后等，其模型只能作为体量、尺度、规模等基本数据参考性观摩用，难以达到现实真实状况再现，更难以达到用于高层次的科学研究与分析用。上海市规划馆的超大型上海市城市展示模型就是最好的佐证案例。

规划设计因模型制作、效果图表达、计算机虚拟技术再现的局限，无法达到真正意义上设计后的现状真实性、直观性，只能够在图纸上设定各种数值进行城市建设计划的制定。因图纸的局限性制约，不能够有效控制城市动态性发展，总是被动性地不断修正城市规划设计法规，以便纠正因没有直观而导致规划设计的错误，被动性适应城市发展的步伐。

用景观模拟技术可以有效地改变这种被动的现状。景观模拟系统技术由美国创立，日本改良提升并逐步走向成熟。景观模拟系统主要由四个部分组成：景观模拟系统应用理论，高性能潜望摄像系统，高精度模型制作技术，计算机硬软件系统。该系统可对城

图 1 美国加州大学伯克利分校景观模拟系统雏形阶段

图 2 20 世纪 80 年代景观模拟系统镜头部分

图 3 景观模拟系统下美国纽约曼哈顿地区

市规划与设计进行精确检验，真实再现设计实景，潜望成像根据设备技术性能水准可任意自主进行多角度、多视点的观察、分析、判断，预先得出诸多项目建设之后的实际数据，为项目实施之前方案调整提供最终科学依据。

美国纽约、日本东京、意大利米兰等西方国家的大城市发展过程中，曾经发生过像中国城市发展过程出现的矛盾。尤其是美国纽约在美国城市化运动过程中，在空间与环境上出现的问题更为严重，在城市规划与城市建设、建筑、环境景观与城市发展存在很多实践矛盾：城市体积的扩张、旧城的改造、新城的扩建、建筑与环境的设计、交通发展等诸多矛盾，而这些重大矛盾使城市空间的可持续发展面临极大挑战。为了解决因过热的经济建设条件引起的城市空间环境建设不合理问题，以及其引发的系列连锁反应，并为未来城市空间环境发展的合理性提供指导，美国等许多研究机构积极寻找出路，帮助政府城市建设计划调整行为决策。

景观模拟系统最初的研究者是美国加州大学伯克利分校[3]城市与区域发展研究所环境模拟实验室主任[4]彼得 • 博森曼[5]教授和他的导师。20 世纪 70 年代，在彼得 • 博森曼教授的带领下初步形成建立景观模拟系统的构想。1983 年，在他的领导下加州大学伯克利分校建立了第一个城市景观模拟实验室，并逐步将此种研究方法运用在纽约曼哈顿城市环境景观的治理与改造当中。彼得 • 博森曼教授运用景观模拟系统对城市景观进行仿真模拟，并通过分析时间与空间关系处理景观规模与运动的关系（图 1—图 3）。之后，他先后在日本东京大学、悉尼科技学院、哥本哈根丹麦皇家学院艺术系、意大利米兰工科学院担任客座教授并将他的思想与教学理念带入各个学校，相继在米兰、纽约、东京建立景观模拟实验室。

图4 早稻田大学都市地域研究所第三代景观模拟系统设备

图5 早稻田大学都市地域研究所第三代景观模拟系统设备微型反光镜片摄像头

图6 东京银座日本森公司景观模拟实验室操作界面

20世纪90年代后，景观模拟系统研究逐步在日本早稻田大学等机构得到具体实践，它的发展主要经历了以下几个阶段。雏形阶段：20世纪90年代初，日本森公司开始研发形成雏形，实现第一台原始设备。景观模拟系统在这一阶段主要以用于商业空间开发建设为主，为商业开发项目的区域合理性、实用性提供技术指导。发展阶段：1996年，东京大学改善操作界面。通过学院的参与指导使景观模拟系统从技术上逐步完善和加强，并总结出一套系统设计理论，为之后的理论成熟打下基础。成熟阶段：2002年，早稻田大学都市·地域研究所[6]完善操作界面，改善CCD摄像镜头。改造后主要特点是运行系统精确可控，镜头通过微型反光镜片摄像头，可以自由在水平和垂直方向自由转换角度，其直径1cm摄像头，可以在4cm宽的微型模型街道中作360度自由行走。整套体系中的不足：一是摄像头只能够在水平方向360度进行摄像，二是模型制作是粗糙的。它只能够用于都市规划中空间环境建筑体块的观察分析研究。同期因为日本社会上地产公司在都市地产开发中需要解决实际应用矛盾，日本森公司[7]（图4—图6）、三菱地所、三井公司细节上各有调整。这一调整与早稻田大学不同，从用于研究目的转向用于实际应用目的。其主要技术不同之处：一是摄像镜头系统可以作360度全范围摄像，但是由于镜头系统的制约，它的不足是不能够在微型模型空间中进行自由运行；二是应用高科技技术使模型制作精良。它技术改良主要是模型制作，关键点在于精准性和模数化的设

日本森公司制作的1:1000纽约城市模型局部

图8 放在作者手上的日本森公司制作的东京城市街道模型局部

图9 日本森公司景观模拟系统专利发明人矢部俊男（中）1:1000城市模型向作者（右二）介绍景观模拟系统和模型制作技术

计（图7，图8）。通过尖端制作科技可将模型精度误差率降低到1%以下，同时模型组合板块按一定的模数关系划分大小多块组合，便于模型的组装、运输、存储。景观模型制作的板材与普通模型不同，需要具有较强的韧性和密度才能为景观模型的精确提供保证。景观模拟系统技术在日本基本上是在这两条线上发展并逐步走向成熟的。

景观模拟系统技术主要是通过景观虚拟试验系统专用软件和驱动系统控制CCD摄像机拍摄城市空间的精确实景模型，真实模拟城市环境景观空间的真实场景，再现城市空间的大规模开发项目，以研究对城市环境景观空间造成的影响，直观再现设计的实际效果。为决策者在研究探讨城市空间环境提供一种直观可视化的场景，以研究城市景观设计模拟数据的可靠性和实际应用性。提供政府对城市或区域景观设计数据模拟研究，得出真实项目开发结论，为国家、政府、企业、有关机构在城市环境景观设计等方面设计提供前瞻性、高端性、精确性、宏观性研究课题服务，也可开展城市环境景观把控性和指导性等诸多前瞻性课题研究工作。

景观模拟系统在城市空间随着各种项目的开发不断发生变化，景观模拟系统在城市空间的模型完成之后可以通过更新局部，即时反映城市空间的变化。主要优势：与城市空间模型的组合，在城市空间层面上同时提供“虫视”和“鸟瞰”的一种视觉认识；消除计算机虚拟的感觉上的误差，保证虚拟效果的真实性；从任何视点实现其移动所带来的景观连续变化的可视化；直观反映并把握大规模城市更新带来的景观变化；系统操作界面的便捷性；便于政府、专家、投资方、市民等多主体同时参与项目研究、分析、讨论、决策。

单纯具有精密的景观模拟技术设备还是远远不够的，还需要与之配套制作精良的模型技术，精良的模型制作技术是景观模拟系统中的重要组成部分。从20世纪90年代至今，日本模型制作技术与景观模拟系统同步发展，从引进、改良、提升、走向成熟过程，其模型制作技术引进了高科技，采用了GPS定位系统，高精度成像系统，激光量距系统，计算机应用系统等高科技技术，彻底改变了以往模型制作技术粗糙、建筑物不精确、不真实、模型只能作为体量表达真实环境示意的状况，为景观模拟系统体系研究提供了重要的技术支撑。

景观模拟系统中的设备系统是一种综合应用数字虚拟技术和高仿真实体模型技术所制作出逼真的人工模拟环境的技术系统，它运用计算机程序控制小型(CCD)摄影机，通过控制路径拍摄城市空间的实景模型系统，再现城市景观规划设计项目真实场景并予以研究分析的设计评估系统。景观模拟装置可以忠实地再现城市空间的大规模开发项目，对城市环境建设带来的影响做出直观的判断，它是能够有效地模拟人在环境中的各种行为的景观环境仿真模拟技术。

计算机软硬件系统在整个景观模拟系统的操作过程中占有重要的地位，整个系统的完成需要计算机技术的全程参与和支持（图9）。首先，高精度模型的制作需要操作计算机获取详细数据参数，并通过计算机操控激光打印机制作模型底板。其次，CCD潜望式摄像机的操作以及影像数据录入和处理需要通过计算机完成。最后，景观模拟系统的数据分析，设计项目在实际施工中的色彩、造型、比例尺度等数据参数也同样需要计算机的操控。

通过景观模拟系统应用理论、潜望摄像系统、高精度模型制作技术、计算机软硬件系统等四部分的相互结合，运用 GPS 数据定位分析创建影像完成虚拟景观界面的创建工作，并将影像投射到三面或四面甚至五面银屏上，以新的影像银幕系统进行城市景观的模拟体验。它可以模拟城市环境景观空间的真实场景，再现城市空间的大规模开发研究项目。通过模拟设计项目的实际效果，分析其与周围环境、城市空间之间的关系及影响数据。

在城市景观模拟系统中，观察者不仅可以通过观看高仿真景观设计模型从直观上对设计项目有所了解，还可以通过潜艇摄影系统深入模型中，把模型放大到真人视角，在真实视角中对整个设计项目进行多方位检测。观察者可以根据自身兴趣决定行走路线或观察角度，并对自己感兴趣的物体采用多角度欣赏模式，调动视、听、触等多种感官系统对整体景观设计规划进行综合评估。同时，景观模拟系统可以将潜艇摄影系统所拍摄下来的影像输入电脑，运用计算机系统对记录情况进行数据分析，通过分析设计项目的比例、尺度、色彩等与周围环境、建筑的最佳比例数据，最终确定方案的设计风格、建造比例尺度、使用建材和色彩搭配等。

随着系统理论的精进和设计技术的完善，景观模拟系统还可以与其他设计系统协调合作，例如与城市规划、城市地图查询系统等结合，增加景观模拟技术对景观物体属性的查询功能，丰富并扩大景观模拟系统的应用范围。这项技术应用于城市景观环境建设中，将使我们对城市景观设计、规划摆脱二维和三维的表现方式，代之以高仿真模型和计算机三维空间模拟相结合的表达方式，使用户对城市景观设计现状与规划蓝图有更直观、更科学的了解和认识。从而拓宽设计师、规划者和决策人的审视视野，使城市景观环境设计、建筑设计、基础设施设计、景观雕塑设计等更加科学合理，这对于城市发展的合理性、可持续性具有重要意义，为未来城市景观规划设计提供更大发展空间。

景观模拟系统技术要求可以归纳概括为以下五个方面：精准性、真实性、互动性、可替换性、投入性。精准性：精准性是景观模拟技术最突出特点之一，也是景观模拟系统理论的核心要求。在整个景观模拟系统制作过程中“精准”二字极其重要，它的完成需要先进的技术支持，是整个系统是否具有现实说服力、可否指导实践的关键所在。真实性：真实性的关键就是一个“真”字，就是要求整个系统反映的是事物的现存状态，而不是人为的美化。只有以现实为基准，才能真实反映设计项目在实际操作中的体貌特征，为项目的修改、精进做出有利参照与指导。互动性：互动性即观察者在设计项目中的可参与性，是指观察者和参与者可以根据自己的好恶选定观察路线或观看方式，而不是程式化的模式设置特定的观察路线。观察者与模型之间的互动可以为设计项目提出更科学的问题和改进意见。可替换性：可替换性要求景观模型的制作是可拆卸的模式，使高仿真景观模型系统可以根据现实城市景观的更新不断拆装新的模型，从而达到景观模拟系统反映最新城市发展动态的功能。投入性：投入性要求参与者可以最大限度地将精

图 10 作者与日本早稻田大学佐藤滋教授进行中国景观模拟系统研究讨论

力投入到景观模拟系统中，使观察者有身临其境的感觉。只有全身心投入获得最直观的体验，才能为设计项目提出最有针对性地设计意见，并为设计方案的修改、精进提供有效依据。

目前，国际上除美国加州大学伯克利分校、早稻田大学、东京大学之外，意大利米兰工科大学、瑞典隆德大学、荷兰代尔夫特大学、德国斯图加特大学等也建立了景观实验系统研究室，在各自的国家城市环境规划建设方面做出重要指导意义。当前我国的城市环境景观发展正面对同样的难题，急需改进现有设计方式、设计思维、设计对策，引进新技术、新方法，而景观模拟系统理论研究在国内仍处于起步阶段，需要借鉴国外先进科研成果及设计经验为我国当前的设计服务。

景观模拟系统应用理论最初是以技术指导形式应用在城市规划发展研究中，从美国加州大学伯克利分校的研发创立，到在日本的发展和成熟，这一技术逐渐从技术层面上升发展到理论研究层面，并通过十多年的发展研究形成一整套较完善的应用方法，指导实际项目操作，为城市环境规划建设服务。但是，这些理论研究和应用目前是建立在工学理论背景下，艺术学理论与方法应用研究还没有涉及，特别是在艺术学与工学的学科交叉研究上至今还没有检索到。这方面在未来应该是具有较大的研究前景（图 10）。

景观模拟系统可对城市设计、景观设计、建筑设计、区域设计、组团设计、公共艺术设计等设计成果进行精确验证，真实再现设计场景，进行多角度、多视点的观察、分析、判断，能成为政府、投资家、设计者、市民、开发商等广泛领域的利用工具，能为更多的设计提供指导意见。它学术研究上可以进行：空间环境景观设计评价；新旧区域改造环境综合评估；城市空间环境景观系统模拟研究；城市空间环境景观设计数据模拟评价研究；城市环境景观决策实施研究等等。为艺术学与工学等学科交叉研究提供更深更大的发展研究平台。

## 注释

1）景观模拟系统（Landscape Simulation System）.

2）辞海编辑委员会．辞海．上海：上海辞书出版社，2009.1-288.

3）美国加州大学伯克利分校（University of California，Berkeley）.

4）城市与区域发展研究所环境模拟实验室主任 (Director, Environmental Simulation Laboratory Institute of Urban and Regional Development).

5）彼得·博森曼（Peter C. Bosselmann）.

6） 日本早稻田大学景观模拟系统研究与应用是以日本建筑学会会长、日本早稻田大学都市地域研究所所长、早稻田大学理工学术院佐藤兹教授为首发展起来的，其设备由早稻田大学教务部社会连携推进室千叶景房负责研究开发制作的。

7） 森公司的景观模拟系统和模型制作系统技术由彼得·博森曼的学生，日本森公司都市事业开发部矢部俊男先生等人开发研制的。

## 图片来源

图 1—图 3. 图 6. 由日本早稻田大学都市地域研究所提供

图 4 . 由作者拍摄于 2011 年 6 月 23 日，日本早稻田大学都市地域研究所景观模拟实系统验室

图 5 . 由作者拍摄于 2008 年 11 月 2 日，日本早稻田大学都市地域研究所景观模拟系统实验室

图 7—图 9. 2008 年 11 月 1 日，日本六本木日本森公司总部都市开发事业本部城市景观模型室，东华大学学术考察组 鲍李然拍摄

图 10. 2008 年 12 月 23 日，翁敏拍摄于东华大学环境艺术设计研究院

**鲍承业 / Bao Chengye**
（埃瑞弗 • 上海 建筑规划设计机构，上海 . 邮编 200092）
（ARIF-International,Ltd. Shanghai. 200092）

# 城市开敞空间环的规划分析与研究
## ——以上海环城绿带为例
# Planning analysis and study of urban open-space ring
## ——A study case of Shanghai city outer greenbelt

**摘要：**

本文的研究重点是城市与农村交接的边缘区域。以上海环城绿带为例，跳出既定概念、思维模式和认识水平的诸多局限，创新地提出了“城市开敞空间环”概念。首先，本文概要地阐述了城市空间环的概念解读、目标指向和内涵辨析；其次，详细地论述了城市空间环的城市系统性、生态优先性和未来前瞻性等基本特征；再进一步阐述了其基本内容设置。最后，本文希望能以此唤起人们更多的关注和研究。

**Abstract:**

The article focuses on the edge area of the urban and rural . Based on the research on Shanghai city green belt, for example, it will jump off established thinking mode and concept of knowledge level, and establish a new concept “urban open space ring”.

The paper first briefly described fabrication ,connotation interpretation, and aim of urban space concept. Secondly, the paper discussed 3 aspects of the urban open space ring in detail urban system characteristic ecological priority characteristic and future prospective characteristic .Thirdly, it further explains its basic contents . Finally, this paper hopes to arouse greater attention and study.

**关键词：** 城市开敞空间环，城市系统性，生态优先性，未来前瞻性，环城绿带

**Keyword：** urban open space ring, urban system characteristic, ecological priority characteristic, future prospective characteristic, city outer greenbelt

**中图分类号：** TU985.1
**文章标识码：** A

“城市中人与自然的关系、人的精神价值是最重要的，而城市的物质形态和经济活动是次要的。”

——刘易斯 • 芒福德

上海的城市化进程演绎了从小渔村到大都市的全过程。在过去的一个世纪里，上海

经历了城市的形成、发展、成熟和壮大的每一个历程。近年来，上海城市的扩张蔓延却不可避免地破坏和侵占了城市周边的林地、农田和水系等，城市边缘区已是满目疮痍、不堪重负。上海正在不断失去市民“呼吸”需要的宝贵自然空间和城市生存“生长”需要的稀缺环境资源。这些都与上海城市长远发展所追求的科学发展观精神和建设生态文明要求还有很大的差距。严峻的形势迫切地要求人们重新审视一直以来长期被忽略的城市重要组成部分——城市与农村交接的边缘区域。这个区域的系统性空间结构和生态综合功能的规划研究一直作为一个巨大的薄弱环节拷问我们：怎样的城市边缘区域才能顺应新时代背景下，上海大都市圈和长三角城市（镇）群下的城市边缘区域空间结构的定位要求；才是在符合土地与环境的承载力的；才是能与相邻城市和乡村的土地规划共容互补的；才是有利于实现城市整体的生态系统的功能修复和生态综合效益的提升？

## 1. 问题分析与研究途径

本文凸显规划的前瞻性思维，以广阔的专业视野从城市的系统与结构上切入分析，力图超越一般从园林绿地系统规划的角度出发的局限，认为应该从城市规划的角度去把城市边缘区域作为一个特定性质的城市圈层来进行专题性的研究和探讨。上文提出的问题涉及城市生态、社会和经济的诸多方面，是个很宏大的命题，颇为复杂艰深，同时在用地范围、土地利用等也都难从专业角度加以准确界定。针对上文提出的所有问题，本文也不可能提供现成的结论，更多的是探索与尝试地提出一种概念化思考和策略性分析，去启发人们思考。

在此，笔者不奢求论及全部，仅就该区域的系统性空间规划和生态性综合功能方面进行分析。本文就以上海为例，按照“发现问题——分析问题——解决问题”的逻辑性结构展开，从上海城市边缘区中正在规划和建设的环城绿带项目入手对其进行分析研究，指出当前其所存在的系统性缺陷和时代性局限。然后在此基础上，进一步提出更具有系统整合性和时代前瞻性的“城市开敞空间环”的概念。

## 2. 上海环城绿带的背景概述及存在问题

### 2.1 内容概述

目前，国内园林界对环城绿带一般普遍接受的定义是指在城镇规划建设区外围一定

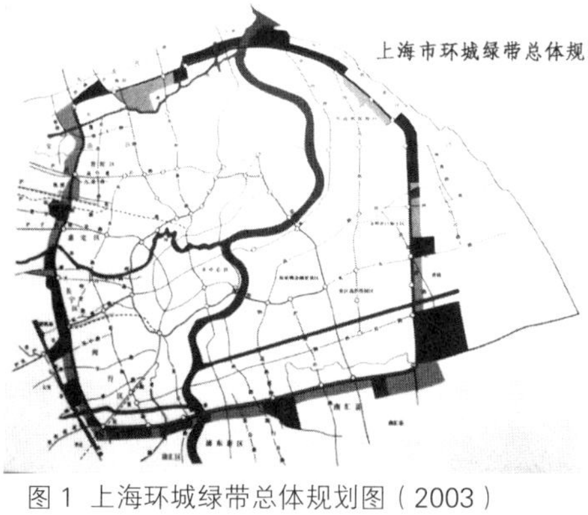

图 1 上海环城绿带总体规划图（2003）

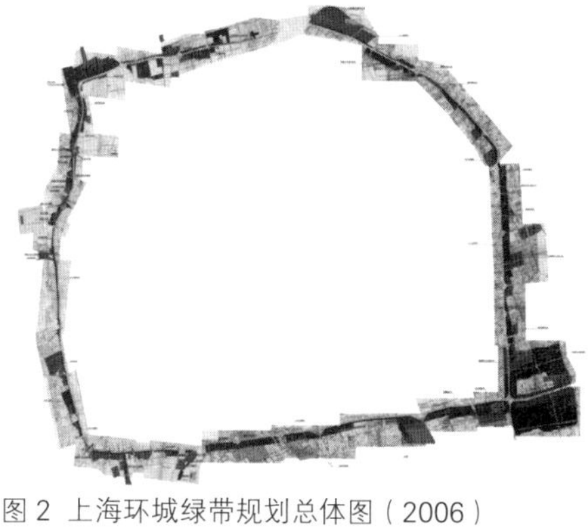
图 2 上海环城绿带规划总体图（2006）

范围（一般 200—500 米）内，以生态为核心，以园林为框架，集生态防护、自然景观、体育休闲、公共服务、防灾避难等多功能叠加为一体的大型开放式绿地。上海环城绿带总体规划全长 98.42 公里，规划用地规模巨大，总规划面积约 6208.25 公顷。整个环城绿带位于上海市城市快速路外环线两侧，涉及浦东新区、南汇区、徐汇区等八个区。总体呈现“长藤结瓜”的规划结构——“长藤”是指沿线 500 米宽（400+100 米）的林带，是贯穿于整个环城绿带的主体结构，“瓜”是指沿途布置的系列大型主题公园（图 1，图 2）。

### 2.2 上海城市空间结构的发展新趋势

城市研究的一个核心领域是空间形态与社会过程之间的相互关系。（唐子来，2006）现阶段，上海正处于这样的一个工业化社会后期向后工业化和信息化社会转型的过渡时期。城市空间结构也同时面临着深刻的转型。一方面，“由于城市快速交通、新兴通讯技术、资本和投资的流动以及灵活生产和消费体系，使得城市消除了空间上的局限趋于分散”，特大城市也会更多表现出“多核心与模块化”（周俭，2004）的空间矩阵结构特征。另一方面，由于未来“城市将不再以空间集聚为主要特征，而是以思想与信息集聚为核心”（吴志强，2004）。这个“核心”就会是城市真正的心脏，城市的高端与核心功能会在这里的超高密度的集聚。与此相对的存在另一种趋势——城市正加速将城市的其他功能进行有序、有机、有层次地向城市外围离散转移的演变。从中远期看，正如朱京力在《城市研究中生命视角的引入》中构想的那样，上海城市会逐渐形成一个“多中心、无等级和非延续性的组织之上构成的一种非线性”影像。这种城市功能向内和向外的同步动态迁移和集聚会形成城市与郊县中间交接区域的“空白化”，这个区域恰是本文中提到的城市开敞空间环的区位和范围。

根据最新的研究成果，上海城市发展与周边城市的关系日益凸显出国际大都市圈的空间架构，形成“多核、多轴、多层次”的多心开敞式的总体格局。在上海逐步确立向高端知识服务业全面转型的过程中，与周边城市形成合理分工体系之后，城市结构更加强调“多中心”、“模块化”，并具有一定空间边界与规模特征。上海在大都市圈中的地位也非常重要，同时上海与周边城市的关系也由极核集聚向极核扩散的新发展阶段转变。

### 2.3 上海绿环存在的问题及解决策略

随着时代发展与实践深入，原有环城绿带表现出了方法体系层面的一系列问题，这主要表现在原有的绿环规划制定时的社会经济发展条件、学科理论基础和研究方法体系与现有时代新形势的不相匹配，导致出现了对未来发展导向的偏差和预见滞后。这属于历史性局限和系统性缺陷，往往是不可回避和忽略的原则性问题，诸如规划理念滞后、系统结构孤立、边界设定僵化、规模总量不足、功能设置单一和控制机制缺失等。

这些必须要通过新的理念与模式的更新才能解决。世界上与上海规模和城市定位类似的城市如伦敦、巴黎、莫斯科等都在城市边缘区域建设了生态性的结构圈层，是很好的借鉴案例（图 3）。在尊重中国国情和上海城市发展阶段的前提下，结合对国外相似

图3 巴黎城市边缘区域重要节点实景、莫斯科城市边缘区域实际景象（正常视角/鸟瞰）

定位和规模的发达国家案例的发展轨迹和经验教训，通过审视与反思上海环城绿带所存在的问题，笔者提出上海绿环的未来发展趋势与策略——由绿环向城市开敞空间环发展演进。城市开敞空间环的提出是适应上海城市生态环境改善、城市空间结构优化、城市社会文明进步等一系列时代发展新诉求的必然要求。

## 3. 上海城市开敞空间环的概念解读

### 3.1 概念解读

“城市开敞空间环”是一个被提出的新概念，文中为叙述方便可简称为“空间环”。它与环城绿带有着比较深的渊源，是绿环在更高阶段的演进和发展形势，但在定位、结构和功能上又都有着本质的区别。它是指在拥有大型或特大型城市等级的用地与人口规模条件下，所在区域或城市社会经济水平比较发达，位于城市中心城与近郊区相交接的广大边缘区域，宽度在5公里—15公里以上的，以开敞空间和生态绿地为结构主体，复合部分综合城市服务和开发功能的宽阔“环状区域”。

### 3.2 目标指向

空间环改变绿环单一突出生态隔离防护功能，目标指向涉及城市、生态、社会、经济、人文等多重价值取向。

**3.2.1** 保护农田、水系、绿地、开敞空间、文化遗产等城市可持续发展的土地和空间资源。

**3.2.2** 顺应城市未来发展转型的空间结构调整与优化，并同步实现柔性控制城市扩张与城市功能疏解。

**3.2.3** 改善城市生态系统结构和提高综合生态效益，防治污染和环境保护。

**3.2.4** 确保城市对各种灾害破坏的风险避让和对城市重要基础设施的防护。

**3.2.5** 保护真正代表地域特征（地理印记）和历史文脉的自然郊野景观与人文游憩场所。

**3.2.6** 塑造高品质的以森林、水系、湿地、田园风光的城市景观体系，提高城市形象美誉度。

### 3.3 内涵辨析——城市空间环与绿环的关系对比研究

上海环城绿带作为“城市开敞空间环”概念的前身和发展基础，这两者之间有着不可分割的传承关系和发展脉络。虽然“空间环”脱胎于环城绿带，但它却是绿环在新时代背景下发展与演进的成果，符合时代进步和事物发展的基本趋势。“规划本身实际上是一个目标搜索的过程，任何规划成果都只是阶段性的有限理性的。”（孙施文，2005）空间环规划立足于城市社会经济环境发展目标和空间结构演变的系统分析和研究，试图更多从城市与自然、城市与人、城市与未来的角度去预见和谋划该城市结构体的定位与作用。空间环就是这样一个跳出原有既定概念、思维模式和认识水平的诸多局限、更多着眼于城市未来发展前瞻性的战略考量、把对城市边缘区的规划置于更为广阔的专业视野和更大的空间范围内来思考的产物。

空间环相对于绿环，在研究对象上有以下几个重要的认识转变，从绿环中的研究对象是“绿地”的概念认识转变为是：

——以开敞空间体系和生态绿地为结构主体。

——城市后续发展所必需的储备和保护的生态、土地和空间资源。

——城市子系统圈层，与城市空间结构、产业经济、土地利用等紧密相连。

——在“生态性绿地”与“开敞空间体系”基底上，适度点缀镶嵌“旷地型低密度建设”斑块的宽阔环状区域。

## 4. 上海城市开敞空间环的基本特征

### 4.1 城市系统性——市政多功能叠加、城乡一体化框架

空间环的规划与发展是与城市总体规划和整体发展紧密相连的，存在着多个层次之间构成的空间网络交错关系，是整个城乡大系统中的一部分。城市规划的核心对象是城市的土地和土地之上的空间资源配置组合（吴志强，2007）。一方面，空间环是人工规划的产物，从城市规划的角度来讲它是大城市这个有机体中生长出来的一部分。空间环不应是一环绿带，也不应是仅仅带有活动休闲设施的游憩环，而应该是一个城乡地域空间和结构圈层概念，在这其中可以有序地组织部分的城市功能、社会服务和基础交通设施等。另一方面，由于空间环在区位上介于城市与乡村之间，空间环应该突破有限的城市绿地系统划定的绿线范围和纯城市绿地性质用地的限制，把郊野森林、农田、草地、风景区作为生态改善的积极因素纳入规划，恢复和建立一个绿地、林地与湿地融合的自然、多样、高效的城乡一体化生态基地，成为推进城乡整体联动发展和构建城乡一体化绿化格局中的连接互动系统与介质，而非隔离城市的孤立单元。

——案例分析及规划优化：

嘉定区生态专项工程区段位于上海市嘉定区南部，基地南起吴淞江，北至沪宁铁路，东接上海外环A20，西临槎浦河。南北长约3.7公里，项目总规划用地114.3公顷。林带内部游憩功能的开发应充分考虑周边的需求与可能，并在注重错位竞争和功能互补的发展策略的同时，与周边地块的开发形成集聚效应与规模效应。规划以大量农业和林带绿地为基础，将人工景观要素有机融合到自然景观背景中，分别形成景观片区、景观廊道、

功能节点的整体景观风貌体系（图4）。

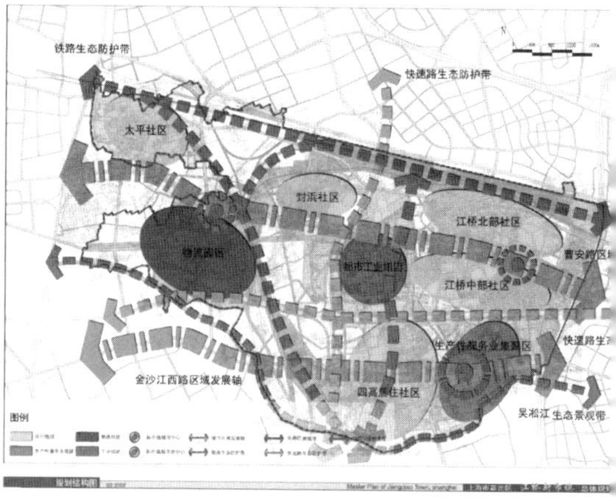


图4　环城绿带嘉定区段的控制性详细规划

### 4.2 生态优先性

上海空间环的基本价值观理念是“生态优先性”——生态性和资源性的“非建设区”应该成为城市规划先决制约条件，在城市建设规划之初首先需要对环境承载量进行分析研究，严格强调对生态平衡、自然环境资源和公共利益的保护，并以此“保障城市的生态和健康，保护人们的地域特色和文化身份，重建人与土地的精神联系。”反对脱离资源条件与环境承载量，盲目以人口、性质、规模为出发点进行的城市规模和物质形态扩张的模式（俞孔坚，2003）。规划上强化大都市整体土地使用分区管制、划定生态边界和确定生态底线。

### 4.3 未来前瞻性

空间环的规划结构应该与城市整体空间结构更新同步地持续进化与发展。上海绿环原有的“长藤结瓜”结构自成一体，但在一定程度上仅就绿带而论绿带，与城市空间布局、交通系统和其他用地结构关系脱节，存在比较孤立和系统性不足的问题。因此，上海空间环规划要更多着眼于城市未来的展望和由现在向未来转化演变的过程控制引导，避免由于规划中前瞻性意识不足导致规划本身滞后、片面或不切实际而最终失效。同时必须打破规划“终极蓝图目标”的静态思想方法，明确规划问题的解决方法是“探寻性”而非终端式，并适当提供多场景方案必选的多解规划思路。伦敦绿环就是一个成功的案例。它在建成后的几十年中持续进行规划发展与优化，经历了建立绿环、网络化结构、区位均匀分布、规模分级配置等多个阶段的系统演进，最终构建成功的开敞空间体系概念的“绿色战略”（图5）。

#### 4.3.1 未来空间环的空间结构特征

——城市系统完整性下的形态连续

上海空间环的“连续性”应该强调的是整体上的系统性联接并允许局部的“断开”，

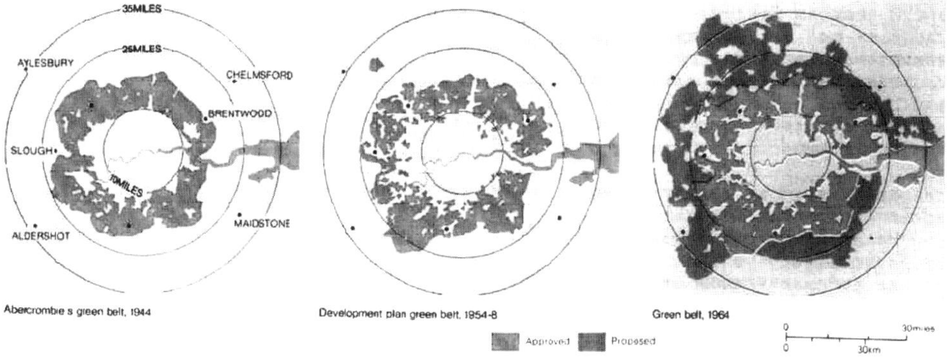


图5　大伦敦绿带形态及其演变图

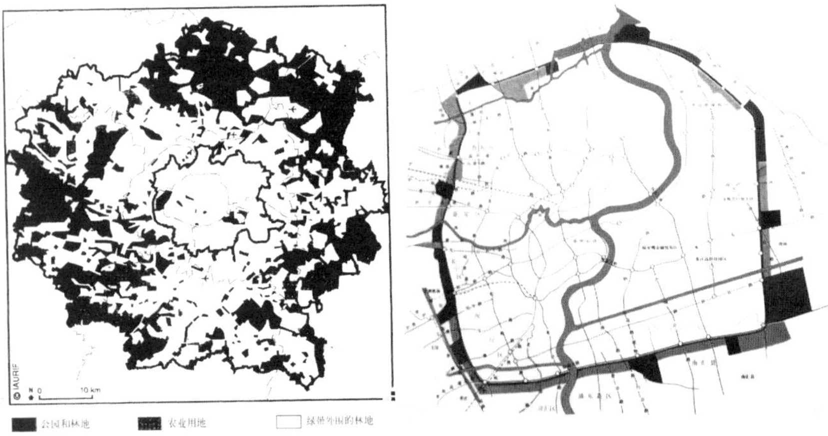


图 6　巴黎与上海绿环的规划形态结构对比

而不是片面地强调“环”的形态上的连接或闭合。本体应该是一个连续的楔形开敞空间的环状集合。因此从宏观层面来看，空间环应该在保证主体环状完整连续的前提下，允许或主动规划成局部错位、断裂或斑块离散的形态。这样既符合绿带式柔性控制和生态缓冲的特性，并保留城市现有的合理功能性和结构性的空间走廊和交通连接，也可以适应城市的建设征地实际可能和远期发展衔接。如图 6 所示的巴黎与上海的城市边缘区空间环的规划形态结构对比可见。

——多核心模块组合下的城市间隙

以建立城市生态安全为目标，上海空间环在防止城市圈层式向外蔓延发展的同时应该充分向城市建成区内部伸展出结构性绿楔。在城市未来的多模块化、非延续性的城市组织形式下，努力在城市生长轴和组团间保留大片的开敞空间的城市间隙——森林、绿地、农田、水体等生态绿地，避免相邻城市发展轴和城镇之间的连片发展。莫斯科就是一个成功的案例，它外部生态圈层的结构上多为片状、带状、放射状或环状的混合形式，更是以“绿楔”形式和“窝头”状伸向城区。

——城市生长预期下的边界设定

原有上海绿环是以外环路的道路控制线为参考线来划定 500 米宽的范围，这种做法比较机械和生硬，缺乏充足的生态科学性、空间结构性和社会经济性考量，同时与城市和乡村的互动衔接非常不足。空间环代表的是柔性控制，它所对应的合理边界不会简单地与城市外环线重合；而应该是城市核心能量辐射、生长势能和环境承载力平衡所构成的相对合理与稳定的外形线。而在这个外形线的轨迹更接近城市规划中城市增长边界的概念：“在城市建设地区和限制开发地区之间划定的界线或区域，鼓励城市在边界以内高密度增长，同时保护边界以外的乡村土地资源”。空间环边界的划定需要深入地综合评估和系统研究来确定，大致有以下四个主要方面：生态效益和环境保护的本底性考量、城市规划与土地利用的经济外部性、弹性预留 10—20 年的城市合理发展用地的储备、结合土地的现有权属划分和地理特征等。

——案例分析与规划优化

顾村公园是宝山区生态专项建设的主体工程，基地规划用地 445 公顷，规划成为与传统的城市公园形成巨大差异的城市郊野公园，是上海市居民文化休闲娱乐的重要场所。

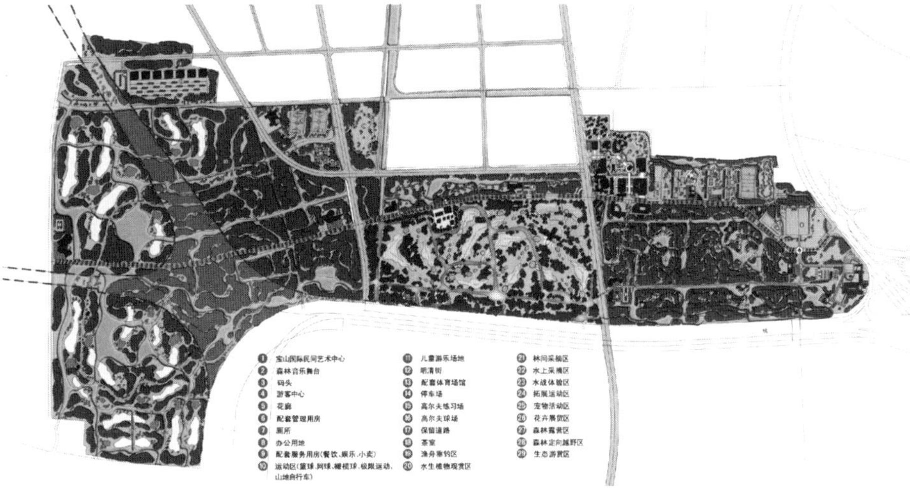

图 7　环城绿带宝山区段的顾村公园规划总平面图

基地北有沙浦河横贯东西，与四高小区隔河相望，南至蕴藻浜，西达陈广路，东抵沪太路。本案的北侧是规划顾村四高住宅基地，西侧是宝山的城市工业园区，四周有锦秋花园、祁连和乾溪新村等多个住宅小区及南侧市上海大学本部校区（图 7）。

分析优化：

顾村公园虽大，但如果从城市系统角度来看它却是孤立的。现状中，它被周围其他用地所包围，缺乏对外的延伸和连接，没有形成网络化和体系化。在此，笔者提议对于基地北侧的顾村四高住宅小区规划可以将建筑控制边界线后退并将建筑形态呈 45° 的倾斜布置，留出生态结构性的绿廊和蓝道（水系），与北部的城市森林公园相衔接，对郊区进行有机渗透和延伸，构建不断生长和扩展的城市绿色网络。对于基地南侧：规划中应该调整用地性质，击穿锦秋花园等大型居住区的用地隔断，积极向南形成生态绿地的生长突触，与南部的上海大学生态环境质量很高的本部校园相联系，形成城市的区域性空间绿楔。规划应该以前瞻性的高度去着眼于未来二十年到五十年的城市发展需要，不能迷惑于眼前一时的现实利益或贪图一时的实施便利。

**4.3.2 未来前瞻性——对上海未来的城市生态综合效益目标的响应**

城市的高度集聚性在某种意义上就是对城市中植被、生物（除人类之外）、水源、光照、清洁空气、能源与土地等人类生存最必需的自然环境因素的挤压和排斥，使之均呈现出不同程度的稀缺。上海这样的高密度、高集聚的国际性城市更是如此，近远期城市和城市人都面临着极大的生存和发展的环境压力。因此，人类要在大地上安全、健康、诗意和长久地生存与发展，就必须树立以“生态文明为导向的现代化”的发展理念，逐步向生态型城市发展。

从目标上讲，上海空间环的规划与生态文明是高度一致的。它是区域性质的景观生态规划，塑造的是多个生态系统或土地利用方式的镶嵌体（Mosaic），用以保护自然生态系统价值和功能，保障人类和生物的广泛利益。一方面，它力图在城市条件下构建、恢复和保育相对自我完善和稳定的自然生态系统，并融入示范性的生态环境保育、生态产业试点、生态文化培育功能。另一方面，它通过对自然、社会、生态资源的本底性调查研究，实现对城市土地利用的生态适宜度分析，进而对该地区发展的长远规划制定，提供各种不同的供选择的土地利用方式和环境管理政策方案（沈清基，2005）。

从规模上讲，空间环的整体宽度应该基本界定在5—15公里宽左右，总用地面积大致有2500平方公里左右。一则，这也是依托城市环境容量和城市生态足迹测算推导得到的。同时，这与上海市政府提出的远期规划目标：森林、湿地和城市建设用地各占市域面积的三分之一，以及到2010年即世博会举办时全市绿化覆盖率达到40%、全市森林覆盖率达到25%的目标是契合的。二则，这是改变原有的绿环外环线的道路防护绿带概念，把空间环作为城市的结构性圈层和功能体系的性质等去认识理解。相类似的城市如莫斯科是4630平方公里，巴黎是1187平方公里，伦敦是5780平方公里的数据都可以作为其空间尺度规模认识的基本参考依据。

#### 4.3.3 上海城市开敞空间环的主要内容

城市开敞空间环是生态的、有生命的、有活力的，它的获益主体是整个城市与市民大众。空间环对于生态学与经济学的关系理解，采用的是系统的分析观点和长远眼光，视两者为辩证统一。它基本存在两大内容导向——生态型基底和功能性斑块。生态型基底是指以生态绿色为主体的生态建设，是空间环所特有的以森林、水系、湿地、田园风光为主体，“林溪间杂”是其标志性的自然环境特征。功能性斑块是指空间环在生态的基底上，引入功能多样性、低密度、具有一定城市功能特性的节点或区块。它们在空间环中的内部空间结构是多层次分级配置、非均质散点分布、不规则有机生长；采用“散点式”的岛屿化格局让各规划要素自然有序地散落在整个生态性和开敞性的绿环中。这样有利于把建设指标溶解到所有绿地中，也有利于把绿化产生的附加值作用于各个功能单元，以产生项目建设投资的吸引力。但同时也强化对空间环的土地进行分类别、分区块的进行不同梯度的强度控制，大致分为：永久保护地带（非建设区）、生态缓冲地带、建设控制地带、适度开发地带和战略储备地带等五大类（图8）。

主要内容设置大致有生态建设、风景观赏、配套服务、综合建设和应急避难五个大类。在此限于篇幅，仅就综合建设功能加以主体介绍。综合建设不是城市无序扩张的延续，更不是把城市的生活和生产性污染向更加广大地域面积地迁移和扩散。这是旨在为空间环建立自我维系、持续发展、创造价值的机制，并缓解城市向农村拓展过程中就业岗位和人口空间分布的不匹配。但这个过程中是严格设定项目必须达到旷地型建筑类型、体验类氛围感知、诗意化人居栖境和零污染产业选择的要求，把人类活动强度和对自然扰动的影响限制在较低的程度，以实现确保空间环的生态性和开敞性特征的整体目标。

综合建设项目的具体内容按人员停留活动时间长短可分为两类；一类是休闲度假、古镇文化旅游/疗养康复、主题娱乐运动、会议培训/影视外景、婚庆基地（室外婚礼、婚纱摄影、蜜月度假）。另一类是高科技研究实验与产业孵化园区、艺术创意基地（广告创意、动漫原创、绘画雕塑、工业设计）、低密度养老社区等（图9）。

## 5. 结语与展望

在当前的快速城市化、城乡一体化和新农村建设形势下，城市边缘区域这个具有城

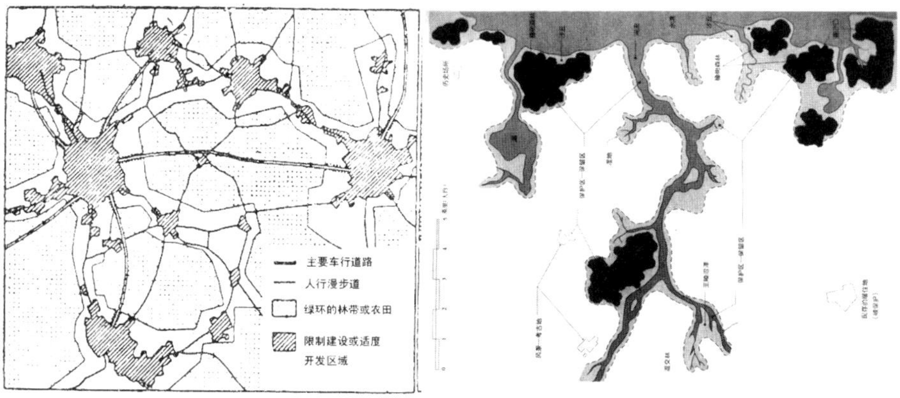


图 8 不规则有机生长的结构意象

市与乡村的两重特性的区域是园林与规划学界的一个面向未来、又是一个充满希望与活力的研究领域。城市空间环的规划与实施研究是一项长期性的、系统性的课题。在此笔者谨希望能唤起人们更多的关注，诞生更多新的有价值的研究成果，为我们的城市空间和生态发展提供思想指引和技术力量。

感谢：感谢同济大学建筑与城市规划学院的周俭教授和上海城市规划设计研究院的韦冬高级规划师在本文选题切入、框架建构、逻辑推演和写作细节中所给予的热情帮助和悉心指导。

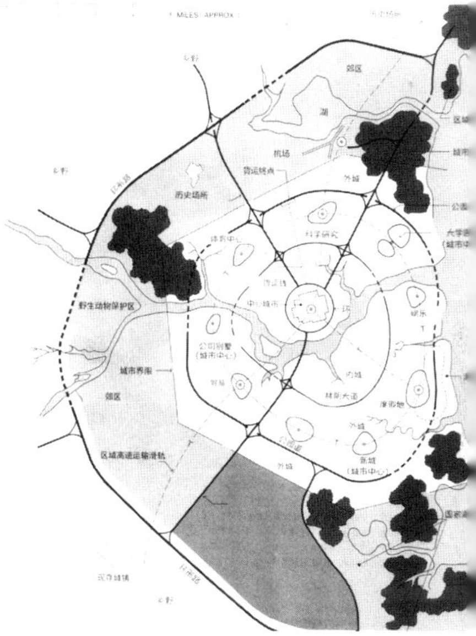

图 9 城市开敞空间环规划的模型参考示意图

## 参考文献

[1] 上海环城绿带详细规划 [ 工程文本 ]. 上海市园林设计院，2006.

[2] ( 美 ) 约翰 • 西蒙兹 . 景观设计学——场地规划与设计手册 . 中国建筑工业出版社，2005.

[3] 张玉鑫 . 从“接轨”上海的空间现象解读上海大都市区空间发展战略 . 规划师，2011.3 .

[4] Adams. C.D. Urban planning and The Development Process. London:UCL press.1994.

[5] 周 俭 . 关于城市多样性的规划思考 . 城市规划学刊，2006.

[6] 石忆邵 . 从近域郊区化到远域郊区化——上海大都市郊区化发展的新课题 . 城市规划学刊， 2007.4.

[7] 李建伟 . 中国现代城市郊区发展战略 . 中国园林，2008.

[8] 鲍承业，阮雯 . 现代城市公园规划设计的新导向——上海顾村公园启动块方案设计的沿革变迁及启示 . 理想空间，同济大学出版社，2009.6.

[9] 鲍承业 . 城市滨水绿色空间的规划精神解读——常德市穿紫河风光带规划设计 . 规划师 论丛——改革开放 30 年城乡统筹与城乡规划 . 广西科技出版社，2009.11.

## 图片来源

图 1. 环城绿带建设管理处

图 2. 环城绿带规划控制性详细规划（讨论稿）

图 3. 作者本人 拍摄

图 4. 上海市园林设计院

图 5. 上海城市规划设计研究院

图 6. 环城绿带指挥部

图 7. 上海市园林设计院，2007

图 8. 国外城市建设史 / 场地规划与设计手册

图 9.《21 世纪园林城市》

**夏明，李婕 / Xia Ming，Li Jie**
（东华大学服装 • 艺术设计学院，上海．邮编 200051）
（Fashion • Art Design Institute, Donghua University，Shanghai. 200051）

# 历史建筑的保护与更新
## ——关于上海密丰绒线厂综合楼的思考

# The protection and renewal in historical buildings
## ——Thinking about the complex building of Mi-feng floss factory in Shanghai

**摘要：**

本文以上海优秀历史保护建筑——上海密丰绒线厂综合楼为例，分析了近代产业建筑的重要价值及在当代城市功能转型进程中的困境，探讨产业建筑保护与再利用的合理模式，提出了“修旧如故”、“有益更新”的概念。

**Abstract:**

Mi-feng floss factory belongs to excellent historical buildings in Shanghai. In this paper, we take the complex building of Mi-feng floss factory as an example, analyze its significance and difficult position in the process of city function transform. Then we inquire into some reasonable patterns in protecting and reusing it. At last, we put forwards some concepts, such as repairing and utilizing it as what it had been, renewing it beneficially etc.

**关键词**：近代建筑，保护与更新，上海

**Keyword**：modern building, protecting and renewal, Shanghai

**中图分类号：**TU984.13
**文章标识码：**A

自 20 世纪 90 年代以来，随着生存环境的持续恶化，人们逐渐达成了一个基本共识——走“可持续发展”道路。在上海，“逆工业化”（Deindustrialization）概念已普遍被人们接受，即工业社会元素日益衰退与后工业社会迅速崛起。随着新的城市结构调整和城市功能的转换，大量的废弃产业建筑面临着更新改造。

然而，产业建筑的生存现状非常令人担忧。在城市化进程高速发展的背景下，“发展是硬道理”简单沦落为“拆是硬道理”。大量产业建筑被推倒，城市街区的历史文脉受到破坏。事实上，将物质寿命尚存的工业遗产建筑拆毁弃用，从经济角度出发，是一种浪费；从环境保护角度出发，所产生的大量建筑垃圾，无疑为城市环境多增加一层负累；

图 1 密丰绒线厂基地现状图

图 2 密丰绒线厂 1934 年竣工时的厂区鸟瞰图

图 3 密丰绒线厂施工现场照片

从历史文化价值角度出发，必然会引发一种城市文脉断裂现象。因此，作为中国城市化率最高的地区之一，上海旧有产业建筑的再利用研究无疑具有重要的理论价值和现实意义。

密丰绒线厂综合楼是上海众多工业遗产建筑中的代表性建筑，被列入上海市第三批优秀历史保护建筑，围绕着对它的“保护与利用”争论不止，多年来一直荒废闲置，倒是其身旁新建的高层住宅傲然挺立，凸显了近代产业建筑保护与再利用的尴尬。本文结合对综合楼的“主动性保护”改造设计，探索历史保护建筑的再利用及场所重构的可能性。

## 1. 密丰绒线厂综合楼背景介绍

密丰绒线厂位于上海市波阳路 400 号，地处上海著名旧工业区——杨树浦工业区内，区域有着深厚的历史文化积淀。该工厂始建于 1932 年，1934 年落成，建有厂房、仓库及联排住宅等，由英国人普伦设计，马海洋行承建（图 1—图 3）。 现址为上海第十七毛纺厂。如今 80 年过去，厂区内老建筑大多已被地产商拆除，新的高层居住建筑拔地而起，仅有西北转角处的六层综合楼及东南侧的英式联排别墅原封不动留在原处，向周围居民传递着历史的文脉（图 4）。

图 4 密丰绒线厂综合楼外观现状

综合楼采用钢筋混凝土无梁楼盖结构，楼高 24.3m，整体保存尚完整。内部空间采用矩形柱网，柱距 7.8m × 7.2m，东、北两面边界不平行处转换为梁板框架结构。一至五层室内承重柱由圆柱、倒锥形

图 5 密丰绒线厂综合楼室内现状

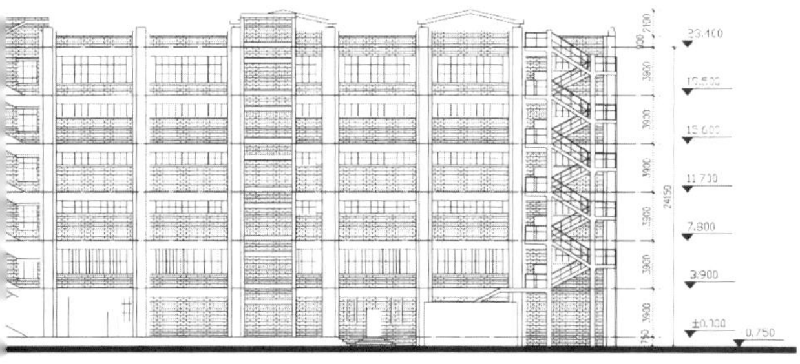

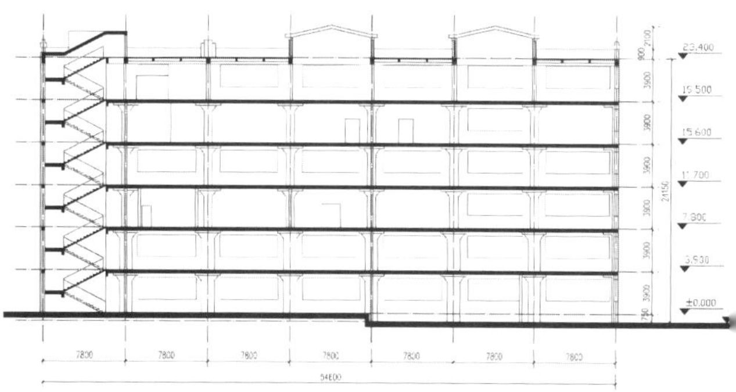

图 6-a. 密丰绒线厂综合楼东立面 ▶图 6-b 密丰绒线厂综合楼剖面

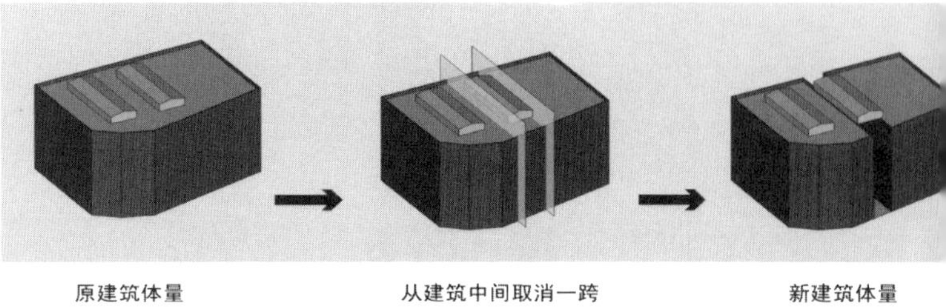


◀ 图 7　综合楼改造后效果图

▲ 图 8　体量推导示意图

牛腿、方形柱帽组成，圆柱直径由下而上逐渐减小（一、二层柱径为 1.2m，三、四、五层柱径为 0.8m）。顶层采用“井”字梁结构，承重柱转换为 400mm × 400mm 方柱，局部两跨采用升高矩形天窗，采光及通风情况良好（图 5）。

该建筑立面由红砖作为非承重围护结构。混凝土框架梁柱直接暴露于表面，立面壁柱采用竖向三段式线条装饰，形成矩形立面构图。各层开窗形式根据功能不同有所区别，局部的几层作为仓库仅开高窗。侧窗及天窗均采用传统铁框材质，锈蚀情况严重。

为保证室内大空间的完整性，综合楼的垂直交通被集中布置于建筑一侧，人流与货流分别设有独立出入口，避免了相互间的交叉干扰。这样安排不仅为当初生产运输的灵活性创造了条件，同时也使得建筑立面生动而富有变化。此外，电梯井、室外疏散楼梯的运用使整个东立面充满工业性建筑的特质，但相应维护构件（如铁质扶手等）均已年久失修，安全隐患倍增。

## 2. 改造设计

需要指出的是，作为上海市优秀历史建筑，其改建自然受到相关保护条例的约束。整体原样保护虽好，但与现实功用的转换存在着尖锐的矛盾，这也许是该建筑多年来沉寂破败的重要原因之一。因此，笔者尝试着在整体保护的前提下进行局部的改建，变“被动性保护”为“主动性保护”，由此满足历史文脉与现代功能的双重需求。

本改建方案将综合楼改造后的功能定位为服务于当地居民的社区文化中心，功能的变更自然要求空间形式的改善（图 6）。针对历史文脉、现代功能与保护利用之间的关系，笔者试图以整体结构、局部调整和立面重组来对应，掌握好彼此者之间的“度”是设计成功的关键。经过现场调研及测绘，我们认为该建筑改造面临三个主要问题：一是局部空间的改变以适应新功能的要求；二是针对原立面构造方式，选择合适的立面改造措施，并利用新材料的介入破除沉闷的外观和庞大的建筑体量；三是文脉符号的表达以体现历史与时代的共存。

### 2.1 开放空间的设计

为了削弱建筑体量的厚重感，同时解决综合楼功能置换后带来的内部空间采光通风不足等问题，我们将整体建筑从中间部位打通一跨，东西向贯通，形成对外开放的共享

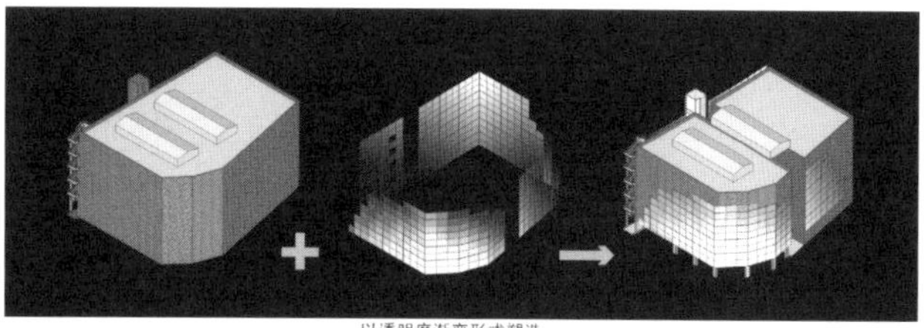


图 9　二层玻璃表皮叠加示意图

空间。这一举措不仅满足形式美的考虑，更为建筑改造后的多元功能定位提供了良好支持（图 7，图 8）。

## 2.2 新与旧的共存

“新与旧”的共存主要体现在综合楼的外观设计上。原有红砖及混凝土梁柱系统的立面形象，是上海近代建筑设计的典型特征之一，应予以最大程度的保留。但我们在改造时，不能一味地被历史的存留羁绊，为了给这幢旧厂房注入新鲜血液，新立面材料的介入成为设计的重点。

于是，我们将焦点集中在用玻璃塑造二层表皮上，尝试将不同透明度的矩形玻璃有节奏地包覆于综合楼外层，尤其是西北两个沿街立面。考虑到原立面的特征，调整玻璃面与原立面的比例，使建筑局部仍可被清晰识读。玻璃渐变的秩序有其内在规律：造成的视觉效果使远处的观者仍能清晰地辨识旧厂房的存在，而近观者体验到的则是外层玻璃幕墙带给人们的强烈现代感（图 9，图 10）。同时，外罩幕墙可以提供对原有砖墙的保护界面，保护与时尚并举。

## 2.3 工业符号的凸现

对于原工业符号的提炼和运用是本方案的另一特色。我们将综合楼从东西向打断，打断的具体位置定位在顶层其中一个矩形天窗下，结合西立面顶层外墙的局部移除，屋顶的上升式矩形天窗结构便从巨大的建筑体量中凸显出来，一跃成为整个西立面的视觉焦点。两个天窗的山墙轮廓被连接和延伸，为旧厂房塑造了具有特殊工业建筑气质的新天际线（图 11，图 12）。

剖切后新产生的两个内向立面更是充满了工业符号，我们将内部具有特殊造型的白色承重柱一半暴露于立面，选择深茶色玻璃作为立面幕墙材质，一深一浅的色彩搭配，

图 10　综合楼西北向沿街效果图

图 11　综合楼东南向效果图

▲图 12 突出顶层上升式天窗的厂房西立面改造效果图
▼图 13 综合楼南立面
▶图 14 综合楼入口效果图

突出了承重柱的立面主角地位。柱子的柱帽部分也经过特殊设计处理，为了不使凸出于圆柱截面的方形柱帽在立面上显得突兀，我们在柱帽上加建了小装饰平台，使柱帽自然成为平台的承托结构。小平台的材质则延用外立面的红砖，一方面与柱子本体明显区分，另一方面也在一定程度上起到内外空间的过渡和点缀作用（图 13，图 14）。

## 3. 结语

城市化的快速发展，给人们带来了便利的工作与生活，但也带来了环境恶化、交通拥堵、地域特色的减弱以及城市历史街区场所感的缺失等。场所感的缺失直接导致了一种现象：即人们试图在快节奏的现代城市生活场景中，寻求历史的痕迹，甚至推动了一场以历史为消费对象的“娱乐活动”。于是，被功能置换后的工业遗产建筑一旦被附以历史文化的价值，便容易引来人们关注的目光和共鸣。这种现象，不仅表达了城市居民在文化和审美方面产生了价值取向的转变，更表达了人们对现代城市发展问题的一种反思，“历史”也是一种生产力。因此，笔者认为，“修旧如旧”应调整为“修旧如故”，即在整体保护的前提下加入局部的更新改造，有意识地塑造历史氛围，结合新观念的表达满足新时代的需求，这对于工业遗产建筑的保护改造及“活力”再利用具有重要的现实意义。

## 图片来源

图 1. 作者根据 Google Earth 2010.8 图片整理
图 2，图 3. http://www.shyp.gov.cn/html/website/dishiqimaofang/list/index
图 4，图 5. 章倩洁拍摄于 2010.12
图 6. 董燕莺、王晟龙、李晓伟等测绘
图 7—图 14. 作者绘制

**蔡燕婕，刘昭如** / Cai Yanjie，Liu Zhaoru
（上海建桥学院上艺术设计系，上海．邮编 201319）
（Department of Art Design, Shanghai Jianqiao College, Shanghai. 201319）

# 关注城市公共绿地的活动功能

# Highly eyeing the function of urban green space for daily outdoor recreation

**摘要：**

随着对“低碳生活”方式理解的不断加深，市民正越来越多地投入到户外的健身休闲活动中去。为适应这一需求，各方面对户外景观环境的投入也不断增加。如今“公园绿地”这一称谓正在逐渐取代以往长时间所谓的“公共绿地”，其意义在于在设计及建造绿地时，除了景观的要求之外，更应当重视其为居民提供良好的户外游憩场所的功能。本文正是从考查上海市区多个公园绿地入手，对它们是否易于到达、适合逗留以及方便户外活动的开展等多方面进行了分析比较，从而总结了一些经验，希望能够为今后类似的公园绿地的设计或改造提供有益的借鉴。

**Abstract:**

With further understanding to the “low-carbon-emission” lifestyle, more and more urban citizens are getting used to the outdoor physical exercising and other healthy activities. To fit the needs, investment in landscape environment has also been increased. And that used known as “urban public green space” has recently been asked to rename or renewal into “public park”. It means in addition to good landscape, the adaptability to visitors' recreation should also be highly thought during the design and construction. Under such a situation, authors of this article have visited several public parks located in the city of Shanghai. Their experience on how the lands works such as if being easy to reach, attractive for stay and convenient with outdoor activities, may offer valuable lessons to the green space building.

**关键词**：城市公共绿地，功能
**Keyword**：urban green space , function

**中图分类号：**TU985.12+4
**文章标识码：**A

随着2010上海世博会的筹办和举行，“城市，让生活更美好”的理念得到了广泛宣传，市民越来越多地了解到“绿色低碳”的生活方式的重要性，并且从自身出发，开始逐渐检讨那些终年享受空调的舒适、出行以车代步、休闲活动以上网打游戏为主、甚至做运动也只选择健身房等等生活方式有可能对健康带来的负面影响及其高能耗、高排放有可能对整个人类生存环境变化所带来的隐患。于是，在各种媒体上，近来悄然走红了一个词，叫做“拒宅”，它倡导人们尽可能把活动方式从室内转移到户外，尽可能多地去亲

图 1 上海新福康里里弄住宅鸟瞰图

图 2 上海浦东新区仁恒滨江园住宅小区鸟瞰图

近大自然，亲近阳光、空气和花草树木，尽可能多地去关心社会和环境的各种变化。这应该说是一个不小的进步。然而，当观念开始向实践转化的时候，我们发现，城市所能够提供的各种物质准备还是相对不足的，尤其是像上海这样一个人口密集的超大型城市，可以提供给市民进行日常户外活动的场所相当匮乏。尽管这一二十年来，通过大量搬迁重建或者住宅区的改造，居民的居住环境和生活质量总体上得到了较大的改善，整个城市的绿化率也在逐年提高，但市民能够就近利用来进行各种运动的场所还是十分有限。

图 1 是上海中心城区旧有里弄住宅成套改造相当成功的新福康里的鸟瞰图，像这样住宅成行列式排列、栋间难以形成活动场地的里弄在上海比比皆是，即便实施改造，原有的格局也难以改变。如图 2 所示的建造在浦东新区的仁恒滨江园这样的高档住宅小区，虽然高层住宅间距较大，可以布置较大面积的绿化和球场等活动场地，但由于高层建筑的阴影投射面积也较大，这些场地具有充足日照的时间较短，特别是早上和黄昏最适宜进行户外锻炼的时间段，室外场地会有较大面积被覆盖在建筑的阴影之下，难以成为户外运动非常理想的场所。

事实上，许多新建的普通住宅小区，为了满足绿化率的要求，往往会将除道路外的室外用地全部做成绿地，甚至连停车位也要铺上植草砖来凑数，像图 3 这样的住宅区的室外空间布置并不少见，这使得居民能够就近开展室外活动的种类变得十分有限，一些老百姓所喜好的群体健身活动也因缺少场地而难以推广。

近年来，针对居住区绿地上述的这些不足，国家对城市公共绿地的布置提出了更高的要求，并且用“公园绿地”一词来取代过去的“公共绿地”，全国也已有许多城市要求规划应满足居民出行 500m 即可进入公园绿地。这里所谓的“公园绿地”，相对“公共绿地”，意在更直接地体现其功能性，即为居民提供绿化环境和良好的户外游憩的场所，统称为公园性质的绿地。例如，位于上海四川路商圈原先的四川路绿地就被更名“四

图 3 某住宅小区室外空间布置

川北路公园”。鉴于公园绿地又可分为综合公园、社区公园、专类公园、带状公园和街旁绿地等几类，实际上体现出在住宅邻里周边的小环境之外，还应该可以作为补充，从城市的不同层次、范围和角度，为市民的户外活动提供更加多样化的场所。这对处于人口密集的老城区，而且居住现状一时难以得到改善的市民来说，更应该是提高其生活质量的重要举措(图3)。

图4　古城公园鸟瞰图

然而，笔者发现，在这些年的实践过程中，并不是所有新建的城市绿地都能够很好地发挥其“公园”的功能效应，换句话说，有的地方政府也投入了不少的财力、物力和人力，城市面貌是得到了一定的改观，但周围市民依然不够满意，原因在于有些绿地并非靠近居住区建造，或者来回需要跨越车流量大的城市道路，到达不方便；有的绿地则中看不中用，绿化率是够高，但缺乏必要的活动场所，或者完全被城市主干道、甚至高架道路环绕，市民难以在其中逗留和呼吸到新鲜空气等。从市民的这些不满来看，城市的各类绿地在设计和建造时，定位首先必须清晰。如果真正想从实质上而不是仅从字面上满足建造“公园绿地”的目标，并能适应市民日常生活的需求，规划先要做到令其方便到达。其次，设计还应在如何营造出良好的游憩的氛围、提升场所适合逗留和适合活动的使用功能方面多下工夫，否则仅仅是满足绿化率不得低于65%的相关规定，或者依然只关注绿地的观赏价值还远远不够。日前，笔者走访了上海市的一些城市绿地，就其是否易于到达以及是否可逗留、可活动这三个方面进行了重点观察，并和一些游人进行了交谈，以下是一些较为典型场所的探访记录和心得，希望能对城市绿地的设计和建设提供相应的参考。

图5　古城公园大草坪

图6　游人绕道路行走或慢跑

图7　选择集中到树荫下做操

**・古城公园——**

位于人民路近外滩处，毗邻上海老城厢的城隍庙历史保护街区，周边人口密集，居住条件较差。从图4中可以看到，这片绿地容易到达，现场几位不同年龄的市民都说住在近段，到达时间步行不超过20分钟。该绿地应该可以划归社区公园一类。

该绿地的设计系以绿色植物覆盖为主，道路经围合形成像一支箭搭在一张弓上的模样，“箭”的两侧全部是开阔的草坪，周边部分种植树木，成规模的硬地基本只有“箭”头上圆形的一小块（图5）。

笔者到达现场正值晨练时分。由于大片草地不允许上人，游人大多选择绕道路行走或慢跑（图6），累了少有地方可歇息，最多倚着栏杆趴一会儿。集中的拳操活动除那小块圆形硬地能够容纳一个小团体外，其余人无奈只好选择集中到树木繁多、腿脚也施展不开的地带（图7），甚至选择在人民路转角处正对绿地入口的人行道上（图8），而这里车辆尾气排放较多，完全不是个锻炼的好去处。

笔者认为，这块绿地的设计过分注重植被，对游人活动和休息等各种可能性的关注度不够，如能作进一步地调整，适当划分出一些硬地，多布置一些运动器材和座椅，对于充满期待和感激之情的老城厢居民将是个更好的交代。

图8 选择在绿地外人行道上做操

图9 苏家屯路鸟瞰图

### ·苏家屯路街旁绿地——

位于杨浦区鞍山地区周边的居民密集区，沿苏家屯路全长呈直线布置（图9）。虽然距离不长，但设计充分利用步行道有可能的稍事曲折以及街道自身的转角处等，形成多个不同的活动节点，并且成组成团地布置了较多的座椅，有利于居民进行群体活动和相互交往。正因如此，再加上苏家屯路过境车辆较少，小区对这条道路又只设人行出入口，到达便捷，绿化成荫，所以该绿地成了周边居民“全天候”的室外活动场所，利用率高，深受居民的好评（图10—图13）。

笔者认为，同样是位于居住条件较差的老城区，相比古城绿地，苏家屯路街旁绿地的用地和投资都要少得多，但其所进行的人性化设计要优于古城绿地。尤其可贵的是，该绿地周边的住宅小区始建于20世纪中叶，是继曹杨新村后建造的典型的工人新村。长期以来，杨浦区政府坚持不将这些地块出售以获得丰厚的利润，即便在地铁建到边上时也不为所动。自21世纪初开始，区政府着手对该处住宅分批进行了成套化改造，使得该地居民的住房质

图10 步道稍事转折以利布置活动场所

图11 利用街道转角设置小型活动广场

图 12 清晨居民锻炼慢跑和快走

图 13 白天时段也能吸引人在此逗留

图 14 南京西路街旁绿地景观颇具野趣

量有了较大幅度的提高，而且在改造过程中还因地制宜，在一条小马路上挖潜力，使得周边连住房阳台也没有、小区里又难找到空地的居民有了户外活动的适宜场所，这样的经验是很值得推广的。据查，苏家屯路曾在 2004 年和 2009 年分别获得“上海市十大景观道路”和“上海市民满意的人行道”两项殊荣。

### · 南京西路近西藏路街旁绿地——

位于南京西路与南京东路步行街的交界处，利用地铁人民广场站地下设施的上方进行布置。其绿化景观颇具野趣，虽然面积不大，但在商厦林立的城市繁华地段中平添了一丝乡野气息，使得路人到此心情为之舒缓不少（图 14）。

这片绿地不像苏家屯路那样，能为就近居民频繁使用，因为该地段属于典型的商业用地，绿地周边基本为商业建筑。笔者在商场开始营业前的时间段进行了验证，发现绿地内果然人迹寥寥（图 15），但等上午商场开门营业之后，绿地中的路人开始逐渐增加。到中午时分，尽管天上飘起雨丝，不少路人依然愿意在绿地中短坐休息、四处瞭望和摄影（图 16）。可见在特定的时间段内，紧靠上海最有影响力的购物街旁的这片绿地，并不缺少过往的人流，而且它所提供的大量座椅、树荫、栏杆，对于购物走累了的人，特别是从南京东路步行街一路下来走乏了的人极具吸引力。笔者认为，正是由于对服务人群及其活动方式定位准确，功能特征明显，而且绿化景观别致，再加上标高高于路面，能够做到闹中取静，周围又有大型建筑群和人民公园可以借景（图 17），因此无论是易于到达还是可逗留、可活动这三个方面，这块绿地的设计都是较为成功的。

图 15 非商业营业时段基本无人光顾

图 16 商业街营业时段休憩的路人颇多

图 17 周边建筑及人民公园为绿地提供借景

图 18 四川北路公园鸟瞰图

图 19 利用公园进口处的开阔地集体练拳

图 20 利用园内建筑旁的零星硬地捉对玩

**·四川北路公园——**

位于四川北路商圈范围，又紧邻大片旧有里弄住宅和正在兴建的高层住宅群（图 18），使用功能应该兼有上述古城公园和南京西路街旁绿地的特征。

相比古城公园，四川路公园的整体布局更为合理，除了景观设计更接近传统的公园外，平面上也给游人的活动提供了“点”、“线”、“面”等全方位的多种可能性。图 19—图 22 分别是早晨同一时间段笔者拍摄到游人在四川路公园的大片开阔地以及水岸边、步道上、林荫下开展拳操以及球类、慢跑、聊天等各种活动的场景。

事实证明，由于四川北路公园在还没有被改名叫“公园”，还是以“四川路绿地”的名义作为一方城市公共绿地建造之初，从实质上就是按照公园的规格来进行设计和建造的，因此投入使用以来利用价值高、口碑好，非但方便了周边居民的户外活动，白天还吸引着不少路人进来游玩，甚至经常有年轻伴侣选择到此来拍摄婚纱照。例如图 20 中那位面对镜头打羽毛球的妇女，实际上已有 75 岁高龄，她告诉笔者，她以前每天早上到虹口公园去跳舞，如今被吸引转移到这块绿地来，除了早上会来打球、跳绳之外，晚上还会再过来跳舞。她说像她这样的人还有不少。后来笔者离开的时候，发现公园门口停放着一些自行车，开阔地上也已经逐队成群（图 23）。

由此笔者想到，丹麦建筑师杨·盖尔（Jan Gehl）曾经把人们的户外活动分为必要性活动、自发性活动和社会性活动三个层次。所谓必要性活动，是指那些必须要进行的活动，在各种条件下都会发生，但户外环境的好坏会直接影响参与者的情绪和选择余地。自发性活动则要依靠人的意愿和条件，因而只有在适宜的户外条件下才会发生。社会性活动是指在公共空间中有赖于他人参与的活动，它具有连锁性，会随着自发性活动水平

图 21 在水岸线旁蜿蜒的步道上紧走慢跑

图 22 在树荫下的座椅上歇脚聊天

图 23 四川北路公园开阔地逐队成群

的提高而提高。在这三种类型的活动中，自发性活动最重要，它可以保证人们更长时间地逗留在户外以及选择参与社会性的活动。但无论是哪种类型的活动，都必须有相适宜的环境和外部条件来形成影响和作为依托。

上海2010世博会提倡“城市，让生活更美好”，这不仅是一种良好的愿望，更是一种态度和行为的准则。当市民已经普遍认同这一倡议而且纷纷开始有意识地践行的时候，城市如何创造更为良好的生活环境和适宜的条件，来进一步启发和引导市民养成良好的生活习惯、实施健康生活等，是摆在城市发展的决策者和建设者面前的重要课题。就拿城市公共绿地的建设来说，既然被冠以“公园绿地”的名义，就应当做到名副其实，不但好看，而且还要好用，并且具有吸引力。笔者在走访调查的过程中，发现不少绿地确实能够达到这样的标准，做到了绿化景观和活动功能良好结合，但有些地方还不尽如人意。特别需要指出的是，在笔者的所到之处，中青年人参加户外活动所占的比例远少于老年人。也许是这个年龄段的人群迫于生活的压力，很少能够挤出时间到户外去活动，但户外场所如果能提供更符合这个人群的生理和心理特征的环境和条件，例如仿效普通公园设置游乐场的做法，在某些尺度合适的公园绿地里也专门辟出块地来放置几个投篮的篮筐，从而对年轻人产生更大的吸引力，激发他们的自觉参与，情况不是真的能够变得“更美好”吗?

总之，笔者作为生活在上海这个城市中的市民，每天都在感受着身边发生的变化。而绿地对于一个城市来说，是直接挂在面上最容易被人所感知的。希望这个城市的绿地能作为一张最漂亮的名片，也作为最诱人的场所，帮助成就我们心中的绿色生活。

## 图片来源

图1，图2.“E都市”地图网
图3.作者自摄
图4.“E都市”地图网
图5—图8.作者自摄
图9.“E都市”地图网
图10—图17.作者自摄
图18.“E都市”地图网
图19—图23.作者自摄

**程雪松 / Cheng Xuesong**
（上海大学美术学院，上海．邮编 200444 ）
（College of Fine Arts, Shanghai University, Shanghai. 200444 ）

# 海上画坊
## ——“阿忠艺坊”创作谈
# Artists workshop of Shanghai
## ——Interior design of A Zhong’ s studio

**摘要：**
本文通过对“阿忠艺坊”创作体验的描述，参照绘画作品的显性结构，根据符号学的理论方法，阐释了空间设计与触觉传达之间的内在联系，并通过书墙、棋榻和吧台等空间意象试图探索东方文化符号在环境空间中的现代表达。

**Abstract:**
Through the description of the creation experience of “ A Zhong’s Workshop”,this article explains the inherent relationship between sapce design and tactile convey to the painting work as a reference, according to the theory of Semiotics.It also tries to discover the modem expression of Orient cultural symbols in environmental space through such space images as “book wall” , “chess bed” and “bar table”.

**关键词**：符号表达，空间逻辑，身体感知，书墙，棋榻，吧台
**Keyword**：symbolic expression, logic of space, stroke contraction, books wall, chess bed, bar table

**中图分类号**：TU-851，J59
**文章标识码**：A

**工程名称：**
**“阿忠艺坊”空间设计**（图 1，图 2）
**工程地点：**
**虹口区天宝路飘鹰世纪广场 1718——1719 号**
**施工面积：138.8 平方米**
**工程造价：约 8 万元**
**设计参与：单 烨**
**施工组织：季 骏**

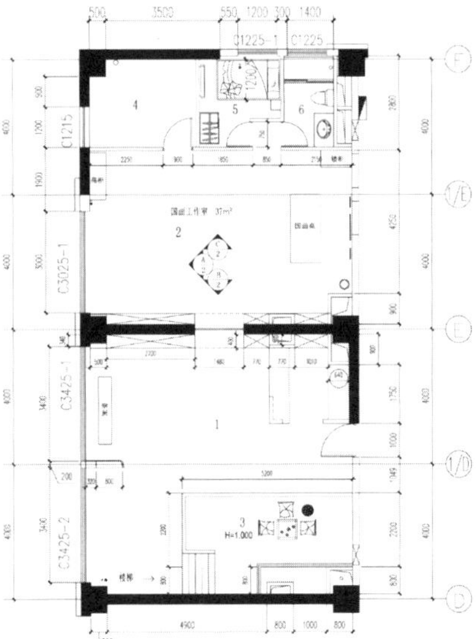

图 1 艺坊平面布置图

## 1. 引子

2008年春，画家阿忠邀我为他设计工作室——阿忠艺坊，位于虹口区天宝路新港路口的一座写字楼中的两间房。阿忠是我的同事、师长兼好友，我欣然允诺。

作为艺坊的主人，阿忠对我的要求有三：第一，要有大量的空间储存画作和画框；第二，要有地方能够摆放他珍爱的若干老家具；第三，他有几块从农村收来的红木雕花窗，希望一并考虑到装修中去。

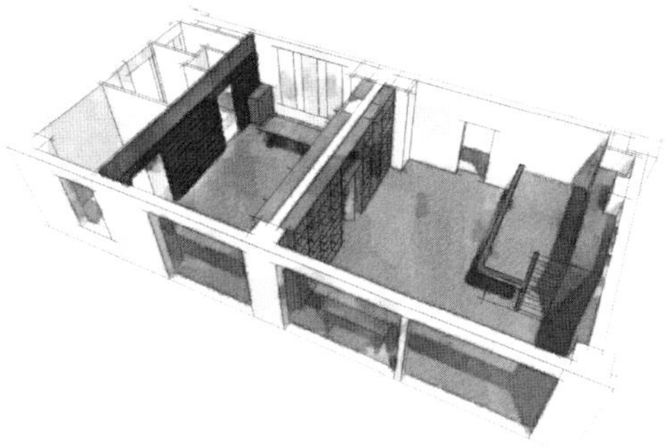
图2　轴测图

作为设计师，我请阿忠从他的画作中选出一幅，我称其为设计的开始。阿忠给我看了他2006年的一幅油画《爱琴海》，是他从希腊回上海后创作的作品。画面笼罩在温暖透明的阳光中，远处是静静的海平线和海岸上葱郁的绿荫，近处红顶白墙的建筑轮廓伸出海平线，摇曳着动人的节奏。阿忠这幅画的装饰和写实意味兼具，色彩清新洒脱，红色浓烈、蓝色凉爽、绿色深沉、白色儒雅、黑色神秘，一如画家性格的奔放和沉静。在我的眼中，这幅画更多地表现出一种点线面的疏密错落，寥落的黑灰色小窗是点，海岸、高耸的烟囱、形体明暗的转折和屋脊是线，蓝色的海、绿色的植物、红色的屋顶和白墙构成面。这些元素在画面中交织穿插，俯仰进退，构成了作品内在的情绪和张力。我从中仿佛看到画家执著于架上抒发的真挚恳切、酣畅淋漓（图3）。

## 2. 符号学启示

视线条和颜色为文字符号，它们在画面上的组织和安排为句法，画面即为文本。在《爱琴海》中，阿忠是文本写作者，我是阅读者。我见过画家做文本的状态。在炎热的夏季，阿忠光着膀子，拿着笔和刀，在画布前上下捭阖，一边思考，一边安排着油彩的生熟和厚薄。我在他的绘画文本中读出艺术家与内心观念相遇、挣扎、推斥、交融的痕迹。在静物、花卉和风景这类传统装饰性绘画题材下，阿忠的自由写作赋予作品更加朴实、率真、浓烈和奔放的内涵。

在空间文本里，造型、材质和构造细节作为语言要素，通过复杂的功能逻辑、美学表达、技术营造和文化建构，获得最终的表意系统，并且会影响到空间阅读者的生活体验。在这一文本的写作中，我试图打破传统艺术家的工作空间文本范式，疏离功能羁绊，

图3　油画作品《爱琴海》

图4　国画室效果

图5 书墙的经纬网格

图6 吧台下转折砌筑的青砖墙体，上方是避让消防管的吊顶处理

图7 书墙的结构网格中刷白的管井壁

利用身体感知进行材料和形式的符号学探索，希望能够发掘出真诚而且具备品质的新的空间句法，并且通过空间形式及其社会价值和阅读者——艺术家本人进行文化上的对话，寻求形式意义（图4，图5）。

符号是二维画面和三维空间关联的动力和节点。以符号学的角度观察，符号与它指涉对象（即其指向与涉及的事物或领域）存在内在关联。大部分空间符号可归纳成三个类型和层次：1. 图像符号（icon），通过模拟对象或与对象的相似而构成的。比如上海松江的泰晤士小镇，就是用直接移植的建筑符号模拟英国的泰晤士河沿岸风光。人们对它具有直觉的感知，通过形象的相似就可以辨认出来。2. 指示符号（index），与所指涉的对象之间具有因果或是时空上的关联。如路标，就是道路的指示符号，而门则是建筑物出口的指示符号。3. 象征符号（symbol），与所指涉的对象间无必然或内在的联系，它是约定俗成的结果，它所指涉的对象以及有关意义的获得，是由长时间多个人的感受所产生的联想集合而来，即社会习俗。比如在丹尼尔·里勃斯金（Daniel Libeskind）设计的柏林犹太人博物馆中，他用倾斜的墙体和细碎的开窗，象征犹太人受欺侮和压迫的历史。作为设计师和生活着的人，我们生产着世界的符号，与此同时，符号的世界建构着我们。

空间的魅力在于永恒和抽象，深沉有力的空间符号比较多地体现在后两种，象征符号更是体现着空间的精神内涵。“建筑的象征就是在有限的客体中展示无限，借助整体结构与空间实现非物质的意向。建筑的象征就是具体的建筑结构、造型和空间组织所表现的意境，也就是建筑的内在含意。” 这段话的古老解释最早发生在春秋战国时期，著名思想家庄子说：“荃者所以在鱼，得鱼而忘荃。蹄者所以在兔，得兔而忘蹄。言者所以在意，得意而妄言。”所以，语言是事物意义的表征物，事物意义是语言的被表征物，语言的目的和任务是使意义信息被传达，因此，语言是传达信息的媒体。符号正是利用媒介作用来代表或指称某一事物意义的抽象概念，在空间中，往往表现为形态和它们呈现的方式。

所以，建筑符号学的文化功能，在于重新找到失去的“能指”，揭示这种遮蔽背后的意识形态。

带着对空间符号的思考，我的空间设计也从点线面展开。建筑师除了为工作的空间界面寻求意义，更要探究意义传达的方法和途径。区别于普通的视觉空间符号，我的创作更多着眼于以触觉为参照的身体行为媒介。因为身体的介入，抽象的形式产生了活泼的行为内涵；也因为身体的介入，视觉符号有了更深层次的行动力和新的传播力。由于空间的面积不大，阿忠的画作和收藏又多，因此，我没有做太繁复的空间划分和细节安排，只是对空间中主要块面进行整体处理，为阿忠的作品提供陈列和展示的背景(图6，图7)。

### 3. 书墙

阿忠是上海文联成员，是典型的文人画家，他喜欢读书，有大量藏书，因此，空间中定会有一面“书墙”，用来存放他的书籍。原来房间由两个8000mm×7700mm，柱跨的近似于两个方形的单元组成，中央墙体是剪力墙，仅能开启一个1500mm宽、2100mm高的门洞，把两个房间分隔开来。既然已经产生了做“书墙”的企图，我决定在这面8m长的墙上做文章。根据墙体的长度(约8500mm)、高度(3250mm)和突出墙面的管井尺寸(约750mm)，“书墙”的网格尺寸被定为750mm×500mm，成3:2的宽比例均匀分割，中间开1500mm洞口。上下共划分为6行，在有竖向管道井和结构柱的位置，横线条水平穿过。由于这段墙体在整个空间中面积大，位置居中，而且突出的管道井和柱比较多，因此在设计处理上尽量采取整体平均的划分方式，弱化其墙体的粗粝感和体积感，强化其作为面的二维网格匀质感和精确性。墙面的整体基调采用暖红灰色，材料选择老杨松木，蜿蜒的纹理和凹凸不平的质感营造出真实质朴的触觉尺度，也暗示了《爱琴海》中笔触生动的大面积红色屋顶块面。管道井和结构柱的表面因为不具有使用功能性，将其刷白(与围合墙面同)，从而在逻辑上与暖色“书墙”的木栅格体系相区别，并且完成了横向墙面中垂直线的穿越，打破了整块墙的沉闷单调感，在经纬向度和进退深度上编织起空间的理性逻辑。

文人的阅读体验无法与书架分离。书架在建筑学中被认知为具有储藏、展示功能的轻质隔断，其尺度是人视线和肢体动作的延伸。“书墙”的意象是这一概念的放大，并

图8 8公分踢面的刺槐木台阶

图9 工字钢梁上的锈迹

图10 天花上留下的木模板痕迹

且与承重、分隔的感受相复合，形成具有多义性的空间符号。它的尺度更为夸张，暗示着阅读行为超越局部，布满整个空间。由于结构体系的渗入，阅读的力量进一步得到张扬（图8，图9）。

书墙把房间一分为二，一间画油画，一间画国画。我一直认为，阿忠的油画，得益于他精湛的国画线条和构图功夫。他的国画，吸取了油画的观察方法和层次关系。除了绘画材料有差异，作画的观念和状态是很难严格切分的。所以，两个房间的沟通，也反映出艺术家跨领域创作的思维和方法。书墙当中的门洞是两个空间联系的唯一开口，也是艺术形式的分野。在这里，门轴设在门宽的三等分点处，这样，无论你身处门的哪一侧，门扇的旋转都会带来对面空间的开启和关闭，自身所在空间也以动态的方式与其发生交流。普通门扇的大小扇在此成为空间的大小"扇"，大"扇"空间制造着发现的欢悦和穿越的自由，小"扇"则表达着求索的理想和窥视的激情。门框边缘在平面上划过的"扇形"，把运动和时间带入空间，成为整个空间中仅存的曲线形式，暗示了空间咬合处的潜在特征。

### 4. 棋榻

空间中还有一个水平面作"棋榻"。阿忠是一个棋手，遇到爱下棋的朋友不吃不喝也要大战三百回合。我在入口处左手方向的空间把地面抬高1050mm，采用工字钢梁和槽钢短柱的结构，形成一个约2200mm×5000mm见方的水平面。空间原来的净高度是3250mm，地面抬起以后局部净高度减为2200mm，适合以坐、卧为主的活动方式。架空的1050mm高空间，减去结构高度，净高920mm，用来放置阿忠的油画框。由于空间较深，在地上铺了六根槽钢作导轨，又请工人师傅用方钢做了三个箱子成为储藏柜，下面安装滑轮，可在轨道上滑动。箱子外露的部分用同样暖色的杉木板作为面板，布满结节的表面形成自然的肌理。箱子做好以后我笑对阿忠说："别人是'作画'，你是'坐画'。" 箱子是功能的，然而轮轴在滑轨上位移时的声响和动态，则解构了静止的空间体系，形成画家工作中独特的仪式过程。以"棋榻"为基础，解决榻平面到地面之间高差的六级台阶也采用钢结构的支撑，表面用略微挑出的木板作为台阶的踏面。负责施工的季先生推荐了青灰色的刺槐木板，正好和"书墙"的颜色形成反差，也构成了除地面以外的主要水平面材质。工字钢梁的外露部分成为榻平面的自然镶边，清漆刷过以后，钢表面暗红的锈迹、抛光的焊接处和划痕都褪隐到漆色后面，融为自然的整体。我又在钢梁的上方加了一根扁铁，环绕整个"棋榻"，在视觉上是扶手功能的符号暗示和工字钢的翼缘线脚一起强化了空间中最主要的水平线条。我想以这根坚硬的金属线来回应《爱琴海》画面中深蓝的海岸线，从而控制住整个空间中线的格局，金属材质上的纹理痕迹则好似海岸的浪花，柔化温暖着空间的边界。

"如同毛笔给我们指引一条书写之路，围棋给我们指引一条对弈之路"，"榻"的形态指引的是"坐"和"卧"的空间表达之路，东方思维的灵活性和模糊性在这一件家具设计当中获得生动再现。而"棋榻"是对"榻"的使用平面和支撑结构的分解，榻平面上为"人"的空间和平面下为"物"的空间也从形式上完善了"画者作（坐）画"的语

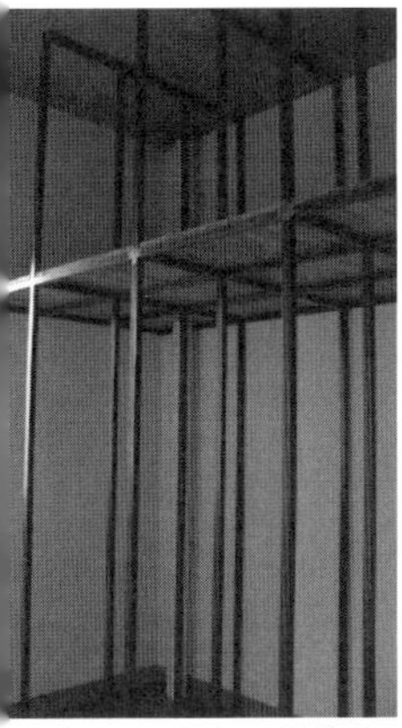

1 有采光的油画储藏室

图 12 裸露的空调

图 13 有标记的清水砖

法结构（图 10）。

## 5. 吧台

阿忠又是一个酒友，酒量好，酒兴高。工作室设计进行到一半时，他提出能不能加一个小酒吧进去。我熟谙阿忠的性格，知道喝酒也是他绘画的重要组成部分，所以一口答应了他。但是由于这一块空间设计并不在最初的计划内，因此也考验着我对于偶然性动态设计的理解。酒吧空间当然应当以吧台为核心展开，“棋榻”对面一块同样高度的 1500mm×600mm 的老杨松木台面形成了吧台的水平面。为了更好地限定这个吧台空间，我又用了几个水平和垂直的面来共同呼应这个台面。在阿忠的建议下，后来引入了一种新的材质——灰色清水砖。本来我有些排斥这种材料，因为本能地觉得时下很多流行的商业装修为了引入所谓的民族元素，都在有意无意地选用清水砖墙（大多是贴面）的形式。在这里，考虑到清水砖墙和阿忠收藏的花窗能够协调，而且阿忠和季先生专程赴威海路收来旧石库门拆除后留下的青砖，很多砖块身上都烧制了传统民间筑屋的标记和编号。这样一来，我感到砖墙不仅仅是流行符号，而是成为这座城市记忆延续的见证，成为一种海派画家与历史文脉之间的精神观照。在确定吧台面的支撑形式时，我为这个结构安排了一段转折的青砖墙体，使得“面”开始向体量过渡，平面转化成三维。为了强化这个小空间怀旧的氛围，我请工匠师傅们利用砌筑工艺在其中非承重墙身上砌出几个十字形砖花。工艺背后的潜台词是：相比起物质文化遗产，非物质文化遗产的流逝更加难以觉察。同时，也通过这样镂空的装饰处理，暗示出墙面不承重的力学本质。从功能上来看，转折墙体后面还可以隐藏一个小冰箱，这算是原定设计目标的副产品。吧台上方，红色喷淋管从石膏吊顶中穿过，吊顶的形态因为避让管道而呈现出不规则的转折面。吧台后面，红黑相间的马赛克防水墙面和银灰色金属台盆勾勒出空间的使用功能主题。不难看出：红的线，灰的、白的面，以及作为点的设备和花窗，在吧台周围 $5m^2$ 方圆里，弹奏出旋律最紧凑的一段乐章，挤压着空间的密度感，形成紧致细腻的身体体验，在结构上成为《爱琴海》中笔触骤然收缩的画面重心的回应（图 11，图 12）。

抽象地看，吧台空间是一个被抽取了两个面的空间六面体，侧面储藏，背面清洁，顶面照明，而吧台台面的存在是六面体空间内外物质与信息交换的平台和媒介。这个平面的高度（1100mm）是与手和肘的身体动作相对应的，这些肢体语言把空间和酒联系在一起，同时也赋予空间更丰富的文化意味：杯酒浅酌，把酒言欢，添酒回灯，青梅煮酒，呼儿将出换美酒，与尔同销万古愁（图 13）。

图 14 国画室

## 6. 服务性空间和背景界面

为了满足画家休息、如厕和储藏的要求，我在空间的另一侧并置安排了储藏室、休息室和卫生间。这一系列服务性空间以同一面轻质墙体作为与工作空间的分界，墙体上宽窄不同的横向木线条的处理构成了工作区域比较稳定安静的背景，正如《爱琴海》中宁静葱郁的浓荫，是画面前方点、线、面得以呈现丰富变化的重要依托。为了减少这个界面的开口，呈现完整墙面，把休息室和卫生间入口对峙，共用一个门洞，这样也增加了它们的私密性。两个门扇上也分别嵌入镂空的老花窗，纹样的主题暗示出空间的使用内容，也打破了门面的沉闷感。

图 15 门中窥视国画室

空间中的顶棚和地面处理，采用朴素存真的处理方法，顶棚刷清漆，地面涂自留平环氧树脂，最大限度地真实表现覆盖面和支承面的原始状态。所有的电线、网络、消防、水管，都以明线的形式出现在顶棚表面，工业味道浓郁的空调机也裸露在空间上方，弧形的出风口体现出某种后机器时代的氛围。

在工作室空间与室外空间交会的界面上，是大的采光窗，根据规范，有 1050mm 高的横向栏杆不锈钢扶手，外面是白色塑钢落地窗。窗外是亟待改造的旧式住宅区——虹镇老街。为了强化这个自然光线穿越的界面，选用白色百叶椴木窗帘，光线在这个经纬交织的白色系统上反射产生的轻柔弥漫效果，与室内温暖阳刚的气息产生微妙的反差，暗示出艺

图 16 镶嵌在清水砖墙中的花窗

图 17 棋榻以及老家具

术创作空间的与作为其背景的城市生活复杂的关联（图 14，图 15）。

图 18 卫生间

### 7. 尾声

“和艺术不同，建筑既有意义，也同时反对意义，因为它必须有功能。……设计的目的并不是建起一座建筑本身，而是要建筑成为表达隐喻的手段，而这种隐喻需包含多种多样甚至主观夸张的意思。为了达到这一目的，要人为地分开意义和建筑之间的关系，分开形和功能。……使一个意义产生另一个意义，以至无穷。正是将这种建筑自然关系解构了，意义才可以不断变化，这才是建筑区别于其他艺术的关键。”形式创作的途径永无止境，建筑创作的真味除了造型以外，更在于表达意义，消解意义，并且重建意义。在意义和功能之间舞蹈，在逻辑和隐喻之间漫步，在工程和诗之间寻找。也许空间的复杂性和生动性正在于此（图 16—图 18）。

当空间设计接近尾声时，施工也快要结束，大量的讯息和现象经由一幅画的结构逻辑，以看似拼贴的方式环绕在阅读者即业主周围，成就着他的艺术生命空间，也重组着他的创作世界。罗兰 • 巴尔特认为“意义从来都是一种文化现象，是文化的产物；然而，在我们的社会里，这一文化现象不断地被自然化。言语令我们相信物体处在一个纯粹及物的境况中，并将意义现象再次转变为自然。我们相信自己处身于一个由用途、功能、对物体的完全驾驭所形成的实践世界中，而实际上，通过物体，我们也处身于一个由意义、理由、托辞所构成的世界中：功能衍生出符号，而这一符号又被重新转化为功能的展示。我相信正是这种将文化转换为自然的过程才确立了我们社会的意识形态。” 空间设计和施工的过程便是运用自然材料发现文化符号的过程，通过意义的挖掘，我们才能真正领略我们身处这个世界真正的价值。阿忠告诉我这个空间也给他带来很多艺术上的新体验，我不禁莞尔。虽然我追求的大量细部上的精确性和逻辑上的合理性，因为工期和成本的原因未能完全实现，造成一些遗憾，可是我期待的融化在建造中的东方气质，及其现代表达，应当已经大体呈现。

当工程竣工时，阿忠告诉我，他的《爱琴海》即将参加深交会拍卖，我暗叹可惜。可是转念又想，不知道下一个画的阅读者，会从中悟出什么呢？艺术品的价值，本来不在于它的货币体现，而在于它给世界留下的解读空间，以及艺术信息在不断传递和表达过程中创造的新的意义。

### 图片来源

图 1—图 4. 单烨制图
图 3. 黄阿忠作品
图 5—图 18. 程雪松，单烨 拍摄

**彭军，金涛 / Peng Jun，Jin Tao**
（天津美术学院，天津 . 邮编 300072 ）
(Tianjin Academy of fine arts，Tianjin. 300072)

# 城市景观的光艺术与光文化
# The art and culture of light in urban landscape

**摘要：**

城市照明除了满足使用功能的需要，还具有营造城市光艺术环境的功能。根据不同城市的人文、历史背景和文化理念营造赋有个性艺术魅力的照明艺术，以形成创新理念的“光文化”。

**Abstract:**

The urban illuminates have to construct the urban lighting landscape besides satisfying the demand of the function.
According to the humanities and history of the different city, we can construct different character of lighting art, then become to set up the creative concept of “ light culture”.

**关键词：**环境艺术，照明，光文化
**Keyword：** environment art, illumination,lighting culture

**中图分类号：**TU984.11+9
**文章标识码：**A

## 1. 照明的意义和作用

人们对于光的初始追求是简单和直白的：只要是明亮的，都是好的。因此，在城市环境开始大规模改造的时期，夜景环境成为了没有操控的“光的垃圾场”。尽管随着科学技术的不断发展，新型灯具的不断涌现，我们掌握了能自由地选择光颜色的LED光源，公共环境又都成为了有色光照恣意运用的场所。完全感觉不到应该具备的光的文化与品味。这种“明亮”的能量消费已经被视为光的污染。

城市照明的作用随着人们观念的改变而变化，就目前来说可以分为以下几类：

街道、公共场所的灯光照明。满足辨识的需求，提供一个光亮的环境满足人们夜间活动的需要，消除人对黑暗本能的恐惧感，增加城市空间的活力。

引导人流的导向作用。生物天生就有一种向光性，不仅植物如此，动物更是如此。这种向光性不仅能吸引起人们的注意力来创造视觉中心，而且起到突出重点的作用。

营造场所感的心理效果。正如形体和色彩给人们的心理暗示一样。灯光也是人们识别空间常会用到的一种符号。光环境会给人以极大的暗示性，使处于其中的人最大程度的投入角色。光环境是会说话的，如果一个明亮且没有任何对比的空间，没有任何阴影，我们将会感到这是一个宏大的空间；如果是一个对比照度很低的照明我们就会感到一个浪漫的氛围；如果用反向对比的照明，产生很多的阴影，光从物体背后打过来，营造出很多暗部，将会营造出富有戏剧性的效果。

我们已经认识到了照明设计的品质与数量孰轻孰重，城市照明除了其基本的使用功能以外，还可以梳理城市空间的结构，表现城市景观的连续感，如同浏览城市景貌的向导，增加城市环境的活力，营造富有人文内涵的光景观文化。

## 2. 光文化——鲜明个性与艺术性的城市景观形象

纵观世界各国的城市景观都有不尽相同的景观特征和景观文化。迥异的风土人情、不同的社会理念，铸就了不同民族独特的形象特质和面貌，形成了各具人文底蕴的城市光文化。鉴析已经形成了成熟的光文化的国际都市形象，对于营造我们城市的光环境不无借鉴与启迪。

欧洲名城——英国的伦敦被誉为建筑艺术的露天博物馆。以泰晤士河为城市景观主线和坐落在市区的众多的富有浓郁艺术气息的、著名的或古典或现代的建筑，共同构成了既具有深厚西方历史的、人文的，又充满现代艺术特性的城市夜景形象，表现了具有丰富内涵的光文化（图1—图3）。

东方的国际都市——日本的东京则展现了既有浓郁的东方传统文化，又有现代商业光影绚丽的城市光环境特征，形成了具有鲜

图1 泰晤士河的重点景观——伦敦眼

图2 大不列颠的形象——泰晤士河边的议会大厦

图3 泰晤士河的标志景观——伦敦塔桥

图4 东京的传统建筑夜景景观

图5 东京的传统酒肆

图6 东京涩谷商业街区的夜景景观

图7 改建后的天津海河的重要景观

明文化特性和艺术特色的东方城市的光景观文化（图4—图6）。

我国地域辽阔、民族众多，地域文化各具特色而且丰富多彩。因此我们所探讨的光文化，应该具体问题具体分析，决不能脱离地域特点一概而论。城市光环境设计要去捕捉城市生活的特质，从不同的视角来展示城市的复杂性和多样性，从而抓住不同城市的特点。城市光形象的塑造就是在充分挖掘地域文化的同时，抽取地域文化的基因，通过光的语言加以刻画表现，充分展现地域特色，形成独特的城市光文化。

以天津为例，海河蜿蜒穿市。依据城市总体规划和天津城市自身的特点，构建了以海河为城市景观的中心轴线。城市道路所形成的网状城市肌理为框架的夜景灯光体系，以城市主要节点为突破口，充分利用当地各具特色的建筑群形成鲜明的中外风格对比，古今特色对比，形成夜景光环境的组团化、规模化。尤为重要的是，桥梁在天津的发展历史上具有重要地位，其中不乏许多著名的桥梁，可以说桥梁的发展史就是从一个侧面间接地反映了天津城市的发展历程，所以桥梁的照明是天津夜景的重要一笔。笔者完成的新北安桥艺术造型设计就是营造城市夜景光艺术的尝试，该桥现已成为天津城市的重要景观之一（图7，图8）。

## 3. 城市光环境艺术设计与光文化的形成

城市照明设计应该不只是为了提供人们在辨识过程中所需的基本光照，也不仅仅是为了表现视野内的全部风景，其更高的追求应该是直接地对人的内心世界产生影响，应该比一幅画有更深的感动，强调适度的兴奋。将城市照明从对纪念性建筑、城市道路的照明和仅仅是“亮起来”以满足某种需求的传统固定模式中解放出来，是当下我们面对的主要问题。对光的设计创作不能停留于像记叙文一样平铺直叙的描写，而应像诗画一样营造一个有意境的环境。在城市中除了道路以外，并不是所有元素都是夜景照明的表现对象，照明对象的可选择性有利于重新组织夜景的整体布局。在这层意义上，城市照明设计无异于以灯光为媒介，以对象为载体的对城市意象的二度创作，是对城市空间再创造的过程。

图 8 北安桥的夜景光艺术景观

### 3.1 图底关系

景观的表达需要有一个良好的图底关系，出色的景观照明需要有一个安静的背景衬托。选用灯光要慎重，要有留白的意识。这点应该从中国传统国画中吸取养料，培养“计白当黑”的意识，精心经营图面的留白。这是营造意境不可或缺的一项基本功。同理，城市景观照明应在不同的照明团组之间给欣赏者留有足够的欣赏、品味的空间，不至于“满眼亮”般地没有主次而产生的审美疲劳。同时城市照明的设计要有大局观念，统筹兼顾注重各个照明团组间的关系，不可顾此失彼。

图 9 伦敦建筑景点平日光造型

### 3.2 影的运用

要正确处理好光和影的关系。有光就有影，光和影是不可分割的一对矛盾，只想用光而不考虑阴影的影响是不可能的。到处光亮，没有阴影，没有对比，没有层次，像一张曝光过度的照片，没有细节，没有进深，连基本的画面感都不能形成，更谈不到光文化了。

图 10 伦敦建筑景点平日光造型

光是艺术。光也是一种建筑材料，光和影的配合可以用来构成和影响建筑的形象。美国著名建筑师赖特就曾说过，建筑不过是通过各种材料的组合来表现光的砌体。同样，影也是要经过精心设计的，它可以有选择性的表现对象，从而突出设计主题。善于用影还可在灯光造景中通过解析和重构等手法达到遮丑扬美的目的。

图 11 伦敦建筑景点平日光造型

### 3.3 层次分明，有节奏感

创作一个视觉冲力强的灯光设计，一定要营造出一个形象鲜明的视觉中心。在这个过程中除了要注意图底关系和影的运用外，层次分明的节奏关系也是必不可少的。我们都有过这样的经验，做一个设计时我们把很多美的东西没有主次的罗列在一起时，这些美的因素的关系看起来十分紧张，每一个元素都极力炫耀自身的美。整体设计效果却感觉一团糟，没有一个核心。这就好比几曲不同的交响乐同台演出一样，虽然单独听起来都很优美，在一起则形成了相互的干扰，变成了噪声一片。视觉中心不能同时有多个，一个灯光设计师要统筹兼顾，调配好各组灯光的主次关系，营造和谐的城市光环境。

### 3.4 充分的灵活性

城市照明设计要充分考虑照明的可变量因素。照明设计不同于建筑设计具有一段时期的不变性，照明设计具有安装方便、拆卸容易、可变性强的特点。因此，城市照明设计要避免产生一些不变的形象，使城市照明僵化。比如逢“五一”、“国庆”等重大节日营造出足够的欢庆气氛，而平日的照明水平则相对降低。

图 9—图 11 是伦敦著名的建筑景点平日的光造型效果。而胡锦涛总书记于 2005 年 11 月访问英国期间，为了表达英国政府和英国人民对胡总书记一行的欢迎和对中国人民的友好情意，伦敦的城市景观师们将这些著名的建筑都变换成大红色（图 12—图 14），为我们展现了变换光效果所展示的艺术魅力和文化寓意。

目前，我们在城市灯光环境的总体规划上还处于起步阶段，存在的问题也不少，但最严重的还属广告的照明。众所周知，广告历来是城市光环境的一大诟病。没有统筹意识，单兵作战各自为政，照明效果良莠不齐。只考虑到各自的宣传效果，单纯的强调照度，忽略了周边的文脉。不论是身处闹市区还是文物保护单位都是一样，以大尺度、高照度切入环境。不仅浪费了能源，而且极大地破坏了环境的整体氛围，撕裂了城市的肌理。要对一些重要的城市节点至少在照明上实施广告整治，对广告实施监控和管理，治理光污染。

总之，我们距离理想的城市夜景环境还有很长的路要走。形成一个城市的光文化更是我们社会人文科学工作者、艺术设计家和自然科学工作者共同努力的事业。

图 12 伦敦建筑景点转换光色彩

图 13 伦敦建筑景点转换光色彩

图 14 伦敦建筑景点转换光色彩

**图片来源** 作者实地拍摄

**刘九玲[1]，蒋佳惠[2] /Liu Jiuling[1] ,Jiang Jiahui[2]**

（1 宜科英泰（北京）咨询有限公司，北京．邮编 100025. 2 中国传媒大学，北京．邮编 100024 ）
（1 Eco Intellects Ltd., Beijing. 100025. 2 Communication University of China, Beijing. 100024 ）

# 探讨绿色建筑评价体系
## ——BREEAM 、LEED 及绿色三星

# Discussion about green building assessment system
## ——BREEAM, LEED and Chinese green building evaluation label

**摘要：**

绿色建筑评价体系是对建筑环境表现的一个综合性评价。本文针对国际上常用的绿色建筑评价体系 BREEAM、LEED 以及国内的绿色建筑评价标识进行了对比研究，探讨中国的绿色建筑评价体系发展之路，并提出了英国 BREEAM 具有因地制宜的独特优势在中国推广的适用性。

**Abstract:**

Green building assessment system is a comprehensive assessment for building environmental performance. In this paper, a comparison study among the system of BREEAM, LEED and Chinese green building evaluation label is carried out, discussed the development of Chinese green building assessment system, and introduced the unique advantage of applicability of BREEAM to promote in China.

**关键词**：绿色建筑，绿色建筑评价体系，绿色三星，BREEAM，LEED

**Keyword**：green building, green building assessment system, Chinese green building evaluation label, BREEAM, LEED

**中图分类号**：TU981.2
**文章标识码**：A

## 1. 引言

当前，世界范围内建筑行业在可持续发展方面投入了大量的工作，以期减少建筑施工及运营能耗，从而达到限制对当地和全球环境影响的目的。从目前各国发行的绿色建筑评价体系中，可看出国内外建筑可持续发展的水平。目前最具代表性的、应用最广泛的绿色建筑评价体系是英国的 BREEAM（Building Research Establishment Environmental Assessment Method）和美国的 LEED（Leadership in Energy and Environmental Design）。

## 2. 绿色建筑评价体系概述

### 2.1 绿色建筑的概念

绿色建筑又被称作可持续建筑，是指在建筑的整个生命周期中体现出环境友好和资源节约特征的建筑物。建筑生命周期涵盖了建筑的选址、设计、建造、运营、维护、修复和拆除。绿色建筑的开发可以弥补传统建筑设计在经济性、功能性、耐用性和舒适性上的不足。

绿色建筑是一个高度复杂的系统工程，它在实践领域的实施和推广有赖于建立明确的绿色建筑评价体系。一套清晰的绿色建筑评价体系，对"绿色建筑"概念的具体化，使绿色建筑脱离空中楼阁真正走入实践，以及对人们真正理解绿色建筑的内涵，都将起到极其重要的作用。

绿色建筑评估是对建筑环境表现的一个综合性评价，是一个跨学科的、综合性的研究学科，各国及地区评估体系的研究时间、技术水平、操作理念等状况均不相同。

### 2.2 绿色建筑评价体系

1990 年，英国研究所（Building Research Establishment）推出世界上第一个绿色建筑评价体系 BREEAM，其目的是为绿色建筑实践提供指导，以期减少建筑对全球和地区环境的负面影响。自此以后，世界各国受 BREEAM 体系的启发，相继制定了符合本国国情的绿色建筑评价体系，如美国的 LEED、日本的 CASBEE、德国的 DGNB、新加坡的 Green Mark 等。这些评价体系为各国绿色建筑的实践和推广做出了巨大的贡献，我国也于 2006 年推出了自己的"绿色建筑评价标识"体系。

#### 2.2.1 建筑研究所环境评价法 BREEAM

由英国建筑研究所开发的 BREEAM（建筑研究所环境评价法，Building Research Establishment Environmental Assessment Method）是世界上第一个绿色建筑评价体系，也是国际上首套实际应用于市场和管理中的绿色建筑评价体系。其目的是为绿色建筑实践提供指导，以期减少建筑对全球和地区环境的负面影响。BRREEAM 评价体系的推出，为规范绿色建筑概念，以及推动绿色建筑的健康有序发展，做出了开拓性贡献。受 BREEAM 的启发，世界各国相继制定了符合本国国情的绿色建筑评价体系，不少参考或直接以 BREEAM 为范本。[1)]

BREEAM 评价体系基于对环境问题的科学理解，考虑到建筑设计对全球、区域、场地及室内环境的影响，主要从能源、管理、健康和舒适、交通、水、材料、垃圾、土地利用与生态、污染 9 个方面进行评价。每大类评价内容又由若干级条款构成，涉及定性和定量两类评价标准。

BREEAM 评价条款对建筑性能高出相关环境法规规定的、能达到更高的舒适性或健康利益标准要求的，授予一定的分数。同时考虑到每个环境影响部分的相对重要性，每个部分的总得分要乘以相应的环境权重系数，然后累加得到总体得分。一旦得到了建筑的总体得分，就可以根据相应的得分规模以及单项条款最低分数控制要求，评定建筑的环境性能等级，给予"通过"、"良好"、"优秀"、"优异"或"杰出"等级认证，而其相应的星级是“一星级”、“二星级”、“三星级”、“四星级”、“五星级”。

BREEAM 可用于世界各地的单幢建筑或者建筑小区的评价。BREEAM 的一个独特的特点是能够很容易地适用当地法规和条件。BREEAM 目前有可用于英国、海湾和欧洲地区的具体版本，BREEAM 体系也可以专门针对任何特定的国家或地区来制定专有的版本。目前超过 20 万幢建筑完成了 BREEAM 认证，另有超过 100 万幢建筑已申请了认证。[2]

**2.2.2 能源与环境设计先导 LEED**

LEED（能源与环境设计先导，Leadership in Energy and Environmental Design）于 1998 年推出第一版，当前版本 LEED V3 发布于 2009 年，下一版本将于 2011 年推出。LEED 是由美国绿色建筑委员会（US Green Building Council，USGBC）开发的，通过提供一个简单易行可以识别的全国性“认证”标签，规范建筑行业可持续性走向。[3]

LEED 是一个自愿性认证程序，适用于任何建筑类型和建筑生命周期的任何阶段。其通过以下 5 大方面的性能认证促进建筑整体的可持续性：可持续性场地、节水能源与大气、材料与资源、室内环境质量，其每一个方面又包括 3—8 个子条款，每一个子条款又包括若干细则，共 40 个子条款，总分 100 分。另外，还有 10 分的创新和区域性的奖励分数。参评项目首先必须满足所有的必要项及认证条款最低分数点要求，然后按照评估条款的满足情况，计算相应条款得分。LEED 未采用权重体系，各条款所得分数直接累加的和即为总得分。最后根据所获的积分，授予“认证级”、“银级”、“金级”或“白金级”认证。[4]

LEED 是一个真正意义上以需求为导向、以市场为驱动的绿色建筑评价体系。它着重于“市场化”，全球约 30 个国家的 14000 余个项目开展了 LEED 认证。目前国内有超过 300 个建筑项目注册申请了这个“节能环保通行证”的“金字招牌”，但是 LEED 主要是根据美国自身情况而制定的，LEED 认证在中国“水土不服”的现象也越来越突出。

**2.2.3 绿色建筑评价标识**

2006 年 6 月，国内推出第一部多目标、多层次的绿色建筑综合评价标准《绿色建筑评价标准》（GB/T50378—2006）[5]，并以此构建了符合我国国情的“绿色建筑评价标识”体系。“绿色建筑评价标识”体系由节地与室外环境、节能与能源利用、节水与水资源利用、节材与材料资源利用、室内环境质量和运营管理六类指标组成。每类指标包括控制项、一般项与优选项，绿色建筑应满足所有控制项的要求，并按满足一般项数和优选项数的程度，划分为三个等级：一星级、二星级、三星级。目前的评价体系适用于住宅建筑和公共建筑中的办公建筑、商城建筑和旅馆建筑的评价，按不同工程进展阶段分为“绿色建筑设计评价标识”和“绿色建筑评价标识”。自 2008 年 4 月开展第一批绿色建筑设计评价标识项目之后，目前国内已经有 60 余个工程项目得到了星级认证，其中包括 3 个项目的“绿色建筑评价标识”的星级认证。[6]

**2.2.4 对比研究**

从国内外评价体系的特点可以发现，它们关注的共同点主要包括：

（1）能源：包括建筑的能效、能源管理、可再生能源利用和能耗计量等要求。

（2）室内环境、健康和舒适度：涉及建筑使用者舒适性的各类要求，如照明、采光、通风、热舒适性、噪音、室内空间、通道、健康和安全因素等。

（3）水：包括水管理、水耗计量、供水和饮用水等要求。

（4）材料：包括对可回收、可再生和其他节能材料的利用以及对环保材料的采购等要求。

（5）交通：涉及使用本地公共交通的便捷程度、支持步行出行和提供自行车出行设施等要素。

（6）施工管理：鼓励在项目开发早期就把规划、施工、性能验证和实施环境管理制度纳入考虑的范畴。

（7）选址与室外环境：地址的选择和评估涉及交通上的便利性、洪水风险防范、对气候变暖的影响以及全球性和区域性的环境影响。

（8）生态：评估建筑的生态影响，包括诸如土地治理和动植物物种等因素。

（9）污染和二氧化碳排放：关注减少温室气体排放、减少使用制冷剂和其他化学物质。

（10）社区：评估建设项目对社区的影响。

（11）创新技术：鼓励在建筑的建造和运营中通过使用创新技术来提高其可持续性。

（12）垃圾：评估建筑生命周期中的垃圾管理措施。

（13）经济价值：评估建筑生命周期成本和价值稳定性。

（14）区域特点：评估与项目所在地的区域性特点相关的可持续性问题。

但是各评价体系的研究时间、技术水平、操作理念等状况均不相同，主要区别如下表1所示：

表1 BREEAM、LEED与绿色建筑评价标识

| | BREEAM | LEED | 绿色建筑评价标识 |
|---|---|---|---|
| 发行时间 | 1990 | 1996 | 2006 |
| 针对对象 | • 办公建筑<br>• 住宅<br>• 零售建筑<br>• 医疗保健建筑<br>• 工业建筑<br>• 监狱<br>• 教育建筑<br>• 社区<br>• 法院 | • 商业建筑<br>• 住宅<br>• 学校<br>• 零售建筑<br>• 医疗保健建筑 | • 住宅<br>• 公共建筑 |
| | • 管理<br>• 健康和舒适 | | |

| | | | |
|---|---|---|---|
| 条款 | • 能源<br>• 交通<br>• 水<br>• 材料<br>• 垃圾<br>• 土地利用与生态<br>• 污染<br>• 创新 | • 可持续性场地<br>• 节水<br>• 能源与大气<br>• 材料与资源<br>• 室内环境质量<br>• 创新与设计<br>• 区域性 | • 节地与室外环境<br>• 节能与能源利用<br>• 节水与水资源利用<br>• 节材与材料资源利用<br>• 室内环境质量<br>• 运营管理 |
| 评价系统分类 | •BREEAM Offices<br>•BREEAM Retail<br>•BREEAM Education<br>•BREEAM Prisons<br>•BREEAM Healthcare<br>•BREEAM Industrial<br>•BREEAM Ecohomes<br>•BREEAM Communities<br>•BREEAM EcohomesXB<br>•BREEAM Multi–residential<br>•BREEAM Courts<br>•BREEAM Other Buildings（UK）<br>•BREEAM Europe<br>•BREEAM Gulf<br>•BREEAM International Bespoke<br>•BREEAM In–Use | •LEED for New Construction<br>•LEED for Existing<br>•Buildings：Operation &Maintenance<br>•LEED for Commercial Interior<br>•LEED for Core & Shell<br>•LEED for Schools<br>•LEED for Retail<br>•LEED for Healthcare<br>•LEED for Homes<br>•LEED for Neighborhood Development | • 绿色建筑设计评价标识<br>• 绿色建筑评价标识 |
| 等级 | 通过 / 良好 / 优秀 / 优异 / 杰出 | 认证级 / 银级 / 金级 / 白金级 | 一星级 / 二星级 / 三星级 |
| 权重 | 有 | 无 | 无 |
| 信息收集人员 | 设计 / 管理部门或评估人员 | 设计 / 管理部门或专业认证人员 | 申报单位 |
| 最新版本 | BREEAM 2010 | LEED V3.0 | 《绿色建筑评价标准》GB/T 50378–2006 |
| 最新版本发布时间 | 2010 年 12 月 9 日 | 2009 年 4 月 27 日 | 2006 年 3 月 7 日 |

| | | | |
|---|---|---|---|
| 评估人员要求 | 经过 BRE 培训的评估人员 | USGBC | 1. 绿标办<br>2. 中国城市科学研究会绿色建筑研究中心<br>3. 经住房和城乡建设部审批通过的 21 个地方住房和城乡建设主管部门 |
| 第三方认证 | BRE | USGBC | 无 |
| 认证标识 | BRE | USGBC | 住房和城乡建设部 |
| 管理机构 | 英国皇家认可委员会 UKAC | USGBC | 绿标办 |
| 经过认证的建筑项目 | 超过 20 万 | 超过 1.4 万 | 60 余个 |
| 中国通过认证的项目 | 1 | 71 | — |

绿色建筑评价体系为计算各项评估条款的得分，对所包含的各种问题设置了相应的权重。不同评价体系的权重设置方式是不同的，有的体现在每个条款的分值上，有的反映在每个评估类别的分值上。BREEAM 采用单独的权重系统用于反映不同评估大类的相对重要性；LEED 未采用权重系统，每项指标的权重设置是通过每项条款达到的不同分值来体现的；我国绿色建筑评价标识回避权重系统，采用了措施得分法。为了便于权重比较，这里笔者根据 BREEAM 中的环境表现类别，对 LEED 和绿色三星中所包含的条款根据分别进行了归类。三种评价体系的权重比较具体如下（图 1）所示：

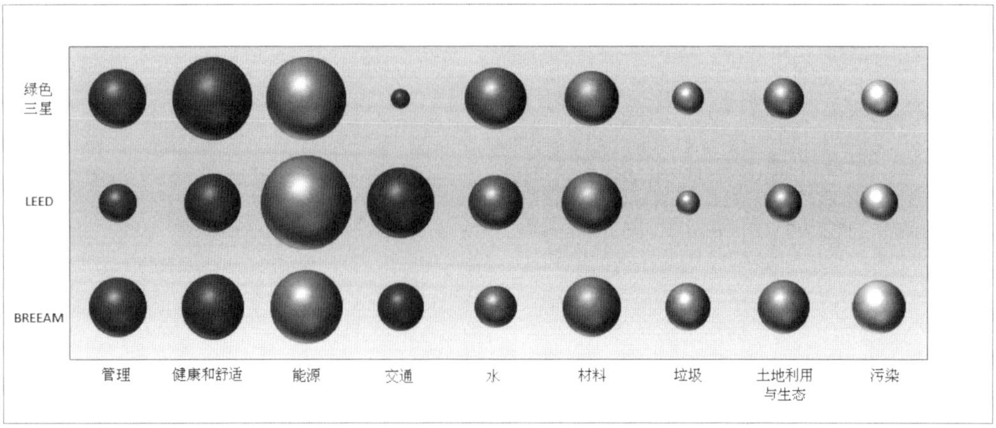


图 1 不同绿色建筑评价体系各个环境问题权重比较

注：进行权重归类比较的具体版本是：

（1）BREEAM 国际版：定制 2008（BREEAM International：Bespoke 2008）

（2）LEED NC 3.0（新建建筑和主体更新）（LEED 2009 for New Construction and Major Renovations）

（3）绿色建筑评价标准 GT/T 50378–2006（公共建筑）

## 3. 中国特色的绿色建筑评价体系发展之路

从 20 世纪 90 年代开始，绿色建筑概念开始引入我国，建筑行业对可持续发展的关注日益增强，自 2005 年北京科技部节能示范大楼通过 LEED 金级认证之后，各类 LEED 认证开始在国内流行，近年来有超过 300 个建筑项目注册申请了这个“节能环保通行证”的“金字招牌”，目前还有更多的项目预要申请 LEED 认证，还有公司签署了使用 LEED 认证的战略协议。然而，对于“金字招牌”不乏质疑之声，随着国内 LEED 认证项目的增多，LEED 认证“水土不服”的现象也越来越突出。而国内本土意义的绿色建筑评级体系起步比较晚，2008 年 4 月才开始实施第一批绿色建筑设计评价标识的认证工作，目前全国范围内有 60 余个不同等级的绿标建筑。[7)]

目前，我国的绿色建筑的发展正在从启蒙阶段迈向快速发展，绿色建筑发展呈现出从理论到实际，从宏观概念转向更多地关注微观产品层面，关注现实可操作性层面，从单一到多元，从理念到技术的积极发展态势。但是应注意到我国的绿色建筑起步比较晚，还处于探索和示范阶段，许多绿色建筑的开发往往是在炒概念。走中国特色的绿色建筑之路，意味着应该完善和履行适合我国国情的绿色建筑设计、建造、评价标准，意味着采用因地制宜的绿色技术和材料等，意味着还需要不断地探索、实践，意味着我们还需要借鉴和学习发达国家的一些先进经验，进行更加深入有效地探讨。

但是那种盲目地搬用外国标准，采用外国评价体系进行房地产开发项目的“绿色策略”和“绿色评估”是不可取的，其目的恐怕主要在于广告宣传。不久前在业内引发热议的中国三星认证标准与美国 LEED 标准之辨，也正是对中国绿色建筑发展的探索与反思。不过一个科学适用的评价体系是在实践过程中逐步形成的，根据当地民众对新概念、新技术的接受程度，根据实际操作经验，不断修改与完善的。我国的绿色建筑评级体系目前也只包括住宅和公建两个版本，体系并不完善，随着建筑体系、技术状况的不断发展，人们对绿色建筑理解的不断深入，我国的绿色评价体系在对这种变化和不确定性做出及时地反应的同时，也会逐步完善。在大力推进我国绿色三星认证标准的同时，我们还需要在实践中学习借鉴国外的绿色建筑评价体系，允许它们在国内市场中的存在，但是要避免盲目性。

各国的绿色建筑评价体系制定的原因很多，但都是根据本国的特点及特定需要制定的，主要是为了反映本国标准操作或文化的特点，同时也为了反映影响本国主要的环境问题。这些体系并不是按照在多个国家使用设计的，往往有显著的“地方风味”特色。因此在采用国外绿色建筑评价体系时，必须考虑中国国情，因地制宜，不能盲目搬用外国标准和评价体系，采用外国生态技术。

目前美国LEED认证在国内出现的“水土不服”的现象，是由于LEED在美国以外的国家和地区采用的是适用于美国本土的标准，还没有机制结合项目当地的地方性特点定制标准，所以在国内盲目的采用LEED评价会不可避免地出现缺陷。但是LEED认证在国内的推广，也有很多成功的经验值得我们借鉴，在促进国内绿色建筑的发展中的作用也是不容忽视的。不过LEED认证要继续在国内推广，必须实现本地化，才能得到国内绿色建筑评价的认可。但是LEED评价体系的本身机制，无法避免这一点。

而英国BREEAM相对于其他评价体系一个最大的特点是能够很容易地适用当地法规和条件。对于英国本土以外的项目，英国建筑研究院并不采用适用于英国本土的标准进行评估和认证。英国建筑研究院首先对当地生态环境、气候特征、建筑法规、规范、文化、历史、基础设施、建筑材料等情况进行调查研究，然后以BREEAM国际版标准库为基础制定适用于该地区和该项目特点的定制型标准，以实现因地制宜和平衡环境、经济和社会效益的核心理念。

BREEAM是世界认可的绿色建筑评价体系，可应用评估世界任何地区、任何类型的新建或既有建筑的环境表现。目前英国之外已有300多幢建筑通过BREEAM认证。BREEAM目前有可用于英国、海湾和欧洲地区的具体版本，BREEAM体系也可以专门针对任何特定的国家或地区来制定专有的版本。目前在荷兰（BREEAM NL）、挪威（BREEAM NOR）、西班牙（BREEAM ES）、瑞典（BREEAM SE）都有国内自己的BREEAM标准。如荷兰绿色建筑委员会DGBC经过对国际上各种绿色建筑评价体系对比之后，选择BREEAM作为他们的绿色建筑可持续发展的标签。他们认为英国BREEAM体系是适合当地条件和标准的、公开透明的（气象、建筑法规等），在经济、环境上能够良好平衡协调的，且能够提供独立的评估认证的认证体系。经过对BREEAM英文版本的编译、测试之后，2009年9月荷兰绿色建筑委员会DGBC正式颁布BREEAM-NL 2010 版本1.0（新建建筑），且得到了荷兰国内建筑行业的认可和大力支持，目前还在开发针对既有建筑和建筑小区的BREEAM荷兰版本。8）

BREEAM本身所具有因地制宜性，更适合在中国这样一个幅员广阔、地区差异大的国家推广。根据不同的地区特点BREEAM可以灵活地定制不同的版本，目前宜科英泰公司基于所开展的项目正在申请定制深圳和西藏两个不同地区、不同建筑的BREEAM评价版本。到目前为止，超过20万个发展项目已经正式通过BREEAM的评估，英国新建建筑中有25%—30%的建筑接受了BREEAM评估，成为世界范围内较为成功的运作范例。我们期望，通过推广BRREAM在中国市场中的认证，借助BREEAM多年实践中的经验，为中国绿色建筑评价标识提供借鉴，促进国内绿色建筑事业的发展。目前宜科英泰正在研究BREEAM和中国绿色三星，预促使BREEAM与绿色三星联合建立起共同的测量方法和评价基准，以“一个声音说话”，构建BREEAM与绿色三星的互认机制。

## 4. 结论

绿色建筑是一个复杂的系统工程，绿色建筑项目的开展具有多专业、多层次和多阶段的特点。对绿色建筑的评价涉及多个领域，是一个跨学科多专业的研究课题。我国的绿色建筑评价体系的发展正在从启蒙阶段迈向快速发展，但是我国在这方面研究起步较晚，体系并不完善，还需要在实践中学习借鉴国外的绿色建筑评价体系。英国BREEAM具有因地制宜的独特优势，推进BRREAM在中国市场中的认证，可以借助BREEAM多年实践中的经验，为中国绿色建筑评价标识提供借鉴，促进国内绿色建筑事业的发展。

## 注释

1）BREEAM International：Bespoke 2008.
2）http://www.breeam.org/page.jsp?id=66.
3）http://www.usgbc.org/DisplayPage.aspx?CMSPageID=1988.
4）LEED 2009 for New Construction and Major Renovations.
5）绿色建筑评价标准 (GB/T 50378-2006).
6）http://www.cngb.org.cn/lsjz.aspx.
7）http://www.chinajsb.cn/bz/content/2010-11/17/content_13480.htm.
8）http://www.breeam.nl/breeam/breeam-nl_english.

## 图片来源

作者自绘

**鲍李然** / **Bao Liran**
（EIH 都市建筑综合计画上海事务所，上海．邮编 200051 ）
(EIH Architecture and City Planning, shanghai. 200051 )

# 日本公共艺术
# The public art in Japan

**摘要：**
日本的当代公共艺术的发展方式和策划理念，对公共艺术在日本的文化传播引起了巨大的推动作用。以艺术策展人为中心的日本公共艺术推广模式和相关发展成果，对于目前仍处于探索和起步其他国家的艺术发展领域有着显著而又切实的意义。

**Abstract:**
It's is a huge boost for public art in Japanese culture spread from Japan's approach to development and planning ideas of contemporary public art ,under the leader of the art curator , to promote public art in Japan lead a new path which have practical significance.

**关键词**：日本公共艺术，艺术策展人，faret 立川，越后妻有
**Keyword**：public art in japan ,the art curator ,faret tachikawa ,echigo tsumari

**中图分类号**：TU852，X321
**文章标识码**：A

## 导语

在现代物质文明的基础上，日本公共艺术不断借鉴西方的艺术理念和设计方式，结合本国的国情和民族传统文化发展起来。在公共艺术领域 “它山之石，可以攻玉” 的态度远优于“师夷之长技以制夷”。

## 1. 日本公共艺术发展历史

日本的当代艺术自战后开始被西方影响，随着战败后话语权的丧失，传统东方文化中的等级观念受到了相对普世价值观的洗礼，公共艺术部分在西方文化入侵后，风格转

变尤为明显，从以祭祀、信仰、政治英雄人物形象为主转变成当代艺术的各种装置。

在20世纪50年代，日本迎来了城市发展的高峰，城市化和工业化导致了人口过密、工业污染、环境恶劣等问题，过度城市化带来的对居住环境的诸多负面影响开始引起人们的反思，也迫使日本政府调整城市发展模式，以提高城市公共空间的环境质量。在多位富有时代使命感的有识之士的呼吁下，日本政府进行了大规模的绿化城市和户外雕塑运动，以此来改变人居环境，创造视觉美感与文化内涵并存的公共空间。

20世纪60—80年代的高速经济发展中，日本的公共艺术作品更多地从功能性与公众的参与开始考虑。早期的公共艺术作品和中国20世纪90年代的发展类似，多为以单一物品的陈列展示为主，往往在车站或公园的中心位置放置一到两件雕刻作品，很少会专为场所进行设计。实际上，公共空间中公共艺术具有功能与艺术的双重属性，作品在传达审美意味的同时，已逐渐发展出一系列在日常生活中具有实际用途的作品，满足人们的实际需求。它们可以用来充当座椅、栅栏、桥梁、室外照明、钟表、指示牌——所有这些大街上可以想象得到的物件陈设，都可能以公共艺术的形式出现——甚至作品本身就能构成一个完整的活动场所。

进入20世纪80年代后，随着经济增长的放缓及停滞，艺术家们更多在公共艺术作品的实用功能的基础上考虑人们的行为心理需求特点，研究公共设施的造型、布置，使其与周围的环境相协调。这种基于实用主义的思路和“使环境更加美观”的创作模式一样，都是对快速发展的都市做出的补偿。经过如此阶段的发展，据不完全统计，全日本包括学校、社区、街道、各类机关团体在内，已拥有超过6万件公共艺术作品，从城市到乡村，几乎随处可见。

### 2. 日本公共艺术模式

日本公共艺术大多能得到公众的认可，一个重要原因是业主在决策之前十分注重与公众之间进行对话交流，听取公众的意见。很多城市公共艺术工程的实施过程中，公众都可以谏言献策。日本公共艺术专家南条史生曾经指出，公共艺术项目的选择是取决于公众普遍支持的程度，而不依赖政府部门管理人员和艺术专家的首肯。虽然并没有明确的法规对公共艺术进行规范，文化部门也并未插手管理公共艺术，但全日本的公共艺术却能良性发展，这归功于地方政府和民间团体的努力。一方面，地方政府通过直属团体使用地方财政直接建设；另一方面，日本的土地私有制模式可确保开发商私人推动城市的开发与再开发，只需要通过地方级政府立法和行政，从而协调、引导城市形态的发展。

而日本城市化发展过程中的每个阶段的公共艺术方案中侧重不同，主要分为：

（1）经济高速发展的新区域规划中，和周边环境做同步整体的设计；

（2）老城区原有区域中改建 / 重新规划中的设计；

（3）老城区原有区域中增补（逐年增加 / 替换）的设计。

所以，目前公共艺术项目在日本推动、发展，并进行运作的基本模式之一便是链接业主与设计者的艺术策展人制度。

策展人不仅要依照空间特点设置作品的材质与类型，还要能够适应与人群合理地互

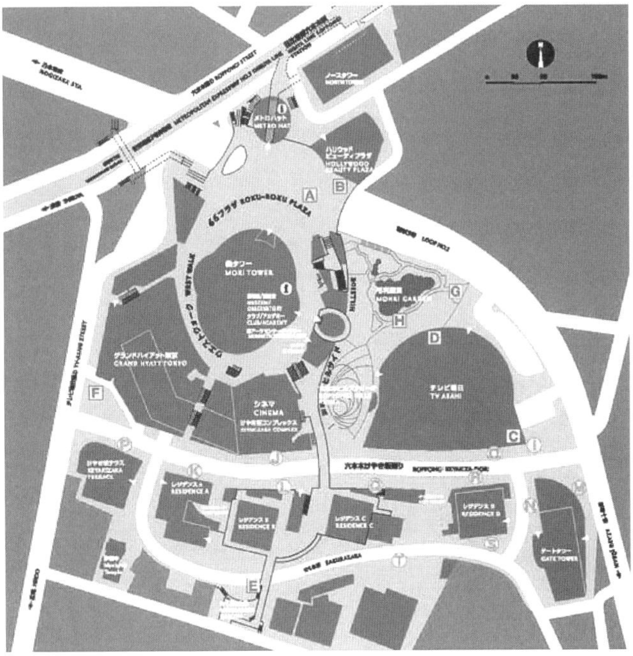


图 1 日本东京六本木公共艺术分布图

动，最大限度地发挥公共艺术的职能，推动艺术市场，整合各种资源，提出和制定策划理念和方案，表述艺术家的创作意图，说服主办者并引领、提升大众对公共艺术的认识和品味。

尽管每个阶段中业主的主体属性大多不一样，但策展人的任务基本相同，那就是在设置公共艺术作品之前，把业主、设计师、艺术家乃至公众对公共艺术的认知统一到一个可以互相接受的层面。公共艺术品不完全是城市复兴或社会道德的替代品，它们应该创造出更好的环境，为参与者、评论者和使用者提供休闲、启迪，甚或希望。因此，在讨论公共艺术时，应该依次满足四个最基本的问题：

（1）在公共场所，是公共自由介入和参与；

（2）是艺术作品，或者形式具有公共意志和公共利益；

（3）选择、展示方式和运作机制体现公共性；

（4）社会公众共享的社会资源，而不是仅供个人或少数群体去欣赏。

图 2 东京中城公共艺术品 Bloom

图 3 立川 Faret 社区：建筑物的入口处做了美化，该作品由英国人理查德 • 威尔斯设计，名为《通向天国的阶梯》

## 3. 案例介绍

研究公共艺术在日本的发展道路，不得不提到一些堪称经典的设计实例。比如“FaretTachikawa”立川公共艺术街区，东京都国际会议场艺术品增置工程，越后妻有大地艺术节，札幌莫埃来沼公园，三井地产的 lalaport 新艺术街区等，都在日本公共艺术的发展史上有着无法忽视的重要作用。下面重点介绍立川和越后妻有的两个实例（图 1，图 2）。

### “Faret Tachikawa”立川公共艺术街区

这个案例可以说是公共艺术推展到生活中的极致。立川市位处东京西部地区，原本是美军的军事基地，在这里的上班族约 1 万人，游客每天超过 3 万，可提供约 1000 个停车位，简直可以称作仅有 7 个街区的“小城”，这块土地改造的难度是，开放空间几乎都沿着道路的，所以非常窄小，区域内的 11 栋建筑物也是以办公室为中心，包括饭店、百货公司、图书馆或其他使用机能，几乎没有住宅涵盖在内，如果没有一些公共艺术元素的加入，这里会变成无趣的都市空间。

因此，北川在 1991 年 12 月针对立川市的公共艺术策划人公开投标竞标会上提出公共艺术计划，主题为“艺术精灵所栖息之森林”，认为当今的生活是被文明所包围、距离森林相当遥远的，希望借助艺术化的氛围营造森林般气息，让经由该地区的行人心灵有一个休憩的场所。经过无数次激烈地辩论、磋商，最终确定了来自 36 个国家 92 位艺术家的 109 件作品。受到空间限制的原因，这些作品大多又增加了不同的功能属性，并不同于单纯的装置艺术，主要集中现有的公共设施，如地面、建筑外立面、排气孔、地下排水井盖、消防栓、停车标识等，利用广告板隐藏混乱的城市内面，建筑的各连接点，如入口、楼梯口等，并对新旧建筑进行装饰，对人行道上以及车辆停放处进行装饰（图 3—图 6）。

“Faret Tachikawa”公共艺术工程实现了公共艺术与城市实际功能的结合，它的兴建是为了满足“人”这个主体的主体意识与主体精神。这个计划获得了

图 4 立川 Faret 社区：尼奇·德·散珐尔设计的长椅《对话》

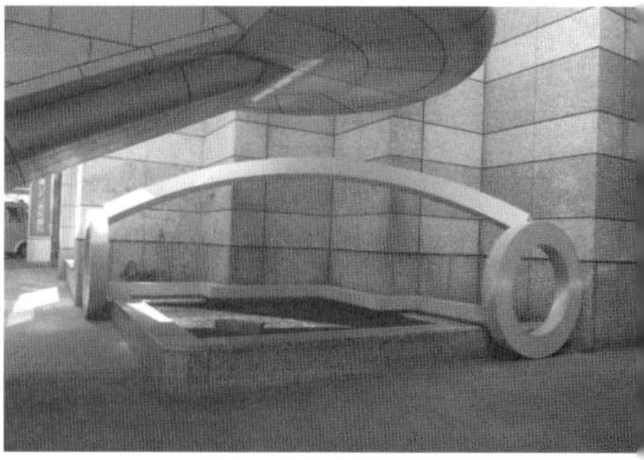

图 5 立川 Faret 社区：伊藤诚设计的通风口装置

图 6 立川 Faret 社区：罗伯特·罗申伯格设计的自行车停车场霓虹标记——模拟自行车

图 7 越后妻有：山下工美创作的椅子

图 8 越后妻有：西班牙人何塞·普玛利亚·马丁为松代居民博物馆制作的发声装置，包含当地居民原声语音

1994 年度的“日本都市计划学会设计计划奖”。开幕式当天，原来乘客寥寥无几的立川车站被挤得水泄不通，游客访问量也大大增加。到 2010 年，立川的城市面积增加了一倍，并从“Faret Tachikawa”中衍生了多种和公共艺术相关的产业。

究其根本，立川的公共艺术工程是传统意义下的公共艺术，多着眼于如何美化都市或一些无法避免却并不美也不受欢迎的设施，包括在都市街角或休憩场所，提供给民众美感或心灵纾解的美好经验。目前这个类型的公共艺术也是我国的主流。事实上，这类型计划牵涉到在城市中与不同部门进行系统性整合协调，国内的同类计划多数执行于一些较小的地域，迄今尚未出现过如立川这种大规模的案例，相信此一案例的介绍，可以提供给我们一个城市与公共艺术整合的宏观视野。

**越后妻有“大地艺术祭”**

越后妻有地区六个市、町、村的公共艺术工程发展自 1994 年的“理想小区的创造”之意念，这个案例走到了另一个方面：如何帮助和艺术根本无关的人们接触艺术，甚至从他们身上实现价值交换，这是当今尖端艺术脱离大众后不得不思考的一个问题。

越后地区位于东京以北 200km 的新县，是日本最古老的村之一，有着很多日本乡村的典型问题：交通不便、人口增长率连续多年为零、产业结构基本为农业。自 20 世纪 80 年代开始，年轻人大量前往城市寻找教育和工作机会，更是加剧了人口老龄化问题以及大量房屋空置的问题，况且当地居民们对艺术的观感极为有限，组织者希望公共艺术让这些老公公老婆婆们经历愉快的过程。

对于这样一块近似于文化荒漠的地区，1996 年，新县政府结合六个乡镇政府提出了振兴地方的“艺术项链计划”，这是一项反思在地性的创意政策，试图以艺术与文化的手段来重振在现代化过程中日益衰颓老化的农业地区，其基本理念为“人类与自然的共生”。

在这次计划之中，策展人北川给出了一个新的方案——在这块面积 762 平方公里的地区举办一届公共艺术节，以邀请的方式吸引全世界艺术团体、艺术家和当地居民们一起把这里打造成艺术公园。

该计划一面市就遭到了从上到下的一致反对，县议会认为公共艺术展会占去过多财政预算，而居民们则对外国人在自己的田地里设置艺术作品表示抗议，认为就算田地休耕，也不需要这些三角形或圆形的奇怪东西进驻稻田里。

在这种情况下，北川和他的团队从政府和民众两方面分别入手，首先确立了艺术展

图 9 越后妻有十日町：韩国李在孝作品“0121–1110 =109 061”

图 10 越后妻有十日町：著名日本艺术家草间弥生眼中的植物像她所有作品一样混乱．绚丽．布满圆点

图 11　越后妻有十日町：俄罗斯与日本艺术家的作品不约而同表达了人与地的互动

的筹备委员会。除了当地文化部门的官员外，还包括了其他非艺术范畴的官方机构，如渔农及森林部、国家土地及运输部和外事务部，甚至当地的各个行业从业人员的代表——让非艺术人士参与规划、执行、讨论及检视，可以使得大众层面因而迅速扩展。

对于民众的质疑，整个策划团队中的艺术家则最大程度展现了诚意。首先在当地学习农业，使用他们的耕具并开始耕作农田，深切地了解他们和这里的农业生活，让他们知道是真的很诚心地想要认识这块土地，并希望能够用艺术将他们的土地展现出来。经过了一年左右的努力学习和沟通之后，居民终于同意首先将部分贫瘠的土地出让给策划团队制作作品。

艺术家的进驻和当地的协作是三年展中两个更为重要的环节，当艺术组开始设置作品时，仍然反复和用地主人沟通，共同创造出心目中能反映出当地真实生活的艺术作品。到了布展后期，艺术家和居民甚至合力建设基础公共设施，当地人士特有的手工艺专业为公共艺术增添地气。历经三年的艺术展，来自 32 个国家 122 个艺术家，在 762$km^2$ 的地方实现了 130 个大大小小的艺术作品，其中 90% 的作品设置在原本废弃的学校、屋舍、田地中。三年展结束后，仍然有 69 件作品留在当地，作为艺术展览的延伸（图 7—图 11）。

在越后妻有的公共艺术品并非艺术家的私有物，成员来自各个阶段，包括当地的市民以及作品所在地点的土地拥有者，项目是真正的公共与艺术结合。

## 参考文献

[1]　南条史生 .Art，Design And The City Roppongi Hius Public Art Project. 东京：森公司出版社 .2004.
[2]　桑原住雄 .Public Art 广场的艺术 1977-1992. 东京：日贸出版社 .1998.
[3]　北川 Fram. 大地的艺术节 越后妻有 2009. 东京：现代企画社 .2009.

## 图片来源

图 1. 南条史生 . Art，Design And The City Roppongi Hius Public Art Project. 东京：森公司出版社 .2004.
图 2. 作者 2010 年 4 月摄于日本东京中城
图 3—图 6. 作者 2010 年 4 月摄于日本立川
图 7. 作者 2010 年 5 月摄于日本越后
图 8—图 11. 作者 2010 年 6 月摄于日本越后

吴云一 / Wu Yunyi
（东华大学服装·艺术设计学院，上海．邮编 200051 ）
（Fashion · Art Design Institute, Donghua University, Shanghai. 200051）

# 试论时代背景下展览的建筑学特征

# Analysis of the architectural features of the exhibition on different background

**摘要：**

和借助展陈一样，博物馆借助建筑空间承载展览信息，向观众传情达意，表达过去和当前世界的表象。博物馆建筑空间建构发生与发展的过程，正是人类对世界的认知，对知识的建构以及掌握和运用知识并产生特定价值标准的历史进程。

**Abstract:**

Same as the contents of exhibition the architectural form and space of museums carries information and conveys to visitors the past and present existence of the world. In fact the development of the museum architectural design follows the historic development of human being's knowledge and understanding of the world.

**关键词：**展陈设计，空间建构，浸入，直观，无痕
**Keyword：**exhibition design, space construction, immersive, intuitive, seamless

**中图分类号：**TU-023
**文章标识码：**A

基金项目：中央高校基本科研业务费专项资金资助
supported by " the Fundamental Research Funds for the Central Universities "

## 1. 引言

在博物馆学领域中，与博物馆建筑空间表现最直接相关的，莫过于博物馆的展陈设计。展陈设计具有鲜明的时代特征，并且对于博物馆建筑的发展与更新有着不可忽视的影响。展陈设计如何适应和利用博物馆建筑空间来传情达意的方式也随着时代一直在改变，因而建筑设计中的空间如何与展览的布局、展览欲传达给观众的信息发生联系的方式亦在不断改变。展陈设计的迅速发展对博物馆的陈列、收藏和展示产生了巨大的影响，进而改变了博物馆中的空间关系。从这个角度我们也可以说，博物馆建筑的空间作为一个概念同时也是一种实践，一直都在改变。与传统的博物馆相比，当代数字化信息技术支持下的展陈设计，更充分地考虑观众与时俱进的思考、理解和体验，将博物馆的内容与博物馆建筑协调为一个可行的，有感染力的，信息丰富的博物馆整体。

### 2. 历史上的展陈

在博物馆的历史进程中，每个时代的收藏和陈列都会有独特的标准与观念。博物馆借着收藏和陈列，安排了物的次序及分类。

从十九世纪开始，博物馆试图精确地把自然与艺术的历史原貌通过展览显现出来，二十世纪进一步扩展到社会史的范畴，创造了研究社会的物质的文化。相应的，博物馆建筑内部形成了沿专业线路编排的引导流线，外部采用象征性的建筑学装饰来展现不同的藏品分类。在近现代的博物馆建筑案例当中，用象形暗喻博物馆藏品内容的手法也是屡见不鲜。

可以说，当时藏品自身的尺寸和形态直接决定了许多博物馆空间的设计。建筑的空间被塑造成容纳特定藏品的形态，同时设计者要考虑能接纳为收藏和陈列特别的藏品所需的特别技术，这些技术也是决定博物馆空间形态的重要因素，不同的陈列技术也影响着博物馆的展览空间。例如，早期数量繁多的博物馆其实就是皇室贵族的私人藏宝屋，从另一种意义上来说其实也是陈列架和相框定义了的建筑空间。在阿姆布拉斯宫（Ambras）的费迪南德二世的艺术典藏室（Kunstkammer），正是盒子、柜子、抽屉、盘子、桌子和架子的使用定义了空间。

新发明的陈列和收藏方式也会影响这些展览空间的布局。例如，在 18 世纪的皇家储藏室开始使用更先进的陈列技术，把鸟、兽悬挂在天花下面 。19 世纪大英博物馆的国王图书馆采用新的螺栓加密技术来保存乔治三世的 65000 本藏书。1872 年不列颠博物馆的图书馆的一位助理，罗伯特 • 克朗（Robbert Crowtan），记载了这些加密技术的结构：每个容器的锁和钥匙都和上下相邻的容器相连，环环相扣。 1998 年，新的大英图书馆终于在伦敦市中心北部落定。这座耗资 5.11 亿英镑的现代建筑大厅当中设有一座茶色的玻璃塔，就是原先著名的“国王图书馆”。为了保存原国王图书馆的风貌，原有 6.5 万卷书籍、2 万册单行本以及 400 份书稿在这里被放入一个高达 17 m 的六层玻璃方塔中。玻璃塔矗立在大厅的中央，直达楼顶，所有书籍都书脊向外。透过茶色的玻璃，从大厅的任何地方都可以欣赏到古色古香、华丽壮观的“国王图书馆”。工作人员可通过活动书架、内部电梯，很方便地取得读者所需要的书籍。可见即便是古老的陈列和收藏方式，由于特定的文脉，仍然会影响到当代的博物馆建筑空间（图 1），艺术品的展陈同时也是展陈的艺术。

19 世纪时博物馆不再满足于无系统性的罗列，采用了更加复杂的展览方式。如查尔斯 • 威尔逊 • 皮尔（Charlies Wilson Peale）在纽约州西点附近挖掘出一具古代乳齿象的骨头，他用了近三个月的时间将这副骨架组装在一起，然后在他的博物馆内展出 。1895 年后卡尔 • 阿卡米（Carl Akeley）尝试使用标本和三维展品，在芝加哥的哥伦比亚博物馆采用大量的环境和动物标本，是空前的现实主义陈列手法。同时期的布卢克林儿童博物馆（Brooklyn Children’s Museum，第一个儿童博物馆），革新地采用等比例缩放过的展品和活动标签，帮助儿童更好地了解世界。

从橱柜抽屉到挂钩、挂绳、三维模型，到当代互动式的展出，博物馆的空间一直都在被展陈（陈列技术与收藏模式）所改变。更值得一提的是，正是这些陈列技术与收藏

图 1 搬迁后的“国王图书馆”

图 2 V&A 展厅内浑然一体的 LCD

模式，使得博物馆解决了在有限的相对较小的展览空间陈列大量的展品的问题，提升了博物馆的情感体验，把珍贵的收藏或者文化带近大众，让博物馆成为活跃的可分享情感的空间，成为一个可以让观众体验另外一个时间和空间的地方。

## 3. 博物馆中展陈设计的发展与更新

### 3.1 数字媒介在博物馆内运用的阶段性演进

当代博物馆的展陈设计，已经随着新兴的数字化媒体进入了全新的阶段。数字技术在逐步成熟，和人的对话也更加自然，新兴的媒体改变了展陈设计。1950 年代以来，数字媒介从少数人享有的专利转变为多数人的工具，再到更加宽广领域的社会文化共鸣的道具，展陈设计中对这种新媒体运用的进化已经折射出这种融合的进程，大致可分为四个阶段：

第一个阶段是早期。大约在 20 世纪中期的之前，数字交流技术徘徊在展览空间以外，进不了博物馆的大门。后来有机会走进了博物馆，但是只是运用于和收集、管理、文献和科研相关的领域。到 20 世纪 60 年代时，在博物馆中尝试利用计算机来进行科研和文献管理。这是可追溯的最早的博物馆工作中运数字技术的时间，那时候的运用还远远达不到今天整合的境界。

第二阶段是大约到距今 20 年左右，数字交流技术开始大规模地完全渗透到博物馆的展览空间中去，但是这个渗透显然只是局部的。例如，只是在部分的展厅中独立地使用，和博物馆的馆藏藏品是分离的。典型的例如英国国家美术馆中 1991 年增建的塞恩斯伯里厅（Sainsbury Wing），收藏 1260 年至 1510 年早期文艺复兴艺术品，因而设立了“Micro gallery”，提供电脑查询服务，堪称国家美术馆最完整的电子艺术百科全书。

再到后来迅速发展的数字技术几乎成了展览的支柱，这可以说是到了第三阶段。在此阶段中，互动作用只是孤岛式地存在，和周边环境是脱离开来的。这个阶段也是和飞速发展的网络技术密不可分的。许多科技馆或者现代科学中心中的“黑盒子” 就是典型的例子。当人们走进不同的暗盒，就如同步入了一个虚拟的世界。建筑师设计展厅的场所和空间，不同的博物馆专业媒介和参观的游客把博物馆变成属于自己的空间。

目前博物馆中数字技术的运用已经发展到了第四个阶段——在展览当中数字技术已

图 3　淡水博物馆外景

图 4　淡水博物馆室内感应装置和人的运动互动

经不再是离散的，而是整体的展览内容中的不可分割的一部分。随着信息科技的发展和人们对它运用规则的加深理解，当代博物馆中的展陈可以传播信息，提供最新的对藏品的体验。如伦敦维多利亚和阿尔博特博物馆、NOX 设计组的荷兰淡水博物馆( 1997 )等( 图 2– 图 4 ) 。

### 3.2 展陈设计的演进与创造性的博物馆建筑空间

博物馆学关注的重点从早期对物的收藏发展到对物的研究，直到近代以来的公众教育，转变为当代的对物与人的关系的研究，从某种意义上来说，也正是展陈设计的发展从一个侧面推动了博物馆学观念的更新。20 世纪以前的空间概念中，博物馆的空间功能是收集展品，空间的设计以藏品为主体。20 世纪以后则演化为观众与藏品互动的空间，因而空间设计概念转变为观众与藏品并重，甚至进而以人为主。当代的展陈设计对博物馆建筑的影响有几个显著的特点。

第一个特点是“浸入式的”（immersive）空间体验。例如，英国的塞拉菲尔德游客中心（Sellafield Visitors Centre），围绕核能的问题和争论，设计者让游客置身在一种强烈的浸入式的展览环境。 同样在伦敦帝国战争博物馆，放映巨大的三维电影，所以参观者彻底的沉浸在变换的展览当中( 图 5 )。正如罗杰 • 曼恩( Roger Mann )所解释的:我们使用矩形的屏幕，从天花板到墙壁、地板，屏幕上的空间和现实世界的空间几乎毫无痕迹的融合，真实的建筑空间仿佛不见了，屏幕上的人和真人一般大小，你几乎感觉开始和他们共享这个空间了……

第二个特点是“直观的”( intuitive ) 空间环境。从盖里、埃森曼、里伯斯金德、哈迪德、渐近线建筑事务所、渡边诚，蓝天组等众多的新老建筑师的大量作品中都可以看出，这些博物馆具有令人惊叹的形体与室内空间，建筑物的空间概念显然已经到了人与展品可产生互动的建筑。不仅展览被逐步的塑造成数

图 5　皇帝战争博物馆北馆中的落地投影屏幕

图 6　贯穿丘吉尔博物馆的内阁战争室电子屏幕书桌

图 7　艺术和技术博物馆（迪勒＋斯考菲迪奥方案）室内透视

字化的媒体，而且数字化展陈方式对整个建筑造型产生影响。2001 年建成的帝国战争博物馆北馆，里伯斯金德对这个建筑的概念就是把战争破坏的世界看成是撕裂的碎片，这些代表矛盾和冲突的碎片（来自于地上、空气中和水面上）戏剧性地赋予建筑光滑的整体曲线和相互挤压的锐角。建筑的内部空间也相应地呈现大量的曲线，和特殊的视觉形象。博物馆建筑中倾斜的墙面也同时是电子放映的屏幕，数字化媒体是保证其内部空间品质的重要因素。这也是历史以来博物馆一直是受到新媒体展陈的影响的典型例证。

第三个特点，就是展陈技术越来越是“无痕”（seamless）的。博物馆越是整体的利用数字化的展陈，越是和博物馆空间结合得浑然一体，难以发现人工的痕迹。在丘吉尔博物馆的内阁战争室（cabinet warrooms），实物展示是大量的卷宗，很少有人会认真地逐字逐句地去看具体内容。为了提高展览的趣味性，馆方制造了一个 18 m 的斜穿博物馆的书桌一样的屏幕，走过“桌边”，通过点击屏幕人们可以阅读和搜索展览的内容，还可以听音乐。技术硬件是隐形的，本来可能对卷宗内容提不起兴趣的观众，当命令电脑翻开新的一页的时，却能体会到观展的乐趣（图 6）。

如果展望将来，那么可以预见数字技术支持下的展厅，展陈和展览空间与生俱来，与展厅共生，是博物馆建筑所具有的一种品质，而不是后来附加上去的。在此阶段的展陈设计已经成为博物馆建筑设计的一部分，和空间结合的天衣无缝。可以从几个新兴的建筑设计组合的方案中得到一些启发：例如，2002 年，纽约的 Eyebeam 组织的“艺术和技术博物馆”(Museum of Art and Technology) 建筑竞赛中，迪勒＋斯考菲迪奥和其他一些设计小组的方案（图 7）等。当数字化技术支持下的展陈设计被运用的很成功的时候，博物馆的空间环境也因此变得更加宜人，观众的行为和习惯得到熏陶，虽然技术的运用越来越多，而人们却越来越难以发现它们的痕迹。

## 4. 小结

展陈设计从古至今的转变和发展对博物馆的建筑形态起着不可忽视的影响作用。

事实上 20 世纪末期开始，新博物馆学对展览的讨论就突破了旧博物馆学的桎梏，重点转移到如何打破传统的信息罗列的方式，致力开拓观众体验的可能性。正如在胡拔·格林晓尔所建议的“后博物馆”中，不仅只重视灌输知识性信息，更应关注到他们的情感因素和想象力。在当代的博物馆实践中，一个成功的展示，需要具备新奇性、有趣味的美感，以及具有教育性等三个要素。多媒体、网络与虚拟现实等数字技术的引入使得展览迎合了博物馆这方面新的发展需求。博物馆从早期以物为主的各类型藏品线性杂陈的展示方式，到分开不同文物类别，以年代作为排序的方式，一路演进到利用数字化技术支持的各种展示手法的当代博物馆展览方式。各种新奇的手段如立体造景或剧场方式、利用多媒体等声、光效果辅助，由“请勿触摸”到“hands on——欢迎动手”等。展览和陈列的方式由静止的、孤立的走向动态的、联系的，展品在运动中向观众演示某种自然现象、自然规律或某种功能。当代数字化技术支持下的展陈设计正契合了关注到人们情感因素和想象力的宗旨，给当代博物馆发展带来了全新的活力。

## 参考文献

[1] 汉宝德 . 博物馆管理，台北市田园城市文化，2000.

[2] R. Crowtan.Memeries of the British Museum，With a Bibliography and List of Museums in the United Kingdom，Richard Bentley and Son，1872.

[3] David Murray.Museums:Their History and Their Use，James MacLehose and Sons，1904.

[4] Frederic Migayrou and Marie-Ange Brayer. Archilab-Radical Experiments in Global Architecture，Thames&Hudson，2001.

## 图片来源

图 1. 英国朋友 Ashaam 摄，1998.

图 2. http://www.sean.co.uk/blog/2007_02_01_archive.html.

图 3，图 4. Edited by Frederic Migayrou and Marie-Ange Brayer，Archilab-Radical Experiments in Global Architecture，Thames&Hudson. 2001，P324-325.

图 5 . www.feihong.info/daniel-libeskind.

图 6. www.cassonmann.co.uk/museums/churchill-museum.

图 7. Architecture International 2003 vol.2. yoyo. 2003：P144.

**宋树德**[1]，**孙传明**[2]/ **Song Shude**[1]，**Sun Chuanming**[2]

（[1]东华大学服装 • 艺术设计学院，上海．邮编 200051/ [2]连云港市城乡建设局，连云港．邮编 222002 ）

（[1]Fashion•Art Design Institute, Donghua University, Shanghai. 200051）/[2] Urban and Rural Construction Bureau of Lianyungang, Lianyungang. 222002)

# 当城市广场遭遇商业主张
## ——以连云港市民广场二期方案为例

# When city square meets business value
## ——2nd round construction of LianYunGang People square case study

**摘要：**

渲染文化气息、塑造舒适空间、营造商业氛围的设计策略，使连云港市市民广场二期工程在提供市民公共活动开放空间的同时，彰显了以“海之韵”为主题的连云港地域文化，提升了城市环境，也为周边的商业环境的发展提供了助力。

**Abstract:**

The second round construction of LianYunGang People Square provides open space to the public. Meanwhile, the strategies create comfortable and cozy environment as well as cultural and business atmosphere. The project illuminates a local culture of ‘the sense of the sea’ and promotes city public environment the business environment.

**关键词**：市民广场，商业环境

**Keyword**：city square, business environment

**中图分类号**：TU984

**文章标识码**：A

## 1. 导语

“城市广场就应该为市民所用”——这是多数市民判断一个城市广场好坏的本质标准。为市民所用？用做什么？怎么用？决定这些问题的答案则是各种社会利益均衡后的结果。商业作为城市发展的原动力之一，其主张对上述问题握有巨大的话语权。作为市民休憩、交流、城市文化重要窗口的城市广场用怎样的策略面对商业主张，是需要设计师们认真思考的问题。

城市广场是指城市中由建筑物、道路或绿化地带围绕而成的开敞空间，是城市公众社会生活的中心。[1)] 城市广场是古希腊的城市中最早出现，设在城市中心地段，供市民进行交往和举行各种活动的开敞场所。2）城市生活的内容直接影响广场的形式。

作为开放空间，城市广场贴近人们的生活。由于城市广场上的景观和活动具有丰富多彩的特点，因而它也成为城市中最吸引人的地方，也是展现城市文化最主要的窗口。好的城市广场对于改善城市环境，提高生活质量有着立竿见影的效果。城市中人为设置以提供市民公共活动的一种开放空间是城市广场的重要特征，围绕一定主题配置的设施、建筑或道路的空间围合以及公共活动场地是构成城市广场的三大要素。只具备特征而不具备要素的，如单纯的绿地或空地，或只具备要素而不具备特征的如仅供某一商住区或建筑物使用，则不应纳入城市广场范畴。

## 2. 项目背景

连云港市是一个有着悠久历史的城市，是苏北地区重要的经济枢纽。随着经济的发展，政府把连云港的建设提高到了国家层面，连云港城市的更新建设迫在眉睫。因此，使城市环境和谐持续发展是连云港市建设部门的工作重心。连云港市民广场二期工程是连云港市“海连路整体改造”工程的一部分，以“环境艺术系统设计”为理念，以“海岱文化”3）为文脉内核，和谐优化城市景观、环境设施、绿化等专业之间的环境系统关系，从而提升连云港城市环境。

连云港市民广场二期工程地处海连中路与通灌路交叉口东南角，连云港商业核心地带，龙尾河、市民广场一期以西，东方和盛百货以北，在建的连云港第一高楼苏宁大厦以南的区域范围内，总设计面积为 13500m$^2$。由于它位于不可复制、独一无二的商业核心地区，对周边商业配套设施的诉求很大，如将其设置为停车场，应全部为硬质铺装等。然而连云港市城乡建设局（本工程甲方）本着对市民负责的态度，提出应以“彰显地域特色、文化育人、景观怡人、兼顾商业使用”的思路进行方案设计。

“市民广场一、二期景观环境和谐统一”是市民广场的设计宗旨，我们本着满足市民城市生活需求多样性、成为城市文化区域象征、各种功能合理配置的多效原则，本着融合传统精神与现代风格展现城市之美、功能与形式相融合的和谐原则，对市民广场一期和二期的总体平面布局上进行对接，使市民广场融合为统一的景观载体（图 1）。

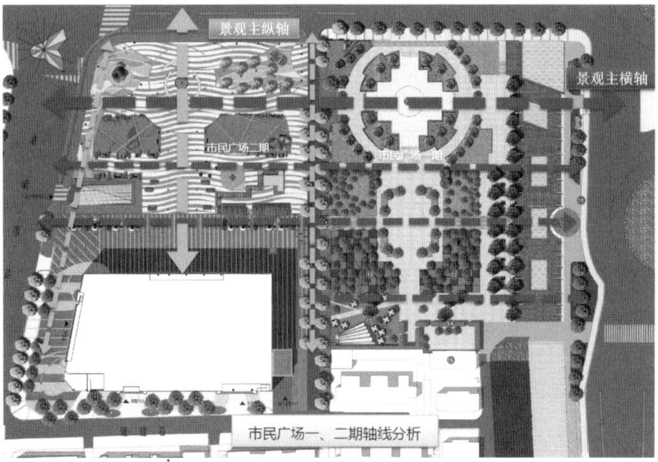

图 1 市民广场一、二期轴线分析图

图 2 连云港市民广场一期龙柱

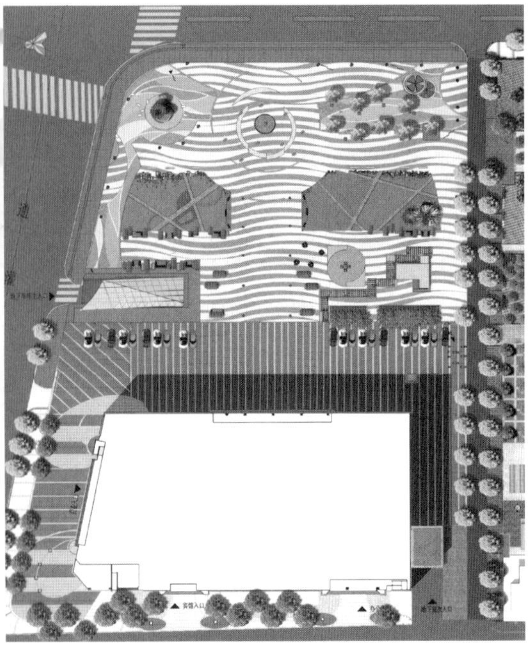

图3 市民广场二期平面图

图4 市民广场西北角效果图，巨大的乔木、“海螺”的点缀，使广场成为路口的视觉中心

图5 艺术品“帆”效果图

## 3. 设计策略

### 3.1 渲染文化气息

我们以“海岱文化”为基础，与“龙尾河”、市民广场一期“龙柱”相呼应，确定了“海之韵”的主题（图2）。首先，运用弧线进行平面布局，地面铺装样式采用波浪的形态营造别样的韵律空间（图3），奠定了整个广场的基调。其次分别设置了“龙生九子”、“海螺”、“帆”等三个系列的环境艺术品，点明主题，彰显连云港地域特色与文化。

#### 3.1.1 “龙生九子”

连云港作为传说中的“东海龙宫”——龙的儿子出生之地，我们在市民广场二期的主轴线上设置了“龙生九子”系列艺术品。以鲜明的石刻形象展示龙的九个儿子不同特性，增加市民互动。九子围绕的水池中心为琥珀色琉璃烧制的主龙艺术品。“龙生九子”地面利用光纤灯及铺装图案刻画了中国古代春季星空图，夜晚用绚丽的灯光表现天空闪烁的星星，体现宇宙时空之大，烘托“龙生九子”的同时，点亮了整个广场文化氛围。

#### 3.1.2 “海螺”

“海螺”系列艺术品以各种海螺为原型给予艺术处理。融合艺术品、景观、功能座椅于一身。从整个系列来看，形体变化柔和而不夸张，尺度宜人，给人以亲近感。从设计角度来看，保持海螺原生态的基础上稍作处理，尽显其巧夺天工之美（图4）。

#### 3.1.3 “帆”

将帆船进行解构重组的艺术品“帆”新颖独特。随风可沿不同的轴向自由转动，给人以飘逸、灵动之感，在点缀广场空间的同时，丰富了广场主题（图5）。同时寓意一帆风顺，与广大市民带来精神层面的互动。

上述艺术品成为独树一帜的城市建设新风貌，在传统、现代、时尚理念交融下演绎城市新形象。让整个广场从功能使用层面、精神寓

图6　市民广场二期鸟瞰效果图

意层面都强调了市民的参与性和互动性，使广场成为吸引人的场所。这必将为周边商业聚集大量人气。

### 3.2 塑造舒适空间

#### 3.2.1 铺装设计

波纹状的黄、白相间的花岗岩地面铺装，塑造了特色鲜明的“海洋”广场。活跃的铺装样式丰富了整个景观环境，为市民创造舒适宜人、独特的活动空间。局部铺装选用彩色的水洗石，流畅并富于韵律感的造型、鲜艳的色彩为广场添加了悦动的气氛。点缀其中的木质铺装带给市民家一样的温馨感受（图6）。

#### 3.2.2 绿化设计

绿化配置上，广场纵向主轴西侧花坛内种植造型优美的大型乔木，成为海连路与通灌路交叉口的视觉中心。广场纵向主轴东侧设置树阵区，整列形式种植两排香樟，隔离市政道路与广场空间。广场横向主轴南侧预留出一片开阔的可步入式疏林草坡，为市民提供游戏、休闲的有氧空间，成为广场内的绿色自然景廊（图7）。其中点缀几株高大的银杏作为主景树种，以自然的手法进行设计，产生季相的变化。

#### 3.2.3 适宜的休憩空间

东方和盛百货北侧的休闲区内设置具有韵律感、可供市民休息的花池座椅组合，配上常绿树种及地被植物，形成多层次的景观效果，为市民提供了休憩、交流的场所（图8）。广场中散布的“海螺”等艺术设施亦能为市民提供一种趣味体验的休憩方式。

通过以上设计，使广场具有了宜人的属性，在吸引人的同时成为了一个能留住人的场所。

### 3.3 营造商业氛围

#### 3.3.1 开敞的空间

以开敞空间为基调，在广场西侧、北侧进行渗透退让式设计，使市民可以不经意地进入广场。东西、南北轴线的贯通，也为市民从各个方位进入广场提供了便利。通过广场，人们可以自由地穿梭于周边的商业空间。市民广场二期的建设不仅没有阻碍商业的发展，而且提升了周边环境景观质量，将周边环境有机的联系起来。

图 7 可步入的树林草坡

图 8 具有“波浪”韵味的休闲座

### 3.3.2 大尺度的横向、纵向广场

契合市民广场二期的横向、纵向轴线，分别设置了长 105m 宽 40m、长 84m 宽 20m 的硬质广场，考虑广场的实用性，服务于各种健身、聚集。在为市民提供公共空间的同时，为未来各种商业活动提供了平台。

## 4. 结语

连云港市民广场二期工程，从一、二期市民广场的整体出发，进行了系统设计；从树立连云港城市文化特色出发，进行了特色设计；从市民的休闲娱乐等人性化使用方面出发，进行了细致设计；融合了周边商业发展趋势，进行了融合环境的设计。

渲染文化气息、塑造舒适空间、营造商业氛围的设计策略，使市民广场二期工程在提供市民公共活动开放空间的同时，彰显了以“海之韵”为主题的连云港地域文化，提升了城市环境，也为周边的商业环境的发展提供了助力。

## 注释

1) 中国大百科全书委员会编 . 中国大百科全书 • 建筑.园林.城市规划卷 . 北京：中国大百科全书出版社，2004.9.

2) 常锐伦主编 . 中国少年儿童艺术百科全书 • 造型艺术卷 . 太原：希望出版社，2002.

3) 海岱文化区：海岱文化是连云港远古文化的初始，海岱区同黄河流域、长江流域被称为人类三大发源地之一，其地理范围为：海（黄、渤海）、岱（泰山）、淮（淮河下游故道）。连云港在早期文化中遗留的大量石刻图形、文字、造像等是海岱文化的典型体现。参考依据：《连云港特色文化》、《连云港史前遗迹与东夷文化》、《海岱文化与齐鲁文明—中国早期文明》。

## 参考文献

[1] 中国大百科全书委员会主编 . 中国大百科全书 • 建筑.园林.城市规划卷 . 北京：中国大百科全书出版，2004.

[2] 常锐伦主编 . 中国少年儿童艺术百科全书 • 造型艺术卷 . 太原：希望出版社，2002.

[3] 魏琪 . 连云港特色文化 . 苏州：苏州大学出版社，2006.

## 图片来源

作者自拍及东华大学环境艺术设计研究院设计方案

**李楠 / Li Nan**

（东华大学服装 • 艺术设计学院，上海 . 邮编 200051 ）

（Fashion • Art Design Institute, Donghua University, Shanghai. 200051）

# 上海高密度城市环境下的边角空间研究

# Researching into corn space under the high-density cities environment in Shanghai

**摘要：**

随着城市现代化建设，城市空间格局发生巨大变化，人口数量急剧增长，城市用地日趋紧张。这种状况下，我们应充分利用城市现有的空间资源，挖掘城市里微小空间——城市边角空间的利用。本文以高密度城市环境下的边角空间为研究对象，探讨其涵盖范围、形成背景等特征，找出它的社会价值与作用，结合国内外现存的案例来进行分析，寻找处理此类空间的设计思路。

本文先从“边角空间”的概念入手，分析其形成背景，总结其类型。再通过对“边角空间”的实地调查研究，查阅相关资料，分析城市“边角空间”的功能。并针对当今城市空间环境状况引出对城市边角空间的需求分析，及构成要素设计进行详细的论述，结合国内外的成功与失败的案例，详细分析得出结论总结，从而引发设计者及居民对高密度城市环境下的边角空间的思考，促使城市空间形态协调发展。

**Abstract:**

With the accelerated pace of urban modernization, urban spatial patterns change dramatically, accompanied by rapid population growth, urban land use has become tighter. In this situation, we should make full use of existing urban space resources, and tap the tiny point of the city the use of space - urban corner space. In this paper, high-density urban environment of the corner space under study to explore the high-density urban environment, the scope of the corner of space and form the background to identify the corners of urban environment and role of the social value of space, combined with design and environmental art The theory of urban design and the existing home and abroad, to analyze the case, look for design ideas to deal with such space.

Papers from the “corner space ” concept, detailed analysis of the “corner space ”to form the background, summed up the “corner space ” type. Through the “corner space ” of field studies, and reading a lot of relevant information, detailed analysis of the city “corner space ”function. And in the light of current urban space environment condition of urban corner space elicit the needs analysis, and components design at home and abroad and discussed in detail the success and failure case, a detailed analysis concluded summary, causing the designer and residents in high-density city environment of the space of the horn side, prompting urban spatial shape thinking coordinated development.

**关键词：** 边角空间，高密度城市，环境，城市空间

**Keyword：** corner space, high-density city, environment, city space

**中图分类号：** TU984.11+3

**文章标识码：** A

## 1. 绪论

近年来，我国城市社会经济水平发展迅猛，城市建设脚步加快，城市空间格局发生了巨大变化，如新城区开发、旧城区改造、城市道路规划等。但随着城市人口密度日趋增长，城市空间也变得拥挤，对于希望在城市中寻找心灵安宁空间的人们来说，城市中的每一个角落都显得尤为宝贵。

近几年，随着国家、政府部门对城市环境改造的重视，部分角落空间得到了改善，诸如一些重要道路的三角地、环岛被设计成草坪景观，然而，城市中仍旧存在着许多角落空间没有得到很好的改善，也没有被充分利用起来。与城市中精心设计的建筑内部，如家居空间相比，外部的这些空间就相形见绌了。也正是由于这些令人不快的空间的存在，连带影响到整个城市的空间带给人们的整体印象与感受。这时，城市空间中的这些角落空间必须引起人们的重视，从各个方面对此类空间加以研究探讨。

目前，国内对“边角空间”的专门研究较少，但随着城市人口数量的急剧增长，城市环境空间呈现高密度拥挤状态的这一背景下，此类问题正亟待解决。一些西方发达国家在面临这类问题时采取了各种不同的解决方法，对此相关项目的研究将会对城市环境“边角空间”的利用起到积极作用。我国目前对城市环境“边角空间”的研究还不够深入系统，对“边角空间”的认识较为笼统模糊，对“边角空间”所包含的范围界定较为片面，解决方式较为单一，没有充分利用好这些遭到浪费的城市空间。

高密度城市环境的可持续发展离不开城市中“点”、“线”、“面”空间的共同发展，城市边角空间就像是城市里微小的点空间，它点缀着整个城市，它可以增加城市生气与活力，创造出人性化、高品质的生活环境，满足人们日常生活交往、情感交流的需求。另一方面，合理有效地利用好“边角空间”也可缓解当今城市环境空间中存在的高密度拥挤状况。如何更好地利用城市“边角空间”以丰富城市空间环境，缓解城市环境空间中的拥挤状况，同时增加人们户外交往场所，以弥补城市建设过程中人们日常户外交往空间不足的缺憾，这一系列问题使得对高密度城市环境下边角空间的研究，具有相当重要的社会实用价值及现实意义。

## 2. 城市“边角空间”的功能与需求分析

任何或大或小的环境空间都具备一定的功能性，也就是说要满足人们一定的行为要求，这样的空间才具有实际意义。“边角空间”作为城市环境空间的一种，更是城市中人们生产与生活的空间，其首要目标就是必须满足人们的各种功能需求，包括满足城市中人们生产、流通与消费的需要。就狭义方面的功能要求来说，“边角空间”是为城市居民提供一个可居住、停留、休憩、观赏的场所，为城市的发展提供足够的空间，但由于环绕在历史、社会、与风土人文等脉络关系中，这就使得“边角空间”在功能上具有多层次性与复杂性。

### 2.1 物质功能

墨子曾说：“食必常饱，然后求美；衣必常暖，然后求丽；居必常安，然后求乐。”

这句话其实正指明了物质功能的重要性。“边角空间”作为城市环境空间，是满足人们日常室外活动所必需的空间，空间的实用性是其基本的功能所在。人们休闲、聊天、娱乐，孩子们的游乐嬉戏等，都要求有相应的环境、空间和条件。

**2.1.1 满足人们的生理需求**

简单来讲，能够满足人们生理需求的“边角空间”就是要让人们可坐、可立、可靠、可观、可行，既能挡风，又能避雨(图1)。根据空间距离、大小进行合理的空间组织，以满足人们日常生活中对边角空间的需求。不同的社会群体有着不同的生理需求，像幼儿、老年人、青年人、残障者、不同社会阶层的人，都应按照不同的指标合理判断他们的生理需求。

图1 满足人们的生理需求

**2.1.2 满足人们的心理需求**

人在环境中生活，有着私密性与交往的需求。人的私密性要求并不意味着自我孤立，而是希望有控制选择与他人接触程度的自由，所以简单地提供一个与世隔绝的空间并不意味着解决了问题。[1]

图2 满足人们的心理需求

在私密性空间与公共性空间之间，正是“边角空间”以过渡空间的性质作为人们对于不同空间的心态自然转换的缓冲区。

人类建造的城市空间，能左右置身其中的人的情感，随着空间的过渡和时间的流动，便会影响人的情绪、情感的变化。在城市空间的感受中，人可以通过情绪来感受空间环境气氛并参与其中。在一个好的城市“边角空间”中，人会本能地产生一种愉悦感；当置身于较差的城市边角空间中，人立刻会产生一种厌恶感，进而不愿意在这样的空间里逗留(图2)。

图3 满足人们的行为需求 (1)

**2.1.3 满足人们的行为需求**

行为的考虑反映在设计的各个阶段，其中又以基地环境的配合、空间关系与组织以及人在环境中行进的路线为主要的考虑因素之一。

图4 满足人们的行为需求 (2)

不同的人群在不同的空间环境中有着不同的行为，作为过渡地带的“边角空间”，则满足着人们在这种类型的空间中方便接触到其他人、服

图5　文化性

图6　意境美

图7　公共性需求

务设施、资源，以及到达其他空间地点的方便程度需求。在行的过程中，交通灯、路标、路障等实现行人的识别、感知与相应行为，小品景观等则起到了调节视觉疲劳的作用（图3，图4）。

### 2.2 精神功能

物质的环境往往借助空间渲染某种气氛，从而反映某种精神内涵，给人们在情感上与精神上带来寄托和启迪，当人们置身于空间之中时，会引起精神上的触动从而达到心灵上的共鸣。

#### 2.2.1 地域性

普鲁斯特曾描述过这样一种矛盾的感受："现实当中的美常常会令人失望，因为想象力只能够为不在场的事物产生。有时候，一个场地最明显的独特之处不是实际在场的一切，而是与之相联系的东西，是我们的回忆和梦想穿过时间和空间与之相联系的一切。"[2]

这种能够被感觉、被领悟、被理解、被认知、被记忆，生动得会令人关注的感觉特性可叫做空间中的地域性。心理上及环境上的个体是一个整体现象，一处空间的主要功能即维持人们内心感觉的和谐及延续的感知。

#### 2.2.2 文化性

文化是一种多层面、多元素、内容及其广泛复杂的社会科学，它具有民族性、区域性和时代性。在城市边角空间里，同样蕴含着一个理念世界，是一种精神世界的产物。它通过公共设施、景观小品记载了一个城市时代的历史，反映着一个社会跳动的脉搏。而这些不同的环境符号也可使得观赏者不仅感受到节奏感，而且还能感受到历史韵律感（图5）。

#### 2.2.3 社会性

现代城市作为一种社会空间形态，是由复杂多变的社会生活和人类活动组成的。在这种环境下的"边角空间"，其空间形态与社会活动同样密不可分，脱离人类活动的城市空间是不可能存在的，同样，失去了城市空间，人类活动也无法进行。可以说，边角空间就是一个具有社会属性的客观存在体，通过实物所包含的信息来表现社会的特征。

### 2.3 审美功能

审美活动归根到底就是人的一种生命体验。人生活在世界上就要不断地领悟世界的意义和自身存在的意义，而作为生命体验的审美活动正是主体对生命意义的一种把握方式。[3]“边角空间”在城市公共空间环境中为行人提供了静心与放松的场所，这样环境优美的空间可以在不经意间带给人们美的感受，引起人们心里的愉悦。

#### 2.3.1 形式美

提到形式美，人们往往会局限于静态的、和谐的、必然的美。然而，在城市“边角空间”的构建过程中，“边角空间”作为联系相关空间的节点，不应该只是一个静态的空间，更应该是一个动态的可向人们展示的空间，应当呈现出的是一种动态的、有机的、自由的美的形式。

#### 2.3.2 意境美

强调意境是中国美学思想的特点之一，即人对环境的审美关系达到高潮的精神状态。成功的城市空间的基本特征就是对人的吸引，强调的是客观环境所创造的意境带给人们的主观感受。人们不是为了寻找休闲才进入这个空间，但却无意之中在这里感受了休闲（图6）。[4]

### 2.4 对城市“边角空间”的需求

城市“边角空间”是城市空间的一部分，随着城市设计的发展，“边角空间”的利用也应运而生。“边角空间”的存在决定了“边角空间”利用的必要性。对“边角空间”的利用属于城市设计的范畴，它是城市设计内容的细节表现，是城市设计的有益补充。

#### 2.4.1 社会交往的需求

由于“边角空间”是人们日常生活中经常接触到的小空间，依附于户外各个空间，它是随着人们日常活动路线而分布的，故而是生活在城市中的人们经常接触到的空间。扬·盖尔认为，轻度的接触是一种深化交往的可能方式，是一种业已建立起来的接触的机会，是获取有关社会环境信息的机会。除此之外还可以通过观察、倾听别人，获得灵感启发人生。因此，以视听方式感受或接近他人的这类轻度接触形式显然要比大多数城市空间和住宅区的其他吸引人的因素更有价值，人们对这种空间的要求也更加迫切。[5]这种户外交往活动的空间需求一般可以分为公共性需求和半私密性需求两种：

公共性需求：人的社会性决定了人们之间需要进行信息、思想和感情的沟通，这种交往行为大多数是在公共空间进行的。例如，在城市的街头巷尾、墙根下、小广场边角等地方，随处可见三三两两的人们驻留在某个空间相互交流。正是人们对空间需求的公共性，决定了户外空间中应多一些此类的“边角空间”来满足人们的社会需求（图7）。

半私密性需求：在户外交往活动中，人们有时需要有一定隐蔽性的空间来沉思、眺望、轻声交谈。城市空

图8 半私密性需求

间中沿街的柱廊、建筑物凹处、后退的入口等“边角空间”（图8），既可以供人停留和观察思考，又不会处于众目睽睽之中。这种半私密性空间具有孤独性、亲密性、匿名性和保留性的特点。从心理学角度看，处在这类“边角空间”的人，部分朝外，部分被包围，非常有安全感。[6)]

**2.4.2 心理健康的需求**

已有大量调查研究表明，户外的社会交往活动对人们个体的身心健康有着很大的影响。然而，在现代城市中，随着生活节奏的加快，各种压力也给人们带来了很多心理和生理上的疾病，人们需要一个适宜的场所来缓解压力、释放心情。因此，寻求舒适、健康的户外活动场所成为人们共同的心愿。

“边角空间”作为人们生活中接触最为频繁的空间，它们的存在正好可以满足人们户外交往、释放压力、追求身心健康的需求。因此，人们需要城市“边角空间”为他们提供一个户外社会交往的场所，这正充分体现“边角空间”的存在对人们的心理健康有着不可忽视的作用。

**2.4.3 空间形态的需求**

城市空间形态是一种客观存在体，由生活在城市中的人来感受。由于人是空间的主体，城市空间形态又是由人来创造的，因此具有极强的主观性。加上历史、社会、风土人文等多重因素的影响，使得城市空间形态同时具有复杂性、多样性的特征。

空间的过渡与衔接：“边角空间”位置的特殊性决定了它对城市空间形态有过渡与衔接的作用。“边角空间”处于两个不同功能性质空间的过渡区域，其作用就是让两个完全不同的空间从形态上和功能上有一个缓冲的过渡，使得城市空间形态从整体上有了一个协调的视觉感官，让这两个空间的分割不至于显得生硬与突兀。与此同时，在两个主导功能空间之间嵌入一个新的适宜的功能空间，既增加了这两个空间功能的厚重感，同时也起到一个功能之间的衔接作用。

空间形态的补充：城市空间在城市中所处的位置不同，故功能不同，也因此产生了不同的空间形态。《城市空间形态解析》将城市空间形态分为街道空间形态、广场空间形态、建筑负空间形态、节点空间形态、绿地空间形态和天然廊道空间形态六种[7)]。而作为城市中各主要空间的过渡空间，合理有效地组织布局城市“边角空间”，不仅对城市空间形态来说是一个很好的补充作用，同时也造就了丰富的城市肌理。

**2.4.4 城市环境的需求**

在城市这一部不停歇的高速发展的机器面前，城市环境问题越来越严重，也引起人们越来越多的关注。人们已经认识到环境的重要性，尤其是城市环境不仅关系到城市形象、城市精神文明建设的问题，而且还关系到城市环境质量问题。“边角空间”作为城市的小环境，对城市环境的发展有着很大的影响。

整体的需求：在城市空间设计中，“边角空间”作为过渡带，其合理的设计与运用在保持自身环境完整的同时，还可以让城市空间中的建筑、广场、街道等主体空间相互衔接，结为一体，从而作为更大整体环境中的一部分而发挥作用。

环境美化的需求：环境是一种空间艺术，与其他艺术一样，有自身独立的组织结构，利用空间环境的构成要素的差异性和同一性，通过形象、质地、肌理、色彩等向人们表达某种情感，蕴含着一定的社会文化、地域、民俗的涵义。“边角空间”也同样是这样，通过空间造型、色彩基调、光线以及尺度等的协调统一，自然地融入城市整体环境中，起到点缀、美化环境的作用。

#### 2.4.5 城市文化的需求

由于经济发展迅速，现代化城市建设如火如荼，这股浪潮异常汹涌，它快速覆盖了我国的城市本土文化，许多原生态文化遗存被逐渐拆毁消失。然而，一个城市，它最迷人的地方，不是外在的城市空间格局，而是弥漫于城市中各个角落的文化气息和特有的生活方式。因此，城市“边角空间”是保留城市本土文化不可或缺的载体，也是人们对本土文化回归的迫切需求的载体。

### 2.5 小结

对位于城市边缘角落的“边角空间”来说，受地理位置及形状面积的限制，这类空间具有强烈的直观性及第一视觉感受，有极高的空间景观价值及可塑性。

《美化与装饰》中有这么一句话：“装饰是创造愉悦视觉的活动。”作为城市环境空间的一部分，“边角空间”最基本的功能就是美化城市，丰富城市区域的景观环境，这是一个城市空间中的装饰活动。因此，“边角空间”可以塑造出一种欢愉视觉的环境，首先从视觉环境上带给人们美的冲击与享受，勾起人们的回忆并起到激发想象的作用。其次“边角空间”还可为整体城市景观增色添彩，提升城市空间物质的、社会的和精神的品质。

在对城市进行点缀装饰的同时，也对人类的生活居住环境进行装饰美化，既加强城市特征，增强可识别性，又展现城市精神与文化特征，表达特定意义，渲染文化气氛，从而反映城市人文精神内涵，体现城市历史文化。因此，“边角空间”不仅仅是美化城市空间环境，同时也美化着人们的心灵空间环境。

对“边角空间”的需求，是解决城市空间拥挤的途径之一，“边角空间”的设计可增加人们参与同类空间互相接触的愿望，也有着鼓励人们交流的社会作用。此外，利用“边角空间”将城市中的开放空间扩展，一些使人们联络隔离的不良边界线也会随之削弱、消失。边角空间基地的土地使用情况若能设计得非常精美细致，则会吸引、增进、容纳人们之间的互相沟通。

## 3. 城市“边角空间”的构成要素分析

行走在城市的外部空间中，无论置身于哪里，铺地、座椅、雕塑、建筑墙面等各种能让人们感受得到的实体，都可称之为此空间的构成要素。也正是由于这些实体要素的不同组合形式以及不同的表现形态，才使人们拥有丰富多彩的城市生活空间。

### 3.1 构成要素的分类

人类的生活离不开空间，空间的形成离不开各种构成要素，不同的空间形态有着各自不同的构成要素。“边角空间”的构成要素可以分为以下三类 ：构成空间底面的要素——基面要素；构成空间维护面的要素——维护面要素；构成空间内“摆设”的要素——设施小品要素等。[8)]

### 3.2 基面要素分析

“边角空间”的基面要素是空间存在的基础。按照其表层的特征可以分为硬质基面和柔性基面。硬质基面是指那些铺装了人工材料的地面，用于行走、集聚等各类社会活动；柔性基面是指自然形成或运用自然材料构成的基面，通常以绿地、水面为代表。

硬质基面：“边角空间”的硬质基面大多是为人提供驻足、行走的脚下条件，因此很多时候是体现它的承载功能。同时，硬质基面的铺地还有一定的装饰性，既能美化环境，也能对局部小品、雕塑等起到衬托的作用。

柔性基面：水面与绿地是比较常用的柔性基面，其观赏性比较强，多用来分割空间、美化环境。因此，该类界面的设计颇具灵活性，可以充分展现空间艺术气氛。

### 3.3 维护面要素分析

空间的维护面不仅包括建筑外墙体、绿篱、围墙等实质的维护面，也包括控制空间领域的虚质的维护面。实质的维护面可以围合成实实在在的空间，而虚质的维护面也可以形成存在的空间，即有场所感的空间，需要有人在空间内进行感知。

实质维护面：“边角空间”的实质维护面一般主要包括：建筑界面、绿篱、围墙、成行的树木等。建筑界面，作为建筑负空间“边角空间”的实质维护面，既是建筑空间的外壁，又是“边角空间”的内壁。既表明了建筑的功能本质，又体现着城市的文化意象。成行的树木和绿篱不仅可以起到绿化的作用，还有划分空间、围合空间的作用。因此也就成为“边角空间”维护面的主要构成，一般多见于道路空间的边缘地带。这些“边角空间”要素的设计直接影响到该空间环境的整体形态，并且对城市环境景观有很大意义。

虚质维护面：空间的虚质维护面是指人们在空间中心感到的空间界面，没有较强的围合感。比如空间边缘的高差、四角的灯饰、一株大树等，虽然没有被实体围合，但是人在此空间中能感受得到这个空间的存在。拥有虚质维护面的“边角空间”，其维护面的设计完全由其他构成要素的整体作用而体现。

### 3.4 设施小品要素分析

在城市“边角空间”中，设施小品要素的位置、体量、材料、造型等对整体环境有非常大的影响，直接反映“边角空间”的适用性、观赏性和审美价值，是“边角空间”的重要构成要素。

服务设施：服务设施是人们聊天、交往、小坐、逗留不可或缺的设备，体现了对人的室外活动与需求的关怀，也是场所功能性以及空间环境质量的重要体现，如长椅、石桌椅、平台、长廊、垃圾箱等。它们占地小，体积小，易于识别，在布置中应充分考虑到其与环境的关系、与使用者的关系，保证既便于人们寻找和随时利用，又能提高环境和景观效果。

信息设施：信息设施作为信息传递的重要媒介，在快节奏的现代生活中体现着重要的作用。如信息栏、广告牌、指路标志、邮箱等。

艺术景观设施：雕塑、艺术小品是“边角空间”中常见的艺术环境设施，对于点缀和烘托空间气氛，增添场所的文化气息和时代风格有很大的作用。因此，艺术景观设施是“边角空间”重要的构成要素，往往也是该空间的中心，人们的视觉焦点，对空间环境起到画龙点睛的作用。

无障碍设施：在城市公共空间设置无障碍设施，既是社会对残疾人、老年人的关怀，又是社会文明程度的体现。9）因此，城市“边角空间”利用过程中也应当充分考虑无障碍设计，除了对空间要素的宏观把握外，还应对建筑出入口、坡道、台阶等细节处做出考虑。

### 3.5 小结

边角空间中存在的这些不同组合形式以及不同的表现形态的构成要素，促使边角空间更好地展现出了它本身的空间活力。当设计师以符合空间距离、比例、尺度的规律将空间结合成一个有机的整体时，人们便拥有了丰富多彩的城市生活空间。

## 4. 国内外高密度城市环境边角空间实例分析

### 4.1 巴黎沙托新堡路公寓楼（Apartment building in the Rue）

由 FRANCE 建筑工作室设计的巴黎沙托新堡路公寓楼所在用地面积较小，形状特殊——三角形，属于巴黎城市空间中一块不起眼的“边角空间”。

因土地面积狭小而造成的居住空间和建筑外表面之间的比率颠倒，导致立面变得不成比例，其功能也被根本改变了。为了弥补这种比例缺陷，北立面被设计整合成一幅巨大的区域地图，地图会在夜间发光，显示图中标出的汽车和地铁车站（图 9）。

作为“边角空间”出现的沙托新堡路公寓楼具有强烈的空间视觉直观性，直接向人们展现它的空间主题，传达它独有的空间意象。在作为街道设施被使用的同时，兼具极高的空间景观观赏价值，为巴黎整体城市景观添彩，提高了城市区域空间的吸引力，更增强了城市环境的可识别性和场所感。

图 9 沙托新堡路公寓楼

### 4.2 上海市高密度城市环境下的边角空间实例

上海卢湾区打浦路的弄巷里，有几处仅 17m² 的边角空间，这些“边角绿地”原本是一株桂花树“孤独”地依墙侧立，地被植物显得“了无生趣”，广告灯箱、

图 10 延安西路某处

空调外机安放在绿地的围墙上，十分的不尽如人意。

延安西路某处“边角空间”，位于西侧办公楼与东侧居民区交界处，是两座建筑的夹缝空间，凌乱的区域划分和功能分区的不合理，造成大面积的空间浪费，至今，这块空间仍处于闲置状态。更甚的是，区分各个不同功能空间的界限仅仅是几根水管做成的围栏和石球，十分的煞风景（图 10）。

这种“边角空间”在上海许多繁华街道中都是存在着的，但是，这些城市中的开敞空间不应被视为建筑物余留下来的空地，因为这些“空地”才是城市人们生活中的“主角”，应得到充分的重视。设计师在设计时应赋予空间以清晰的的辨知功能，使生活在其中的人们不致迷失，并能从中找到认同。

### 4.3“边角空间”现存问题及分析

由以上几个案例，不难看出，现在的城市“边角空间”存在着许多的问题。

首先，边角空间没有引起设计师们的注意，而是只被当做建筑物余留下来的空地，并没有充分地意识到边角空间在城市空间中所具有的重要性。但其实，无论是小区的入口，还是建筑物的入口以及停车场，这些“边角空间”才是人们每日生活中必经的中心区域，是属于在时间过程中被观察欣赏的主体。“边角空间”虽然因为属于户外空间，空间松散不容易对距离、平面造型及尺度、坡度等作出正确的判断，但是设计师们在设计配置上可以做一定的弹性，缺少是可以加以掩饰的，美景仍旧可以创造出来。

图 11 上海某处景观细节

例如，两个轮廓近似的水面可以将之合并；近处的小物体可以遮挡远处的大物体；轴线在平面看上去是直线，实际却是弯曲的；水平的地面由于临近斜坡，看起来有倾斜感；两个物体明显的相对高度可由四周整地处理，可能呈现相反的视觉效果。单纯的视觉舒适和尺度均衡放到户外空间却不一定正确，要与外围的空间要素建立超时间的连接，利用造型及材料的呼应把户外空间联络成整体。除非要创造神秘和悬疑的气氛，否则必须界定和澄清空间中的各种联络关系。平面的改变影响立面的变动，空间的尺度可由光线、颜色及细部处理而强调（图 11）。

其次，空间划分所运用的栏杆等障碍物简陋又生硬，无丝毫欣赏价值。边角空间作为空间的过渡地带，既应与其他空间有区别，也应有联系。单一的硬质铺装、简陋又生硬的围栏或路障，无情地将原本柔和的边角空间损坏了。

像“边角空间”这种户外空间是以地平线为基准，所以设计师可以利用垂直的物体创造空间的封闭性效果。就像一座山不过只是整片地平线上的小小阻碍物而不构成封闭性。地面高差的改变能界定空间，并可创造动态感，一个含有斜坡地在内的规矩的空间组合，会显出倾斜之感。因此，在空间的进口处设垂直的高差，或在开口处有缓冲地带，都会有封闭安全感。

第三，“边角空间”均为静态空间，但作为不同空间的过渡空间，边角空间应该存有流动性，或者说是在设计时可以利用空间给人们带来的情感影响，做出空间移动的印象。例如，利用边角空间作为小空间的亲密感与主体空间大开口空间的振奋感的过渡，设计时强调这两者空间感知的转移，让人感到空间中的“柳暗花明”。

第四，边角空间作为城市空间的一部分，应当展现出城市精神与文化，让城市的居民在经过时得到体会与感受。

## 5.“边角空间”的设计原则

城市既是一个政治、经济、社会、文化和生态的符合系统，有时一个时间与空间结合四维空间。因此，城市边角空间设计是一个复杂的系统工程，它不同于一般的艺术创作，决不能局限于形体方面，而必须着眼于形体承载着的经济、社会、文化、美学等内涵。

### 5.1 整体性原则

城市是一个整体的系统，城市边角空间设计只有从整体的角度出发，才能达到理想的效果，否则将遇到偏差或走入误区。

#### 5.1.1 空间内涵的整体性

城市边角空间设计要兼顾政治、经济、文化、美学、生态以及人的心理等方方面面，不能有所偏颇。经济角度主要侧重对成本收益的分析，这就意味着要求空间的塑造尽可能节约空间与费用。社会角度是以人为中心，要求边角空间的塑造应当人性化并考虑人的私密性与公共性的统一。文化角度则是主要侧重意义层面，强调形体环境背后意义的塑造，毕竟缺乏意义的东西是没有生命力的。

### 5.1.2 空间要素的整体

城市由多种要素组合而成，小到一个雕塑、路标，大到道路、广场，都是构成城市空间环境不可分割的部分。以系统论的观点来看，城市景观是一个复杂的系统，下有无数子系统，再下有无数的子系统。每一部分都是系统中不可或缺的一环，整体的效果应当大于个体叠加之和。[10] 因此，设计过程中，不能因为只单纯突出某一要素，而忽视空间的整体性。

## 5.2 动态性原则

由于城市本身处于不断演进之中，经济、文化、社会、生态等因素不断耦合，并反映在城市形体环境之中。同时形体环境的构成，又会在一定程度上影响城市的经济、文化、生态过程，使城市自身不断进化。不仅如此，这个过程也是复杂的。它总是经历一个由各个子系统的适应到不适应再到适应的无限循环过程，在城市中，平衡是相对的，而不平衡是绝对的。

城市边角设计的动态性原则，还有另外一个层面的意义，即可持续发展意义。城市边角空间的设计，不同于产品的设计，其本身供一代人或几代人使用。因此，设计一定要慎重，也必须考虑是否能给后人带来福利。

## 5.3 地域性原则

城市空间形态也是城市中的一种文化，具有地域性。这种地域性首先表现在其自然条件上，包括城市的地形、地貌、气候与水文等，它既是城市形成的基础和人类赖以生存的物质前提，也是城市建设最主要的限制条件。例如，北方气候寒冷，故城市色彩浓艳，建筑物封闭厚重；南方气候湿热，城市色彩淡雅，建筑物轻盈通透。

其次，体现在城市的人文条件上。在城市长期的发展过程中，人们的审美情趣、生活方式、社会心理等对城市地域性也起到至关重要的作用。

成功地表现不同地域的传统特色，需要设计师经过深刻的思考和理性的分析，寻找地域文化的可塑元素，因地制宜，延续、整合和变异，得到符合地域、本土的设计成果。

## 5.4 多样性原则

城市的地域性必然导致城市景观的多样性：一是不同城市之间的多样性；另一个是城市内部的多样性。在城市系统中，多样性非常重要。如单调划一的食物对人的感官来说没有更多的新鲜刺激一样，只有内容与形式丰富的事物，才能不断地引起人的兴趣。城市本身聚集了多样性的人，彼此的爱好和兴趣不尽相同，多样性有助于社会平衡。

## 5.5 人本性原则

城市空间与物质实体是为人服务的，因此城市景观设计必须坚持以人为本，满足人们的各种需要，设计出人性化的城市“边角空间”。

符合整个城市的生态环境要求

城市开放空间系统，除了为人提供户外休闲、娱乐、健身等功能外，还有平衡城市发展、调节土地使用强度、城市防灾、美化环境、净化污染等多项功能。久居都市的人们大都有向往自然、回归自然的要求。因此，如“边角空间”这类的开放空间的设计最根本的任务就是符合整个城市的生态环境要求，更多地把自然引入城市，让城市的阳光更亮些、空气更清新些、水体更清澈些、树木更茂盛些。能让城市人多看到一些活蹦乱跳的动物和形形色色、生机盎然的各类植物。

“边角空间”应具有人性尺度

所谓人性尺度就是人的感官能够接受认同的尺度。城市“边角空间”是有形的物质空间，虽形状大小不一，但均是由若干个小空间组成的空间组合体，包含环境、功能、意象、内涵四项为人所用、所认知、所感受的要素。因此，其空间尺度的人性化直接关系到空间的品质和氛围的形成。

### 5.6 创新性原则

无论现代城市空间设计是出于何种目的开始的，审美需求都是一个无法回避的设计任务。研究大众的审美心理时不难发现，“千城一面”的现象不但会使地域文化消失，还会引起人的审美疲劳。因此，没有创新的景观设计，会使人产生“似乎在哪里已经见过”的心理感受，最终，只会让人产生审美疲劳，无法带给人新的体会与感受。所以说，边角空间在设计时应当注重坚持艺术的创新，这样不仅能给观赏的人们带来崭新的思考、独到的见解和意想不到的收获，从而使景观设计呈现多元化的创新局面。

## 6. 结论

“边角空间”属于城市外部公共空间环境中的小空间环境，是人们生活中接触最为频繁的空间。与空间层次复杂的城市环境大空间不同，“边角空间”具有强烈的空间直观性，更易于向人们展现空间主题，表达城市空间意象，在视觉环境上于不经意间带给人们美的体会与感受。优美的“边角空间”环境不仅可以为城市环境增色添彩，更为人们提供了日常生活交往、情感交流的场所，从而成为人们放松身体、慰藉心灵的空间环境。

通过对城市“边角空间”的初步探索研究，不难发现“边角空间”的运用在人们生活中的必要性和重要性。因为人们的生活离不开交往空间，这类空间不仅是城市空间形态的有益补充，而且是城市本土文化传承的载体，对城市空间环境的整体发展有着重要的影响。

因此，“边角空间”的塑造要注重以人为本，满足人生理和心理的需要，为人创造舒适、方便的活动空间是城市“边角空间”设计的宗旨。因此，在设计中要特别体现对人的关怀和尊重，充分与城市空间相协调，与城市的发展相结合，与城市的历史和文化相适应，创造出更具本土文化特色的环境，以增加城市的厚重感，增加城市的生机与活力，展现城市文化特征及城市精神，增强城市的可识别性和场所感。从而创造出宜人的城市户外空间，使人们更加热爱自己生活的城市。

## 注释

1）王小慧．建筑文化艺术及其传播．天津：百花文艺出版社，2000：17.

2）[美]查尔斯•穆尔，威廉•米歇尔，威廉•图布尔著．风景．李斯译．北京：光明日报出版社，2000：20.

3）郝卫国．环境艺术设计概论．北京：中国建筑工业出版社，2006.9：58.

4）荆其敏，张丽安．地景网络环境设计．北京：机械工业出版社，2009.6：200.

5）扬•盖尔著．交往与空间．何人可译．北京：中国建筑工业出版社，2002：13.

6）潘琳．浅析城市景观中的边缘空间设计．北京：北京林业大学，2006.6.

7）Jonge.Derk de，“Applied Hodology”．Landscape17.N0.2(1967–1968)：10.

8）曾伟．浅析城市街旁绿地细部的人性化设计．北京：北京林业大学，2004，6：13.

9）谢样辉．沿街建筑边界的双重性研究价．浙江：浙江大学，2002.6.

10）黄春华主编．环境景观设计原理．长沙：湖南大学出版社，2010.5：118.

## 参考文献

著作：

[1] 世界建筑大师优秀作品集锦•FRANCE 建筑工作室．过敦武，伍江译．北京：中国建筑工业出版社，1999.4.

[2] [英]凯瑟琳•斯莱塞著．地域风格建筑．彭信苍译．南京：东南大学出版社，2001.

[3] 扬•盖尔著．交往与空间．何人可译．北京：中国建筑工业出版社，2002.

[4] 埃德蒙•N•培根著．城市设计．黄富厢译．北京：中国建筑工业出版社，2003.

[5] 诺伯格•舒尔兹著．存在•空间•建筑．尹培桐译．北京：中国建筑工业出版社，1990.

[6] 郝卫国编著．环境艺术设计概论．北京：中国建筑工业出版社，2006.9.

[7] 荆其敏，张丽安编著．地景网络环境设计．北京：机械工业出版社，2009.6.

[8] 宛素春著．城市空间形态解析．北京：科学出版社，2004.

[9] [日]土木学会编．道路景观设计．章俊华，陆伟，雷芸译．北京：中国建筑工业出版社，2003.

[10] 李德华．城市规划原理．北京：中国建筑工业出版社，2001.

[11] 亚历山大(Alexander C)，伊希卡娃，西尔佛斯坦等著．建筑模式语言．王听度，周序鸿译．北京：知识产权出版社，2005.

[12] 荆其敏，张丽安．图解环境设计．北京：中国电力出版社，2009.3.

[13] 克利夫•芒福汀著．城市意象．方亦萍，何晓军译．北京：华夏出版社，2001.

[14] 常怀生．建筑环境心理学．北京：中国建筑工业出版社，1990.

[15] 李德华．城市规划原理．上海：中国建筑工业出版社，2001.

[16] 克莱尔•库泊马•库斯，卡罗琳•弗朗西斯编著．俞孔坚等译．人性场所—城市开放空间设计导则．北京：中国建筑工业出版社，2001.

[17] 刘文军，韩寂．建筑小环境设计．上海：同济大学出版社，2000.

[18] 王建国．城市设计．南京：东南大学出版社，1999.

[19] 钱健，宋雷．建筑外环境设计．上海：同济大学出版社，2001.

[20] 商样生，丁金华，郁建忠．现代建筑环境小品．南京：江苏科学技术出版社，2002.

[21] [日]芦原义信著．街道的美学．张永刚，陆卫东译．北京：中国建筑工业出版社，1989.

[22] [日]芦原义信著．外部空间设计．北京：中国建筑工业出版社，1985.

[23] 黄春华主编．环境景观设计原理．长沙：湖南大学出版社，2010.5.

[24] 韦爽真．环境艺术设计概论．重庆：西南师范大学出版社，2008.3.

[25] 金俊著．理想景观——城市景观空间的系统建构与整合设计．南京：东南大学出版社，2003.

[26] 荆其敏．城市休闲空间规划设计．南京：东南大学出版社，2001.

[27] [英]卡莫纳（Matthew Carmona）等．城市设计的维度．南京：江苏科学技术出版社，2005.

[28] 刘先觉．现代建筑理论．北京：中国建筑工业出版社，2004.

[29] 凯文•林奇．城市形态．北京：中国建筑工业出版社，2001.

[30] 王建国．现代城市设计的理论与方法（第二版）．南京：东南大学出版社，2001.

[31] 克劳迪奥•杰默克．场所与设计．大连：大连理工大学出版社，2001.

[32] 克利夫•芒福汀．美化与装饰．北京：中国建筑工业出版社，2004.

[33] 凯文•林奇著．整体设计．北京：中国建筑工业出版社，1999.

[34] 刘文军，韩寂．建筑小环境设计．上海：同济大学出版社，2000.

[35] 谢样辉．沿街建筑边界的双重性研究价．浙江：浙江大学，2002.6.

[36] 钱健，宋雷．建筑外环境设计．上海：同济大学出版社，2001.
论文：
[1] 曾伟．浅析城市街旁绿地细部的人性化设计．北京：北京林业大学，2004.6.
[2] 曹新红，郭旭，刘陶冶．城市边角休闲空间环境设计，和谐城市规划 2007——中国城市规划年会论文集．2007.
[3] 陈勇．城市空间评价方法初探．重庆：重庆建筑大学，2003.6.

## 图片来源

图 1，图 2. 作者自摄
图 3. http://www.gov.cn
图 4—图 8. 作者自摄
图 9. 世界建筑大师优秀作品集锦
图 10，图 11. 作者自摄

**潘淘洁 / Pan Taojie**
（贵州民族学院美术学院，贵州．邮编 550025 ）
（College of Fine Arts, Guizhou University for Nationalities, Guizhou. 550025 ）

# 水族刺绣依存环境的探索
# The survival environment of Shui Minority's embroidery

**摘要：**
水族刺绣是漫长农耕文化的产物，是水族现存最具有生命力的原始艺术。本文着眼于水族独特的历史、自然、社会环境，探索其对水族刺绣的艺术表现形式、制作工艺及传承发展的深刻影响，以及当前快速变化发展的市场经济环境下水族刺绣的生存传承状况。

**Abstract:**
Shui Minority's Embroidery is the product of a long farming culture and is the most existing primitive art with vitality. This paper focuses on the unique history of Shui Minority, the natural and social environment, and explores its profound impact for artistic expression, crafts and heritage development of Shui Minority's embroidery, and the survival of Shui Minority's embroidery under the current rapidly changing environment.

**关键词**：水族，刺绣，环境
**Keyword**：shui minority, embroidery, environment

**中图分类号**：J523.6
**文章标识码**：A

## 1. 引言

水族是中国 55 个少数民族之一，人口四十余万，主要聚居在贵州省南部，是一个历史悠久、文化底蕴深厚的民族。

水族刺绣是水族多彩的民间艺术中的一颗明珠，是水族刺绣技艺、刺绣作品的统称，是普遍流行于水族地区的民间艺术，有着悠久的历史传统和广泛的群众基础。水族刺绣主要应用于背扇、妇女衣物、围腰、配饰、布鞋、鞋垫、荷包、儿童帽子、儿童衣装等处。绣品不仅图案精美，具有极高的装饰价值，其反复绣缀的工艺还能增加衣物的耐用度，是观赏与实用并举的手工艺结晶，具有独特的艺术性和文化价值。水族刺绣的代表作“马尾绣”是水族民间艺术的标本和名片， 2006 年入选国家首批非物质文化遗产名录。

◀ 图 1　水族马尾绣背扇
▲ 图 2　水族卯节祭田仪式

水族刺绣所依存的历史环境、自然环境和社会环境深刻地影响着水族刺绣的传承和发展，影响着水族刺绣的主要创作群体——普通劳动妇女的社会生活，同时也被赋予了丰富的社会文化功能（图 1）。

## 2. 历史环境

“水族自称‘睢（$sui^{3}$）’，因发祥于睢水流域而得名……大约在殷商之后，水家先民从中原往南迁徙，逐步融入百越族群之中，逐步形成了以中原文化、百越文化为主流的，南北民族融合的二元结构形式。”[1)]

水族由中原南迁融入百越族群之后，大约于秦汉之际又溯源进入今广西贵州交界地区生息，形成了南北二元文化为主的文化现象。唐代贞观三年至开元年间（公元 629—713 年），在水族地区设置应州、抚水州、莪蒲州、劳州、环州等建制，水族才以单一民族跻身于中国民族之林。抚水州是以安抚水族先民为主体的行政机构，族称由“睢”[2)]变“水”。1957 年，国务院批准建立三都水族自治县，族称定为“水族”。

水族刺绣是漫长农耕文化的产物，是水族现存最具有生命力的原始艺术。水族马尾绣，水语称为“骱”，国际音标注音为“jie”，语音语义同古汉语“骱（jie）”。马尾绣的代表作是背负婴儿的背带，亦即背扇，水语称为“袋骱”，国际音标注音为“$tai^{6}$ $e^{2}$”。其历史可追溯至两千多年前。东汉许慎《说文解字》释“骱”：“‘骱’系马尾也。从骱声。”

水族生息地区史称东谢蛮，《唐书·南蛮传》载：“东谢蛮，其地在黔州之西数百里……丈夫衣服有衫袄，大口袴，以锦绣及布为之。”此外，该地区“有功劳者，以牛马铜鼓赏赐”。马是水族社会中重要的畜种，水族人养马、爱马、赛马，至今赛马仍是水族盛大年节、端节不可或缺的节目。赛马是中原征战的遗风，此后演化为水族年节的娱乐项目，成为南方民族奇特的习俗。水族端节是在水历年终岁首时节欢度，正值稻谷成熟季节，是古代谷熟庆典的遗风。《说文解字》释：“年，谷熟也。”古代谷熟庆典曰过年。水族历法与端节准确诠释了汉字“年”的本义。[3)]过节期间是刺绣盛装使用与展示的最好机会（图 2）。

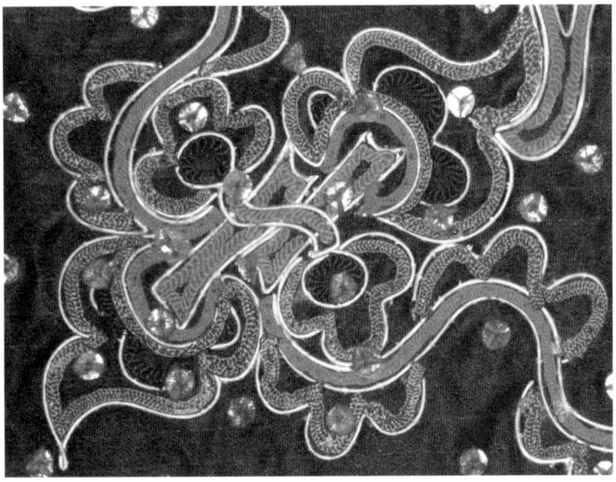

图 3 水族刺绣中的书简图案

图 4 榕江县三江乡 大山里的水族村寨

另外，水族男丧牺牲品最崇尚马匹。这些习俗现在在水族地区依旧传承，由此可见，马尾原料的供给与水族的悠久历史和传统习俗有关。再者，水族马尾绣刺绣图案中，活态保留着水书早期的书简字形图案“”，与甲骨文“册”字的字形相同。西南大儒莫友芝在咸丰十年（1860）研究水书，认为水书是“斯前最简古文也”，属于先秦文字。此后得到岑家梧、张为纲等诸多学者的认同。[4] 从出土的秦始皇兵马俑可见，马的尾巴是被束缚住的，防止挂住障碍物发生危险。《左传》中有多起“不 ⿰马介 而亡”，即不系马尾导致的战争惨案。水族的马尾绣就是用白丝线缠绕马尾作为绣线的一种刺绣技法，语音相同，语义均为“系马尾”，足见水族刺绣的渊源，也是水族发祥于中原睢水流域的佐证之一（图 3）。

### 3. 自然环境

据 2010 年第六次全国人口普查，90% 的水族人口分布在贵州省，全国约半数水族聚居于三都水族自治县，其余散居于广西北部的河池地区、云南东部的富源县一带，以及零星分布于国内各地。贵州省是水族大本营，境内的三独县是中国唯一的水族自治县。

贵州省地处西南腹地，过去被誉为“天无三日晴，地无三尺平，人无三分银”的偏僻贫困山区，一个从古代到现代都较为封闭、受外界影响相对较少的地方。由于地处偏远、交通闭塞，文化交流相对滞后，贵州的本土文化几乎像封存在冰柜中一样。因此，贵州世居少数民族原生态文化受现代气息侵蚀较少，保留着较好的民族文化原汁原味特征。

水族人口 97% 以上分散居住在山区的农村，这些乡村多处于交通极为不便的崇山峻岭之中，过去很难与外界联系，生产生活方式古朴原始，人口流动少，这就为水族刺绣文化的传承提供了相对稳定而封闭的社会大环境和人文条件，使之在这种环境中较好地保持了原貌。水族刺绣特征鲜明，基本保存着本源的朴实、纯真的本色，典雅秀美，个性鲜明。

传统水族刺绣传承较完好的地区集于贵州南部、东南部一带，以三都水族自治县为中心，辐射到毗邻的独山县、荔波县、都匀市、榕江县、丹寨县、雷山县等地（图 4）。

## 4. 社会环境

### 4.1 水族刺绣依存的社会环境分析

社会环境亦称为社会生态环境或社会文化环境。社会环境对一个民族、一个国家甚至于全人类的生存发展都会产生极为重大的影响。

水族主体生息在黔桂交界的龙江、都柳江上游青山绿水的山区已有两千余年的历史。水族的人口分布有“小聚居、大杂居”的特点，形成犬牙交错的社会居住环境。周边主要民族为布依族、苗族、侗族、汉族、毛南族、瑶族等。长期的生活接触和文化交往，必然存在潜移默化的文化影响与渗透。

这样的地理环境对水族后期文化的发展，尤其对水族的审美心理的形成、染织技艺的制约、文化交往的心态等，都产生了较大的影响。由于封建社会长期的阶级压迫和民族压迫，构成了水族独特的文化心理。水族聚族而居，有较强的群体意识和民族文化意识。水族的节日相当丰富，在端节、卯节、霞节、苏宁喜等节日里，水族民众尽情地宣泄民族情感和欲望，还借此把祖先文明世代相传，以此增强民族的自尊心、自信心与自豪感。水族的刺绣艺术，是水族文化的一个组成部分，已形成有别于周边民族艺术而独具自己特色的艺术。

法国学者让 • 博丹曾提出：“某个民族的心理特点决定于这个民族赖以发展的自然条件的总和。”中国古代也有类似的说法：“百里不同风，十里不同俗。”《礼记 • 王制》云：“广谷大川异制，民生期间者异俗。” 究其主要原因，首先，特定的地理环境经由物质生产方式这一中介，给各个不同的文化类型奠定了物质基础，并浸染上地理环境的特色；其次，地理环境通过人们自身的社会活动，影响人们的风俗习惯、性格面貌；其三，是地理环境直接赋予某些文化以色彩。5)

社会生态环境、自然生态环境是人类生存发展必须依赖的两大环境。因此，文化人类学都是把生活与文化当做相互联系的整体来考察。自然生态环境是背景，文化生态环境也同样是背景，任何行为的产生都离不开背景的潜在影响，而在很多时候文化背景的影响更大。

水族刺绣是属于普通民众的艺术，属于社会底层的草根文化的艺术，属于水族妇女群体的传统艺术。水族妇女是掌握刺绣技艺的主要群体，她们是传承弘扬水族刺绣艺术的主体，也是使用与保护水族刺绣的主体。可以肯定地说，没有水族妇女就没有水族刺绣。在相对封闭的生活环境中，水族妇女在社会地位、经济地位、社会交往、文化教育等方面均处于弱势，处于社会底层，处在最为封闭的生活圈之中，至今在水族地区只会说水语而不会汉语的妇女仍占相当大的比例。因此，作为水族妇女绝活技艺的水族刺绣，反而得到较为理想的保护与传承。水族妇女这种社会底层的封闭劣势，反而变成水族刺绣传承的优势。

水族的刺绣发展演变，依旧受到社会文化生态的影响与制约，也就是受社会环境中的教育环境、科技环境、艺术环境、哲学环境、风俗环境、道德环境、宗教环境、婚姻环境、家庭环境等的影响很大。尽管外来文化、其他民族的文化对水族刺绣产生影响，但只是属于锦上添花的影响，并不是移栽似的全盘引进，并没有从根本上动摇水族刺绣

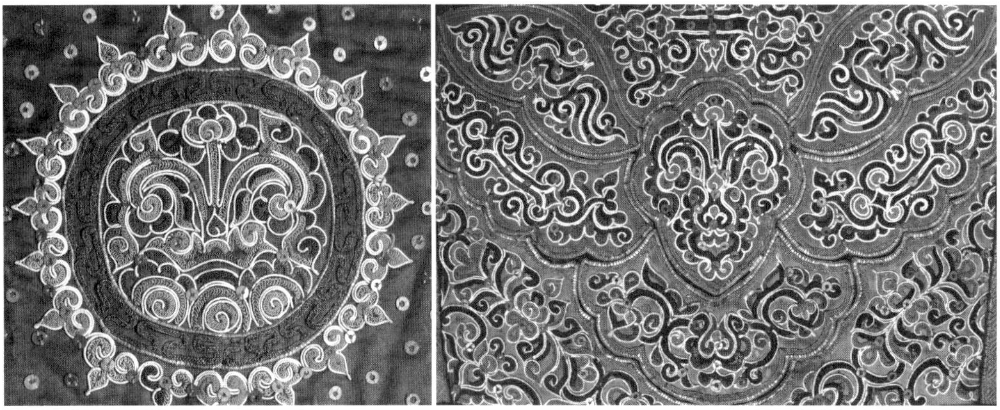
图5 水族刺绣中的太阳纹（左）和蝴蝶纹（右）

的根基。因此，水族刺绣的个性特征依旧鲜明，依然起到民族文化名片符号的作用。

## 4.2 水族刺绣的社会文化功能

### 4.2.1 族群身份识别功能

每个民族都有自己特定的文化根基，千百年来以各种方式使之传承下去，世代相继地产生影响，从而形成本民族的文化传统，使得本民族有了区别于其他民族的独特标志。而服饰文化对于各个少数民族的身份辨识，是非常重要的外化符号标志。各民族的服饰差异主要体现在布料的颜色、式样、穿着方式、发式、首饰等方面，而刺绣在大多数少数民族服饰上，除了装饰之外，还有一个很重要的功能，就是表达本民族的图腾崇拜、宗教信仰、审美情趣等民族心理。图腾是辨识各个民族以及民族内部各个支系、各个氏族的外化标识。

水族刺绣有着很高的辨识度，刺绣的题材有作为图腾崇拜的鱼、太阳纹，与民间传说有关的蝴蝶，与生殖崇拜有关的葫芦，与吉祥寓意相关的石榴、花卉、龙凤、万字纹等，另外还有水族古文字和书册的变形图案。在刺绣的构图、制作手法、绣品的样式上也独具特色，所以水族刺绣是族群身份识别的要素之一（图5）。

### 4.2.2 表达制作者内心情感的功能

水族刺绣绝大多数是出自民间妇女之手（也有极少数男性做刺绣活），刺绣是她们生活中必不可少的一项技艺，在水族社会从未出现过刺绣加工作坊。

传统水族妇女绝大部分不识字，但是对美好生活的追求、对美的感悟是强烈的，种种情感和心愿往往是通过一针一线的刺绣得以表达和记录。一方面是通过刺绣的图案表达对甜蜜爱情的向往、对家庭美满的渴望、对孩童健康成长的期盼；另一方面，带有精美刺绣的物件是水族姑娘出嫁时的必备陪嫁品之一，例如衣服、背扇、鞋、鞋垫、荷包等。这些绣品还常常被作为珍贵的礼品送出，若是姑娘手艺精湛、技艺高超，便会受到大家称赞，相传十里八乡。刺绣活的好坏是姑娘是否心灵手巧的重要衡量标准。

在以农耕经济为主的传统社会中，水族妇女的活动范围相对较小。在作者重点走访的贵州省三都县塘州乡、荔波县佳荣乡和榕江县三江乡，直到现在中老年妇女的社会活动状况仍无大的改观。水族地区的家庭分工一般来说是男子在田间从事主要的体力劳动，

◀ 图 6　边做绣活儿边交谈的水族妇女
▲ 图 7　水族绣花鞋

以及帮忙修路建屋、赶集交易等社会交往事务；而女性主要负责家庭事务，做饭洗衣、饲养牲口家禽、纺纱织布、生养儿女等既繁重又琐碎耗时的活儿，并且这些劳动几乎都是在家里完成。“长期以来，这种‘男主外，女主内’、‘男耕女织’的家庭经济模式被固定下来，使女性的活动范围被局限在以家庭为中心的狭小的圈子里，失去或缺少了与外界的社会交流机会。”6) 刺绣活相比其他的家务劳作，对场地、工具、时间没有要求，并且水族的绣品往往都是由小块绣片组合拼接而成，携带方便，所以妇女们稍有空闲便会三五成群地聚在一块做各自的刺绣活儿，这是水族妇女社会交际的重要场合。在这里可以探讨刺绣的技艺、互相帮忙，交流花样图案，可以将技艺传授给下一代。更重要的是，隐藏在物质形态即刺绣背后的精神因素。水族农村女性生活于局促而狭小的家庭活动空间，刺绣作为女子的一种必备技能便成了女性情感的一种寄托和精神追求，乃至交流的一种手段，这是她们与外界沟通的最自然最方便的方式。在做活儿的同时，可以交换信息，聊聊家长里短，促进情感的交流。在作者的调查过程中，遇到过几次这样的场合，气氛都很轻松愉悦，言谈说笑之间，手头飞针走线，不时评点一下彼此的作品，其乐融融（图 6）。

### 4.2.3 代表财富和身份的功能

水族刺绣背扇，特别是马尾绣背扇，制作工序异常复杂，而且上面以蝴蝶为主的图案与水族对蝴蝶的崇拜有关，因此在使用和收藏背扇时都小心翼翼、爱护有加，不会用来垫坐或挪作他用。

在节日走访亲友时，拥有马尾绣背扇是体面和富有的标志。在水族地区普遍流传这样的一个风俗：女孩出嫁后生的第一个孩子，要举行隆重的祭祀圣母娘娘席的“奠希”满月仪式，即办满月酒，届时要专门杀猪、鸡、鸭，开糯米窖酒迎接外家人。孩子的外婆或舅母会送去布料、糯米甜酒等物品，最重要的就是要送几条背带和几顶童帽，少则三条，多则五条七条不等。这些背带中如果有两三条是马尾绣背带，整个寨子的人看见后都会啧啧称赞，反之，不要说外家人没有面子，就连女婿本人也难堪。7)

一般说来，每个水族妇女一生中只能享受娘家送的一次马尾绣背带，如婚姻变故另嫁再生，娘家通常不再送马尾绣背带了。因此，刺绣背带寄托着是娘家人对女儿从一而终，婚姻稳固，美满幸福，白头偕老的祝福。

水族妇女服装上的刺绣，是辨认穿着者是否结婚的标识之一。依照传统习俗，未婚女子的衣服上是不着“阑干”（镶在衣服上的花边）的。衣着非常素净，荔波县以及三都县九阡一带会用绣花飘带作点缀，盛装时主要是靠绣花围腰、银项链、项圈、手镯以及头饰来装点。已婚妇女的衣装在坎肩、袖口、裤脚等处均有刺绣的“阑干”，一般不佩戴绣花围腰。但现在这种界限已经越来越模糊，不论婚否，上衣的刺绣装饰越来越多，沿上衣下摆和袖口一周也开始有刺绣装饰（图 7）。

## 5. 水族刺绣当前的生存环境

### 5.1 现状

水族刺绣的现状可以概括为：精品流失，守成艰难；青黄不接，后继乏人。

#### 5.1.1 精品流失，守成艰难

改革开放像把双刃利剑，既推动了水族刺绣的市场化发展，也催生了应急的商业化产品问世，现代人变卖了祖传的刺绣精品，但又制作不出新时代的精品。改革开放之后，一些具有艺术开发眼光的艺术家、收藏家以及为利益驱动的商贩，在艺术价值与商业利益的驱动下， 20 余年不断在水族地区搜罗精品，导致刺绣精品流失严重，有不少流入国外市场，本土留下的精品极少。

水族刺绣是小农经济社会的产物，是水族妇女在大量闲散的、自主的时间及空间内，自产自用、自娱自乐的产物。当今在工业化、商业化、信息化社会的冲击之下，传统农业社会模式下的水族刺绣必然受到冲击，固守传统模式已经十分艰难。

水族妇女是水族刺绣的主力军，是传承的主要群体。这一群体不断在分化，其中主要是进学校读书，外出工作，外出打工，整体实力在减弱。再者，外出的妇女接受外来文化比较多，尤其接受汉文化广阔的社会层面之后，对传统文化舍弃的观念滋生，本土固有的审美观、价值观在不断弱化。三是外出工作，有融入当地社会的从众心理，迫使自己放弃穿戴民族服装。另外，由于工作忙时间紧，再无闲暇制作传统刺绣品。

鉴于上述原因，水族刺绣出现青黄不接，后继乏人的局面。健在的全面掌握刺绣技艺的资深艺人寥若晨星，而静下心专心致志学习刺绣的年轻人寥寥无几。一些懂得刺绣技艺的妇女，宁愿加入小商小贩的行列，觉得收益比自己一针一线做刺绣盈利多、收益快。青黄不接，人才匮乏是水族刺绣面临的窘境。

#### 5.1.2 青黄不接，后继乏人

由于水族地区妇女的受教育水平普遍较低，而且在日常生活中是以水语交流为主，尤其是刺绣技艺精湛的多为 60 岁以上的老年人，很多都不会说汉语。因此，对于不懂水语又没有当地生活经验的人来说，如何将水语中各种刺绣术语及含义转述为汉语是非常困难的问题。调查和写作当中，作者若干次地就此类问题请教专家学者、自家亲戚、懂刺绣又懂汉语的水族年轻人，希望能尽量准确而原汁原味地表达其意，但错误和疏漏之处难免存在。

现在很多仍在做刺绣的水族妇女对刺绣品中的各种图案含义、构图方式、故事传说的解说已经趋向汉化或一知半解，这会使得对刺绣的文化解读的深入变得很困难。

图 8　教授刺绣技艺的母女

很多小商贩走村串寨地收购水族传统的刺绣品，在倒手卖出的过程中，为了更多收益，常将整件绣品拆解成若干小件出售，这对于解读绣品的文化含义是非常不利的（图 8）。

## 5.2 生存环境恶化的原因

传统水族刺绣的生存空间日益狭小，无论是民间老百姓的拥有量、制作者的数量还是使用的频率都在萎缩。其在历史过程中所承担的功能、无论是实用方面还是精神方面正在逐渐消逝。年轻一代将刺绣传统工艺视作落后和保守的象征，在这样的氛围中，传统水族刺绣的生存环境日益恶化，其原因归纳如下：

A. 传承群体的萎缩。水族刺绣的传承群体是广大的水族妇女，她们是水族刺绣创制者，也是水族刺绣的审美主体，随着时代的进步发展，外出读书、工作、打工的女性日益增多，水族刺绣群体发生分流而萎缩。

B. 传统水族刺绣所依存的社会生态环境发生巨变，水族妇女地位和社会角色在不断地转换，为适应新的社会环境，她们主动放弃学习和制作刺绣，逐渐走出家门，广泛参与到社会生活的方方面面，刺绣不再是她们必修的功课。另外，外出读书、工作的女性日益增多，分散在各地的不同单位，形不成集中的水族文化群体。她们为了适应学习工作的新环境，要融入当地社会，从众心理迫使自己放弃穿戴刺绣服饰。加上学习工作的时间紧，不宜操持刺绣活计。

C. 审美观、价值观发生变化，主动放弃穿戴传统的服饰。很多外出读书、工作之后，观念审美观、价值观发生变化，本土的审美观、价值观在弱化，主动放弃传统刺绣服饰。

D. 手工刺绣，费工费时盈利小，鲜少有人愿意学习、制作。留守本土的妇女心气也逐渐浮躁，对于耗时多，成本高、盈利少的传统刺绣也逐渐丧失信心，最终放弃。老艺人的精湛手艺无人继承，最终导致后继无人。

潘勉是地道的水族妇女，三都县塘州乡人，绣活精湛，多次被文化部、贵州省文化厅选为非物质文化遗产优秀传承人出访各国，北京奥运期间曾在“祥云小屋”中做技艺展示。可是，迄今为止，她没有一个传承人，她的女儿在大学主修外语专业，也没有兴趣跟母亲学习刺绣手艺。

E. 传统农业社会经不住工业化、商业化社会的冲击。水族刺绣是小农经济社会的产物，是在大量闲散的、自主的时间及空间内，自产自用的产物。当迅猛异常的工业化、商业化社会袭来，守成不易，难以招架。

F. 旅游业的快速发展是传统刺绣工艺生存所面临的另一个难题。少数民族的风俗人情、奇特装扮吸引了众多参观游客，导致对少数民族文化的商业性包装开发急功近利，过度迎合、满足旅游者的猎奇心理，渐渐地，水族民间刺绣出现了用色艳俗、造型夸张、比例失调、工艺粗糙、个性丧失、风格趋同等问题。古朴而独特、和谐精美的水族原生态绣品反而不被人所知。

市场经济对水族传统社会冲击巨大，而有效的保护机制尚未形成。总而言之，水族刺绣当前的生存环境不容乐观。

## 注释

1）国家民委《民族问题五种丛书》编辑委员会、《中国少数民族》编写组、《中国少数民族》修订编辑委员会编，中国少数民族（修订版）[M]. 北京：民族出版社，2009：714.

2）潘朝霖，韦宗林主编. 中国水族文化研究 [M]. 贵阳：贵州人民出版社，2004:19.

3）潘朝霖 . 水族历法与端节准确诠释“年”的本义 [J]. 南开语言学刊 . 2005（2）.

4）刘世彬 . 莫友芝与水书研究 [J]. 黔南师院学报 . 2006（1）.

5）于贤德. 民族审美心理学 [M]. 海口：三环出版社，1989.

6）黄娅. 从性别理论的角度透视水族妇女社会地位 [D]. 贵阳：贵州师范大学，2008.

7）潘朝霖，韦宗林主编. 中国水族文化研究 [M]. 贵阳：贵州人民出版社，2004:582.

## 参考文献


[1] 三都水族自治县志编纂委员会 . 三都水族自治县志 . 贵州：贵州人民出版社，1992.

[2] 潘朝霖，韦宗林 . 中国水族文化研究 [M]. 贵州：贵州人民出版社，2004.

[3] 何岳光 . 百越源流史 [M]. 江西：江西教育出版社，1989.

[4] 潘一志 . 水族社会历史资料稿 [M]. 三都水族自治县民族文史研究组编内部发行，1981.

[5] 岑家梧 . 图腾艺术史 [M]. 上海：学林出版社，1986.

[6] 潘朝霖 . 水族历法与端节准确诠释“年”的本义 [J]. 南开语言学刊 . 2005（2）.

[7] 刘世彬 . 莫友芝与水书研究 [J]. 黔南师院学报 . 2006（1）.


## 图片来源

所有图片均为作者本人拍摄

**王海婷 / Wang Haiting**
(上海思博职业技术学院，上海．邮编 201300)
(Shanghai Sipo Polytechnic , Shanghai. 201300)

# 模块化家具的设计创新
# The modular furniture design innovation

**摘要：**

本文主要针对模块化家具设计的两大步骤，即形成模块系统和模块化的产品系统，结合模块化家具设计的基础，从模块单体和模块组合两个方面谈模块化家具的设计创新。

**Abstract:**

Based on the kinesiology and national character and style, this paper talk about the design of innovative modular furniture from two aspect:. the formation of modular systems and modular product system.

**关键词**：模块化，家具，创新
**Keyword**：modular, furniture, innovation

**中图分类号**：J525.3
**文章标识码**：A

## 1. 模块化设计及模块的概念

模块化设计是在对一定范围内的不同功能或相同功能不同性能、不同规格的产品进行功能分析的基础上，研究制定和设计出的系列功能性模块，通过模块的选择和组合来构成不同的产品，以满足市场不同的需求。

模块是可组成系统的、具有良好的可重性和完整接口的单元。这个定义揭示了模块的四个基本特征：是系统的组成部分、是一种标准单元、具有独立的功能和能构成系统的接口。[1)]

## 2. 创新的基础

### 2.1 人体行为尺度

研究人的行为尺度是现代家具设计的基础工作。[2)] 如果没有这种基础工作所产生的成果作为支撑，设计创新就会流于表面形式而缺乏市场生存的生命力。为使用者提供舒

图 1 长凳

图 2 榫接结构

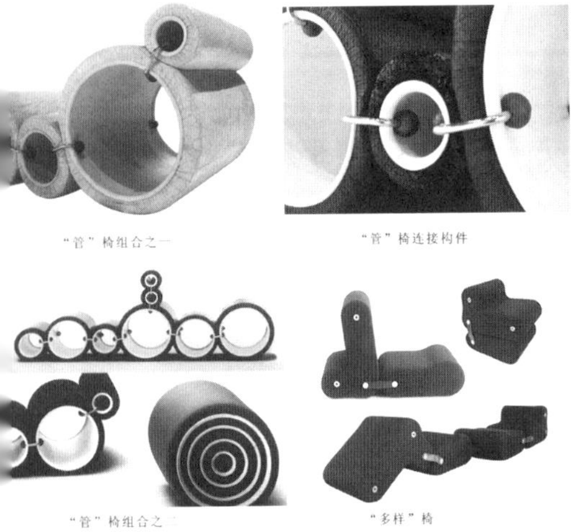


图 3 柯伦伯作品

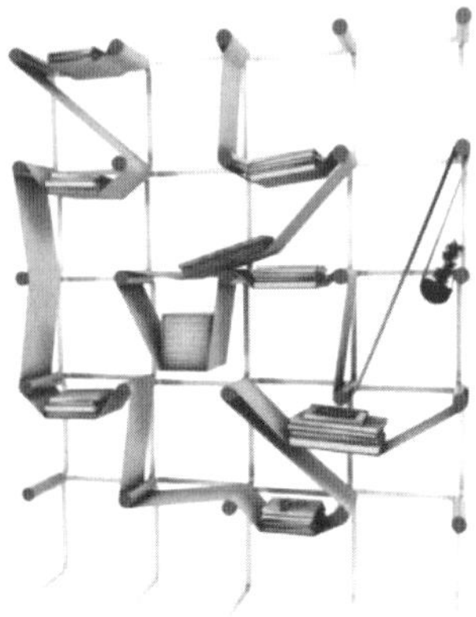

图 4 设计师 Wenchuman 作品

适方便、功能合理的服务，是家具产品最直接最鲜明的要素特征。因此，研究家具的使用功能必须建立在对人体的构造、尺度、体感、动作等人体机能特征的充分理解和研究基础上，并以此为依据来设计模块化家具。同时注意东西方人群的尺度，从而实现造型设计的创新。

### 2.2 各地民风民俗

家具与社会的政治经济、文化，以及人们的宗教信仰、生活习惯等方面都有着密切的联系。各地文化的发展，使家具的样式多种多样。因此，家具不仅仅属于物质产品范围，也属于精神产品范围。例如，洛可可家具采用曲线外形，豪华美观。因此，在设计家具的时候，更多考虑的是空间上的适用性。

## 3. 创新的角度

### 3.1 模块单体创新

模块单体设计对家具整体设计起着重要的影响作用。模块化是系统的分解与集成，以产品(系统)总功能为对象，以功能分析为基础，经层层分解建立模块体系，并通过选用模块的特点组合成不同产品(系统)的全过程。选择不同的模块会组成不同的产品，所以要重视模块单体的创新。

#### 3.1.1 单体造型及色彩

利用集成模块的思想，可设计装饰模块(色彩模块、装饰模块等)附加于结构性模块之上，以快速响应市场需求。如图 1 所示，凳子坐面以圆形为主，小巧可爱。色彩上，以红色为主，并以白色为点缀，给人以鲜明、独特的视觉感受。

#### 3.1.2 单体结构

模块化家具最大的难点就在于单体的造型和结构设计上，设计师 Wenchuman 利用简单的榫接结构将一个个只有一条腿的立方体牢固的链接在一起，可以拼装出很多意想不到的形式来。考虑到牢固程度和稳定因素，每个立方体下边的腿都是带有角度的，这样你可以在排列组合这些单体的时候让它们规整的朝向一边或是随机的摆放，自由度很高，也可以根据使用者不同程度的客观需求随意安装或者拆卸（图 2）。

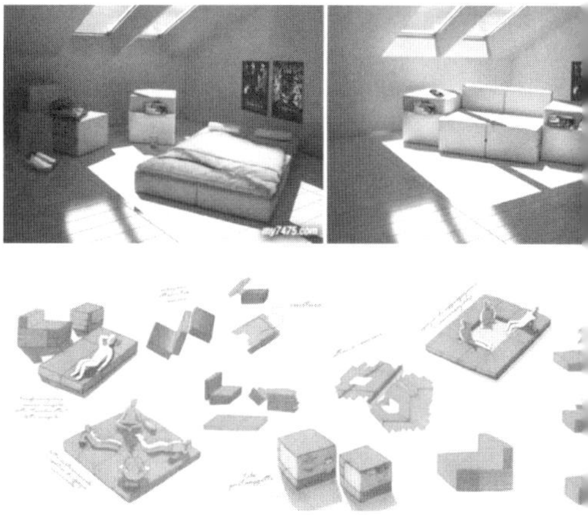
图 5 Multiplo 家具

### 3.2 模块接口创新

模块是可组成系统的，具有完整接口的单元。接口起到重要的连接作用。家具模块的接口方式多种多样，且各有优势和缺陷。模块接合方式的合理与否，将直接影响到家具的强度、稳定性，实现家具的难易程度（加工工艺），以及家具的外在形式（造型）。家具的零部件需要用原材料制作，而材料的差异性将导致连接方式的不同。

为了保证其牢固，可以再加上机械定位和连接结构。如下图，通过金属构件的连接，“塑料家具设计大师”柯伦伯设计的“管”椅，这些塑料管可以组成一系列的椅子，而“多样”椅也可以自由的组合。通过这些小小的构件，这些家具可拆卸、组合，灵活性强。（图 3）

### 3.3 家具结构创新

家具结构是其用以支撑外力和自重并将荷载传递到结构支点而延至地面的一个系统。家具的结构强度，不仅取决于构成材料，也取决于连接强度。好的结构设计，应该既能节省原材料，也有利于增加产品的造型艺术效果，并保证产品的强度。

由设计师 Alessandro De Dominicis 设计的作品，采用了铝结构作为书架的骨架，骨架坚固结实，满足基本的承重需求。用橡皮带（布带也可以）作为书架的搁板，想组合成什么样子的书架完全由你自己决定，充分考虑到消费者个性化的需求（图 4）。

### 3.4 模块组合创新

模块化活动的目标或产物有两个，即形成模块系统和模块化的产品系统。建立模块系统是实施模块化设计的前提，形成模块化产品或系统则是模块化的最终归宿。通过对模块的选择和组合，在多品种、小批量的生产方式下，可以构成不同的产品，实现最佳的效益和质量，使模块可以按照不同的空间需要和使用功能组合成不同的家具形式。

图 6 城市家具

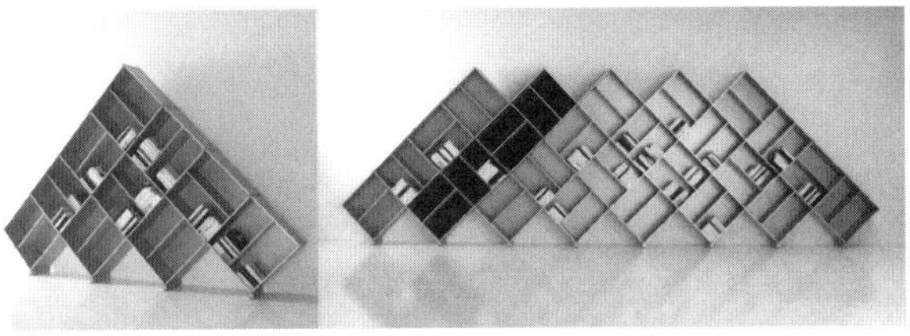

图 7　书柜

Multiplo 是由 Heyteam 推出的一套多功能模块化组合家具。每个模块不仅重量轻便，而且色彩鲜活，可以自由组合打造出储物柜、茶几、床、椅子、沙发等家具，组合变化随心所欲。Multiplo 家具可以让你的现代家居生活变的多姿多彩（图 5）。

下图为一组供户外使用的模块化家具，可供小朋友玩耍，也可以躺在上面短暂的休息，放在公共场所还算不错（图 6）。

这款书柜设计来自意大利，它采用模块化设计，我们可以自己堆叠，大小、高度和宽度都能自己决定，很有特点又充满个性的书柜，能够给整个空间带来别样的气氛，甚至让人更有想读书的欲望（图 7）。

## 注释

1）贾延林 . 模块化设计 [M]. 北京：机械工业出版社，1993.

2）郑曙旸 . 现代家具与室内环境的设计创新 [C]. 第六届中国（北京）国际家具及木工机械展览会 • 国际现代家具发展论坛 .

## 图片来源

图 1，图 2. http://c.chinavisual.com/2011/03/07/c75454/p4.shtml

图 3. http://www.designboom.com/history/joecolombo_modular.html

图 4. http://uuhy.com/?p=14641

图 5. 中国学生网

图 6. http://www.idsoo.com/node/1186

图 7. http://woshao.com/article/b7952f122b5511e08595000c2959fd2a/

**魏真**[1] **朱钟炎**[2] / [1]Wei Zhen, [2]Zhu Zhongyan
(同济大学建筑与城规学院，上海．邮编 200092)
( College of Architecture and Urban Planning, Tongji University, Shanghai. 200092)

# 有关低碳化景观设计的研究
# Research on low-carbon landscape planning

**摘要：**

随着全球环境的迅速恶化，资源日益紧张，低碳城市的创建已经迫在眉睫，低碳景观规划设计尤为重要。本文试从低碳化景观规划设计要点入手，分别从设计建设养护，可再生能源利用，景观材料应用，尊重保护遗产四方面着手研究低碳化景观设计。不仅可为景观规划设计者提供参考，也可使从事城市规划的科研工作者深刻认识低碳化景观设计的重要性和可行性。

**Abstract**:

The current deterioration of global environment and shortage of natural resources has put front the low-carbon city building, low-carbon landscape planning in particular. The thesis starts with the key issues of low-carbon landscape planning and particularizes the design respectively from design conservation, utilization of renewable energy, application of landscape material, and heritage protection, thereby to provide landscape planners and relevant researchers with the feasibility and significance of the low-carbon design as well as necessary reference.

**关键词**：低碳，景观设计
**Keyword**：low-carbon, landscape planning

**中图分类号**：X171.4
**文章标识码**：A

## 1. 引言

全球工业化经济的快速发展，带来了全球资源紧张、环境气候恶化等一系列负面影响，其中大量碳排放被证明与全球气候变暖存在密切的关联，已经威胁到未来人类的生存环境。目前，各国逐渐开始提出低碳发展的理念和战略，建设低碳城市逐渐成为共同认可的方向。“低碳”（low-carbon）是以可持续发展为目标，在各个领域尽可能地减少降低二氧化碳的排放量，从而达到减少污染、缓解气候变暖的目的。

在这样的背景下，如何将“低碳”体现在景观设计领域是构建低碳城市的重要方面

图 1 爱知世博会节能照明系统

图 2 上海世博会零碳馆

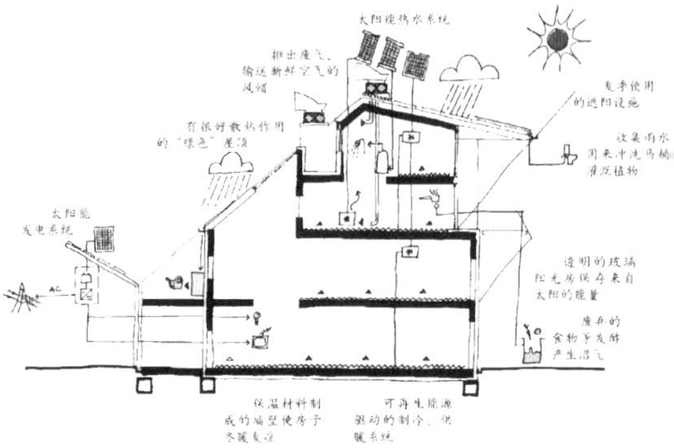


图 3 零碳馆可再生能源循环图

之一，也是一个值得设计师重视和探讨的课题。目前已经有很多关于节能、环保等方面的研究，但是还很少对“低碳景观设计”进行研究，本文试图从这一角度进行探讨。

## 2．设计建设养护中的低碳化

所谓“低碳化”景观设计就是在设计、建设、养护管理过程中考虑最大限度地减少二氧化碳的排放，最大限度地限制使用能源，或使用自然能源，尽量做到 3R（reduction at source, recycle, reuse），提高资源利用率，废物利用，体现低碳环保的理念。低碳化景观首先要考虑在设计建设养护过程中的各个层面环节的低碳化。

在设计过程中，设计团队作为能动性主体，要尽量采用低碳化活动。设计图纸可采用无纸化，使用电子版来代替打印文本，节省能源；尽量减少差旅活动，少坐汽车、飞机、轮船，尽量采取单车、步行等低碳环保活动；在施工工艺方面，要坚持采用节能环保材料，减少人工加工程序，通过较原生态的施工手法创造出生态环保的低碳景观。

在建设过程中，应合理地计划施工的程序和工艺，减少建筑施工器械使用过程中的能源消耗。如减少铲车、起重机、混凝土搅拌机等的使用频度和时间；减少运输材料的距离；减少施工队伍的工作过程中人员的调配及使用机动车辆的时间、频率。

在养护管理过程中，植物的浇水、施肥、病虫害防治，应节约水的使用，少用农药，多用有机肥。病虫害防治尽量采用生物防治技术。如：利用天敌来捕食有害的虫类，减少农药的使用。因为农药生产过程中消耗能源，增加了二氧化碳的排放。而且，农药本身有毒，残留的毒性，要分解有毒物质需要花费大量的人力、物力、财力。对垃圾应分类进行处理。如植物垃圾——脱落的果、枝、花、叶，尽量不处理，留在绿地原地，形成良好的肥料。景观中产生的垃圾要尽量回收处理。同时，养护团队要减少其器械设备使用的时间和次数。

## 3．可再生能源的利用

景观设计中的“低碳”化设计很重要的一部分来自于其在环境节能方面的运用。即在设计中要最大可能地运用各种可再生资源，如太阳能、风能、雨水收集等，减少不可再生资源的使用。很多节能建筑和景观照明设施中都采用太阳能光电板、风帽、雨水收集等节能设备来代替传统不可再生能源（图 1，图 2）。

上海世博会的零碳馆就是可再生能源利用的一个很好的例子。上海世博会零碳馆致力于实现作为住宅和办公使用期间的运营的二氧化碳的零排放。传统建筑通过消耗石能源和不可再生资源保障建筑的宜居环境。大量的煤、石油、电力等地输入，废热排除；水资源输入，污水排出；各种物质食品输入，废弃物排出。零碳馆开始了一种新的建筑机制地探索，它把建筑变成了一个收集机制，即采用各种可再生能源包括风能、光能、水源、热能和生物能等并输出电力。收集的雨水和自然水体净化成为正常使用的水源。这种机制还能够收集废弃垃圾的废物输出电能热能和肥料。零碳馆可以收集雨水，然后自己进行净化来进行环境输出，利用黄浦江的江水变成一个空调。建筑利用自己处理垃圾转化为热能、冷能，零碳馆设计了一系列的太阳能发电，储存，电网和用电设备，保证零碳馆电力系统得到最大的优化和最好的供应。同时利用风帽，可以让外面的动力风变成室内动力能源。屋顶收集水，用雨水进行浇灌和冲厕。屋顶绿化变成都市农田，给这个建筑提供相应的食品。最后通过把世博会零碳馆产生的有机垃圾废料进行回收，产生能源利用在零碳馆上面（图 3）。[1)]

在零碳馆的设计中，风帽、太阳能热水器、光伏发电是可再生能源使用较好的手法。风帽是一种安装在屋顶的风驱动热回收装置，通过自主风力导向装置确定建筑周边风力的主要方向，并且将室外风动力转化为室内建筑通风的动力，从而完成了传统空调通风系统的能源，同时回收了 70% 的显热潜热。该系统分为风帽旋转体和基座，风帽旋转体需通过风动力自立寻找风向并双向通风。零碳馆通过风帽实现新风和回风的动力，由风能提供并且能回收并确保能量的平衡转移。太阳能热水器把太阳能转换成热能主要依靠玻璃，真实集热管受阳光照射面温度高，集热管背阳面温度低，而管内便产生温度反应，利用热水上浮冷水下沉的原理使水产生微循环而达到所需热水。零碳馆在南向屋顶较高处通过太阳能集热水器提供室内生活用热水，并提供新风溶液除温系统的溶液可再生动力。光伏发电是太阳能电池板将太阳的辐射能力转换为电能。建筑上的采用将太阳能光伏系统与屋顶相结合，通过最佳的太阳能吸收角度将太阳能转换为零碳馆运营所需的电能。

此外，在环境照明系统中的“低碳化”，要求节能设计，避免资源浪费。最大限度地利用绿色能源自然光是节能设计中很好的设计手法。自然采光就是利用日光的直射、反射和透射等性质，通过各种采光口的设计，给人以良好的视觉感官和舒适的光环境。在环境中，根据其空间功能性、人流动向，在人流量较少、空间功能性不强的区域，尽可能地采用自然采光。这样既满足了“低碳化”景观设计，同时又营造出一种独特的景观生态化视觉效果。

## 4. 景观材料应用

### 4.1 软质景观材料

软质景观材料是景观设计的重要组成部分，也是低碳景观设计中的一部分核心内容，其直接影响环境质量和艺术水平。软质景观材料主要是指植物、水体和土壤。本文主要从植物材料方面着手研究。植物景观材料主要可分为林荫观赏植物、宿根草本植物、彩叶植物、地被植物、攀缘植物等。绿色植物在保持水土、净化空气、减少噪声、防风固沙、改善生态环境等方面有明显作用。它能够扩大环境自净能力、增加环境容量、减少大气污染。绿色植物构成城市生态环境的主体，在生态平衡、改善生态环境中起着主导和不可替代的作用。植物除了有监测大气污染，减少噪音的作用，还可以调节气候、缓解热岛效应、消除大气污染、改善大气环境。因此，对软质景观材料的精心设计是营造低碳景观设计的重要手段之一。在低碳景观设计中可以考虑从以下三方面入手进行软质景观材料的设计。

**4.1.1 植物立体层次代替单一植物层次**

众所周知，绿色植物可以吸收二氧化碳、二氧化硫、粉尘，释放氧气。在具体的景观设计中，要根据其地域性，增加本地生态绿色植物，采用植物立体层次代替单一植物层次。大树比草坪能更多地释放氧气，减少二氧化碳的排放，而且有低成本的特点。草坪则可以固土固沙、美化环境。“草坪热”、“大树风”都是不合适的，要因地制宜，采用乔、灌、地被植物组合为生态群落的种植结构，力求用乔灌结合、林草相间、高低错落的多层次立体绿化代替传统单一绿化形式。这样才能更好地提高二氧化碳吸收率，形成点、线、面、片、网、带交融的绿化体系，达到建设低碳化景观的目的。例如，上海延中绿地位于上海市“申字”高架道路中心结合点，占地面积 23 $hm^2$ 。延中绿地以立体绿化系统构建出多样的生态群落，减低了该地区的热岛效应，改善了居住环境。其根据原有基地条件，因地制宜地种植树木，获得了很好的生态效应。据某研究证明，延中一期绿地 (2000 年春季正式建成 ) 的作用效果分析表明，利用 1998 年夏季高温加密观测和 2000 年在绿地增设的观测点资料，可客观地反映出延中绿地建设前后该地区热岛强度的变化。该研究利用市区各观测点的 7 月平均最高气温减崇明气象站的 7 月平均最高气温表示该观测点的热岛强度。根据监测和分析，延中绿地夏季高温季节对周边地区热岛强度的缓解作用至少应为 0.6℃以上 [2)]（图 4，图 5）。

**4.1.2 发展屋顶花园，提高城市绿化率**

在低碳城市建设的发展过程中，要改善生态环境，减少碳排放量，就要加大绿化面积，即低碳景观设计就要大力发展屋顶花园，垂直绿化，提高城市绿化率。垂直绿化，屋顶

图 4　屋顶花园

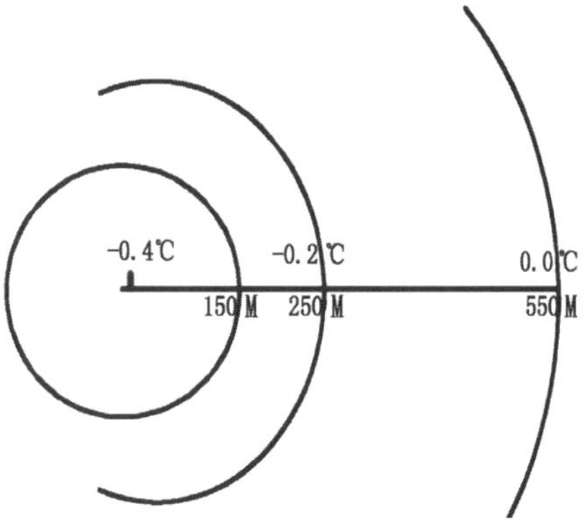


图 5　估算延中绿地减温效益的圆柱模式

花园能够有效改善环境微气候，节约能耗，优化微生态环境。它是让绿色从地面向空中发展的革命性行为，是增加城市绿量的新出路。

屋顶花园不仅可以美化环境，还可以改善城市生态环境。屋顶花园可以调节城市的温度和湿度，降低热岛效应。因植物的高反射率、遮阳作用，屋顶花园的净辐射热量比未绿化屋顶少 4—15 倍，同时植物的蒸腾作用可使与大气显热交换量减少来维持热量收支平衡。屋顶花园起着节约能源的作用，它夏季可以隔热，冬季可以为室内保温，减少不必要的空调所耗费的能源。屋顶花园还可以减少热岛效应，改善空气质量，有效保留雨水，减缓城市表面径流。建筑物的屋顶绿化对于降低建筑物周围环境的气温作用十分明显。气温降低的幅度可达 0.5—4℃ 。而建筑物周围环境的气温每降低 1℃，建筑物内部的空调容量可降低 6% 。[3)]

下表是 1984 年 8 月 15 日西南师范大学地理系学生在重庆市区选点对比观测的结果 (℃) [4)]

| 时间<br>温度 | 08 | 14 | 18 | 20 | 日平均 |
|---|---|---|---|---|---|
| 绿化屋顶 | 33.7 | 39.6 | 37.4 | 29.8 | 35.2 |
| 水泥顶 | 39.4 | 51.7 | 43.8 | 30.1 | 41.3 |
| 差 值 | -5.7 | -12.1 | -6.4 | -0.3 | -6.1 |

#### 4.1.3 倡导垂直绿化，减少热辐射

垂直绿化是指在建筑墙面、挡土墙、桥梁等垂直侧面布置绿化（图 6）。其不仅净化环境，而且营造出丰富的绿化空间的层次。垂直绿化是绿化布置朝着立体空间发展的主要趋势之一，对形成低碳化景观和改善城市生态环境有不可替代的作用。“低碳世博”是 2010 年上海世博会的核心理念，园区内 200 多栋时尚的绿色建筑，都展现了屋顶、墙体和立体绿化的新技术，展示了新能源应用、节能减排的低碳生态新理念，成为一个精美绝伦的低碳建筑和环境保护的博览会。在世博会中，上海案例馆就采用了屋顶绿化、挂壁模块绿化、西墙爬藤绿化、中庭单元绿化，从而保证了环境的美化和净化( 图7，图8 )。

### 4.2 低碳硬质景观材料

硬质景观材料是指景观中除了植物、水和土壤以外的材料。硬质景观主要包括景观

图 6　垂直绿化墙面

图 7　东京街区自行车停车库外墙垂直绿化

图 8 上海世博会阿尔萨斯馆太阳能板与绿化结合

图 9 世博会加拿大馆

图 10 世博会葡萄牙旅行

建筑、道路、广场、小品等。硬质景观工程构成整个景观的骨架，是景观设计理念的重要载体，影响整个景观工程的品质。低碳景观设计中，硬质景观材料的低碳化设计尤为重要。

**4.2.1 采用低能耗的材料**

景观设计师影响碳排放量的最直接方法就是通过选择“碳友好”(Carbon-friendly)的材料，其衡量标准是着重考虑材料的碳成本(Carbon Cost)。碳成本包括在生产、制造、获得、运输等各个环节所排放的二氧化碳量和其消耗的能源量，产生的废物量。在低碳景观的设计中，选用硬质材料时要尽量少用生产过程中高成本、[5]消耗大量能源、产生二氧化碳的材料，如钢筋、水泥、玻璃、陶瓷等。应该采用碳成本相对低的材料。如混凝土材料具有来源广泛，能耗较低，支撑体对环境的污染相对较少，而且可以消耗大量工业废渣，废料成本上造价低等优点。较为简单的混凝土经过浇灌后，将其表面进行微处理或不处理，这种简单常见的材料已成为景观低碳化设计的选择。清水混凝土是直接采用现浇混凝土的自然表面效果作为饰面，可以减少维护费用，降低总成本造价。安藤忠雄、贝聿铭等世界大师都钟爱这种工艺手法，做出了很优秀的作品。日本国家大剧院、巴黎史前博物馆等世界知名的艺术类公共建筑，均采用清水混凝土建筑。

**4.2.2 减少硬质地面，增加透水性**

在低碳景观设计中要注意控制硬质地面和软质地面的比率，增加软质地面，减少不必要的硬质地面。增加软质地面主要解决土壤的透水、透气、保肥能力，这样就可以保证土壤中生长的植物良好。同时，使得植物的生态系统处于健康状态。硬化的地面不能使土壤很好地呼吸和吸收养分，因此会使得土壤下的生态系统遭到破坏。所以，我们要尽可能地增加软质地面。如国内很多广场都一味追求气势宏大的景观效果，大面积地运用硬质地面，忽略了人性化、生态化、环保化的低碳设计。在这次上海世博会中，虽然是一次低碳环保的盛会，但也有其忽略的地方。世博会室外空间硬化地面过多，增加了热岛效应，破坏了土壤的局部生态系统。这就是世博会的不足之处。

### 4.3 废物再利用

在各类产品生产过程中会出现大量的废弃物，其中有很多具有较高的经济价值和可

图 11 世博特钢大舞台效果图

图 12 老建筑东京工业俱乐部与新建筑结合

回收利用率，而有些则含有害物质，长时间的废弃会造成严重的污染和浪费。所以在低碳景观设计中要将这些废物回收再利用，可得到较好的环境效益和社会效益。在景观设计中考虑使用回收再利用的废物环保材料，将其作为新型环保材料来应用，会带来耳目一新的“低碳”景观化效果。许多富有创意的废弃物可以循环利用，城市固废再生建材和可循环材料，变废为宝。利用拆迁后的砖块、水泥砌块等废弃材料精心布置成小品、铺装等，如建筑边角料也可以收集起来作为新的景观小品，或是作为园林铺砖。在边坡绿化中，废旧轮胎发挥着极大的作用。废旧轮胎还可以作为休闲道路，而小水管道，废铜烂铁和混凝土构件可以通过改造变成雕塑小品和休息座椅，传达新的景观形象。如在上海国际节能环保园的景观设计中，就采用旧厂拆下来的花岗岩废料，作为硬质铺装。又如在 2010 年上海世博会葡萄牙馆是以软木这种环保材料为材料的，软木是一种具有葡萄牙特色的材料，不仅环保而且可以回收。加拿大馆是以废弃木条、竹片为建筑外墙材料，万科企业馆则是用加工剩下来的木材再利用，压缩成木屑板用在建筑中，“低碳”的理念在各个场馆中都得到了很好的体现。此外，景观设计中也可以考虑利用废物、建筑垃圾等，通过设计的手法，将其变成一种景观载体，赋予其新的景观形式，成为一种景观视觉效果。此届世博会上，葡萄牙旅行塔项目就有这样一种景观载体，它是采用各种建筑垃圾、废物，将其收集起来，设计成一种景观载体，为人们传达了一种文化。这种由各种废物组成的模块，确保了可重复使用，有益于环保，并能够减轻建筑物的冲击，是葡萄牙创新环保技术的结晶。此外，上海世博会上马德里案例馆就展示了其废物回收系统（图 9，图 10）。

## 5. 尊重保护遗产

低碳城市的建设要尽可能地避免大兴土木、节约能源、减少碳排放。因此，尊重保护遗产显得格外重要。低碳化景观主要表现在对老建筑设施的保护，改造利用，融合新老为一体，营造独特的景观效果。老建筑的保护再利用，即在保持原有建筑的基本特征和尊重历史的基础上，充分挖掘其最大潜力，避免大量建设用工和用料，赋予其相似或全新的功能性，新老交融，形成新的建筑面貌。[6] 对老建筑的保护改造在体现节能环保的同时，也是历史信息的重要载体，是城市发展最好的实物见证和城市成长经历的标记。

在 2010 年上海世博会规划设计时，本着打造低碳生活，传承历史文脉的理念，对园区内的历史建筑做了充分的保护和改建利用。如特钢大舞台是利用上钢三厂特钢车间进行改造的。特钢车间位于浦东新区浦明路北侧，卢浦大桥以东，北临黄浦江，东接公共活动中心。目前保留利用的特钢厂厂房由主厂房和连铸车间两部分组成。经改造后的特钢大舞台位于世博公园内，以 3500 个临时座位的景观式观演空间以及相应的管理和配套设施为主体，包括主题巡演，流行音乐演出，专场演出，晚会以及游艺活动等。例如以世博会"城市，让生活更美好"为主题的演出活动；各参展国国家馆日庆典及表演；各参展国家，民族风情演出；上海城市特色"天天演"活动等。改建后的特钢大舞台赋予了老厂房车间新的生命和良好的功能性，很好地体现了低碳世博的理念。又如上海原南市发电厂主厂房被改建成为世博会主题展馆之一——未来探索馆，是用于展示非物质，无形的城市的最佳实践，同时通过多项能源，生态技术的引入，努力建设成为国家三星级绿色建筑标准（图 11，图 12）[7]。

## 6．结语

可以肯定，21 世纪将是倡导低碳生活的世纪，景观设计作为一项与人类聚居生活环境最为密切的行业之一，其可持续发展的理念和生态技术为低碳化景观提供了更为广阔地发展平台。随着人们对低碳生活的追求，低碳化景观将渗透到人们生活的各个方面，并呈现多元化，交融化发展趋势，同时与环保、建筑、节能等行业密切相连，更多的节能环保新型材料和技术将用于低碳景观之中。

低碳城市将是构建生态文明社会的重要基础，而低碳化景观设计则是建设低碳城市的有利保证。这是一项关乎民生、宜居环境以及人们生活质量的重大课题。景观设计师要共同努力为国家的生态环境建设贡献自己的一份力量。

## 注释

1）参见上海世博会零碳馆宣传

2）周红妹，丁金才，徐一鸣等．城市热岛效应与绿地分布的关系监测和评估 *. 上海农业学报 .2002，18(2):87.

3）吴霜，杨潇，李杨帆．生态屋顶引领低碳潮流 • 环境保护：67.

4）李红，丁辉，彭徐．平顶屋面的绿化对城市生态环境的作用．西昌师专学报 .1997 年第 3 期 :54–55.

5）王贞，万敏．低碳风景园林营造的功能特点及要则探讨．中国园林：36.

6）孙鹤瑜，邹洲．浅谈现代城市建设中昆明老建筑的改造与保护．1003–840X (2008) 06–0029–08 民族艺术研究：35.

7）姜向红．低碳建造技术在上海南市电厂旧厂房改建项目中的应用．建筑施工 .2010（5）：438.

## 参考文献

[1] 周红妹，丁金才，徐一鸣等．城市热岛效应与绿地分布的关系监测和评估 *. 上海农业学报 .2002.
[2] 吴霜，杨潇，李杨帆．生态屋顶引领低碳潮流 • 环境保护．
[3] 李红，丁辉，彭徐．平顶屋面的绿化对城市生态环境的作用．西昌师专学报 .1997 年第 3 期．
[4] 王贞，万敏．低碳风景园林营造的功能特点及要则探讨．中国园林．
[5] 孙鹤瑜，邹洲．浅谈现代城市建设中昆明老建筑的改造与保护．民族艺术研究．
[6] 姜向红．低碳建造技术在上海南市电厂旧厂房改建项目中的应用．建筑施工 .2010（5）．

**吴之吟 / Wu Zhiyin**
（东华大学环境艺术设计研究院，上海．邮编 200051）
（Environment Art Design Academe, Donghua University, Shanghai. 200051）

# 城市交通集散区域的标识导向系统

# Indentity-oriented Guide System of public transport junction in City

**摘要：**

随着时代发展城市功能的进步，公共交通也随之形成复杂的网络，公共交通集散区不仅是城市中的重要节点也是公共交通网中的重要构成部分。标识导向系统作为其中指导人流的公共设施，也在区域中占有不可替代的重要功能。且随着交通集散区域复合性和综合性的加强，标识导向系统也有了新的时代诉求。本文先从交通集散区的角度，对标识导向系统的导向效果进行分析；再从标识本身，将其功能特性分为三大方面：导向功能，辅助与提升，设计风格。最后，综合上述研究分析，本文得出针对交通集散区的导向标识系统的三点结论。本文的研究不是提供一种标准化的交通集散区标识导向系统设计方法，更不是提供一种万能的导向标识设计方案，而是试图通过系统化的研究，详细的比对分析，补充交通集散区域的标识导向系统，为当前和未来一段时间内交通集散区的标识导向系统提供改进方向与建设目标。

**Abstract**:

As time progress, the development of urban functions and public transport also forms into a complex network. The distribution area of public transport is not only an important node in urban public transport network, but also an important component. The high-density transferring flow between different modes of transportation constitutes the main activities within the region, thus, the guidance system, as public facilities for people, plays a key and irreplaceable function. And with the strengthening of the inter-disciplinary and complexity of the traffic distribution and integrated region, the identity-oriented systems also have a new era demands.Firstly,the paper analyzes the identity-oriented system of distribution area from the two points of view: its' functionality and characteristics.From the perspective of identity-oriented, this article divides them into three main areas of its functional properties: one, oriented features; second, assistance and promotion; third, design style is mainly reflected as a systematic design-oriented identity.Last but not least, combining the above analysis, the paper finally come to three conclusions toward the orientation distribution area for the traffic sign system.This study is not to provide a standardized distribution area of traffic-oriented system identification methods, neither to provide a universal design of directional signs, but rather trying through the systematic studies, detailed comparison analysis, to supplement the traffic distribution area Identity-oriented system, providing improving and construction directions for current and future oriented system in traffic distribution area.

**关键词**：高密度城市，交通集散区域，标识导向系统，上海火车新客站
**Keyword**：high-density city, public transport area, identity-oriented system , Shanghai railway station

**中图分类号**：TU852，X321
**文章标识码**：A

# 1. 绪 论

## 1.1 研究的背景及意义

作为重要城市节点的公共交通集散区域，在城市规划与建设中地位特殊，由于现代公交系统的日益发展，公共交通集散区的功能也日益综合化，承载了铁路、公共汽车、城市轨道交通、出租车、私人交通的全面换乘功能，同时还兼备商业和其他社会作用。而在交通集散区域中，如何引导高密度人流高效、有序、及时地到达目的地，是此类区域的一个最基本的功能。在此功能中，标识导向系统的作用举足轻重。标识导向系统作为城市公共设施中的分支，早已在城市、交通系统设计中有长足的历史，但很少以综合交通换乘为目的作一个独立的课题被研究；并且随着时代的进步，旧的标识导向系统逐渐无法满足新的时代要求。因而，本课题的提出正是当下城市向现代化、综合化、高密度化发展的一个必然结果。

2008 年作者对东京的几个公共交通集散区域进行实地考察，2009 年在欧洲各国的游历中也不断发现有效且美观的标识导向系统，在对比分析中学习在无法改变建筑物本身与部分商业用途的情况下，如何改进整个标识导向系统，让其不仅满足尽快疏散旅客的功能性，又能与周围环境协调达到区域内的整体系统性。这对当前我国标识导向系统的分析研究有着很强的现实意义和改善价值。

火车站作为具有城市门户意义的公共交通集散区域，不仅为大众公共交通服务，也成为传播地方文化，塑造城市形象的重要载体。上海是个不断发展中的高密度城市，上海火车新客站这样的老集散区域本身有着典型意义，且从 2008 年笔者收集材料至 2010 年论文完成之间也同时经历了大规模的改造，验证了本论文的研究意义。让标识导向系统成为交通集散疏导的灵魂，也让交通集散区便利且亲切，让不同的人带着不同的目的聚集在这个环境中，不仅可以最方便快捷的根据标识导向系统找到所需，同时可以感受到上海这个高密度城市的特点，正是本文撰写的目的与意义。

## 1.2 相关概念及背景资料

### 1.2.1 公共交通集散区及城市节点理论

城市节点简单来说是指在城市设计中的重要地块。而从功能上来分，城市节点可以是供休闲、娱乐、集会等活动的公共活动节点，可以是交通集散性的交通节点或商业性的节点，也可以是生态性的绿地等多种形式。而高密度城市的发展趋势正是城市节点集多种功能于一身，其功能和特性已经扩大并综合化。成为当前城市发展最有效的催化剂，推动着城市空间结构发展的深刻变化。

### 1.2.2 标识导向系统

当今日益发展的高密度城市中，虽然借助语言和文字传送的电子信息手段已十分发达，但像标识导向系统这种一目了然，且不受民族、国家、语言、文字束缚的直观传送方式，是任何传递方式都无法代替的，在我们这个城市体系中发挥着越来越重要的作用。标识导向系统也是构成城市环境整体的重要部分，融环境功能和形象工程为一体，其形式是否国际化也成为一个城市是否具有国际性的考核标准之一，反映着一个城市的文明程度、社会开放程度以及城市的历史文脉等。但长久以来，人们对视觉导向的定义停留在平面形态范畴，很少考虑环境或场所的因素。

### 1.2.3 环境行为学和心理学

环境刺激引起人的感官反应，引发各种生理和心理活动，同时也表现出各种外在行为。各种环境刺激所引起的各种效应也都有一个适应过程和范围，即刺激量的大小涉及人的舒适度。如果刺激量过小，则不能引起人的感官反应；如果刺激量在人的适应范围内，人就会产生一种满足感；如果刺激量超出人的接受能力，则会主动反应，去摆脱或者改变环境。这种刺激效应是人类发展的基础，也是人类活动的原动力。

因此，标识导向系统的合理性实际上也是指将环境对人的刺激量控制在人适应范围之内，进而引起人们的一种良好生理与心理效应的过程。值得一提的是，目前大部分的公共交通集散区域又可分为地上和地下两个空间部分，其中人们在进入地下空间的心理尤其值得注意。与地上空间不同的是，地下空间没有远距离的自然或人造建筑等目标，初次进入地下空间的人，往往会因自己对目前所处位置及前进方向不明而造成不安。不熟悉此空间的人，不得不依赖于内部标识导向系统来确认自己的位置，因此配置明确有效的标识导向系统以确认自己的位置是十分必要的。

### 1.2.4 系统的环境美学

清华大学美术学院郑曙旸教授对环境艺术相关概念的解释是：环境艺术是由“环境”与“艺术”相叠而组成的词，这里“环境”的词义指向并不是广义的自然，而是指人为建造的第二自然即人工环境。“艺术”的词义指向也不是广义的艺术，而是以美术定位的造型艺术，虽然环境艺术作品的体现融合了艺术内容的全部，但创造者最初的创作动机，还是与“造型的”或“视觉的”艺术有着密切的关联。[1)]

系统的环境美学是指在经过了系统的分析后，借助系统性思维方法来解决环境美学面临问题的一种方法。其外在表现特征是：从系统的整体性出发，跨学科合作，跨专业结合。而其内在的行为是：打破传统的单体设计，把建设项目中的规划、建筑、景观、设施、视觉传达、室内设计等多个专业进行统一的系统性的“整合”。其核心是：注重系统中的各部分之间内在联系和相互作用，科学地把握系统，达到整体优化。[2)]

作为一个功能性质综合化的交通集散区，很多目标节点的位置都难以辨认，而且车站周围的环境景观，空间构成也很复杂，即便是施行了通道路线或广场的高架化、地下化等，都不免混乱，因此系统化的设计理念显得尤为重要。本文正是尝试运用系统的研究方法，结合环境系统美学领域里的各方面要素，指导公共交通集散区域中标识导向系统的各方面设计要素，发现规律，总结经验。将新的概念理论引入公共交通的设施设计当中，寻找有效方法为高密度环境下的城市建设提供理论支持。

## 2. 标识导向系统功能分析

### 2.1 上海火车新客站标识导向系统现状

自 2008 年 6 月 13 日起上海火车新客站南北广场进入整改，于 2010 年 5 月世博会前夕重新投入使用。笔者在 2008 年和 2010 年都对该区域的标识导向系统进行了调研和统计，并针对相关研究方向做了问卷调查。在对大众到达上海火车新客站区域的目的调查中，我们可以发现该区域作为一个城市节点来说，最初其搭乘火车的目的已经相对弱化，而成为一个综合化的换乘区域，多元化的城市活动区域，成为高密度城市的典型区域案例。

通过对上海火车新客站区域的标识导向系统的数据采样发现，此次整改中针对标识导向系统的有：增加人性化服务的大型电子导向显示屏6块、路口电子指示屏28块、完善25块中英文对照的公共标识指示牌，增设各类公共标识59块。拆除三分之一不规范的广告。在2008年改建之前的上海火车新客站区域以铝制标识为主，经过改建之后大部分已经更换为亚力克灯箱，增加了夜间的辨识程度。南广场则以混用为主。地铁口是在地铁及通道内出现率最高的标识，而出租车和汽车客运总站则是在北广场的标识导向系统里出现频率最多的两项，这也是由于北广场紧挨汽车客运总站这个地理位置，北广场地下广场目前开通的最主要功能所决定的。南广场因为建成使用时间较早，在地铁指向以及火车站售票之外的各项中均体现出弱势：出租车的标识导向只有北广场的1/3不到；公共信息栏即综合信息明显低于地铁及通道和北广场的状况；公共厕所、无障碍标识、路名这些标识导向也大大低于其他地区。而上海火车新客站本身这个信息因被细化成为南北广场，火车站进站以及西北，东北，东南，西南四个出口等多个子信息而将信息分散化。通过问卷调查还发现，因建筑本身体积大小，火车站的进站口和出站口成为大众最易寻找的目标地，而公共厕所和公用电话等公共设施已经成为上海火车新客站区域最难找的目标地。此外，对上海火车新客站区域内的标识形式总结为：悬挂灯箱标识、墙面灯箱、室外柱体标识、地面标识、公共信息栏等几种。

下文中将针对标识导向系统的若干要素进行详细分析，并选择上海火车新客站的部分标识数据及照片作具体案例分析。

### 2.2 影响导向效能的要素

上述影响标识的导向效果的关键要素与标识本身的特性及行人的特性紧密相关。具体的可分为（图1）：标识本身的要素，包括：最大高度，最大宽度，有效高度，有效标高，亮度，对比度，材质。环境的要素：环境背景对比度，标识的周边环境对标识的可辨识力的影响；前方标识环境，标识指向的前方是否存在后续标识，当前环境是广场还是通道等环境要素。

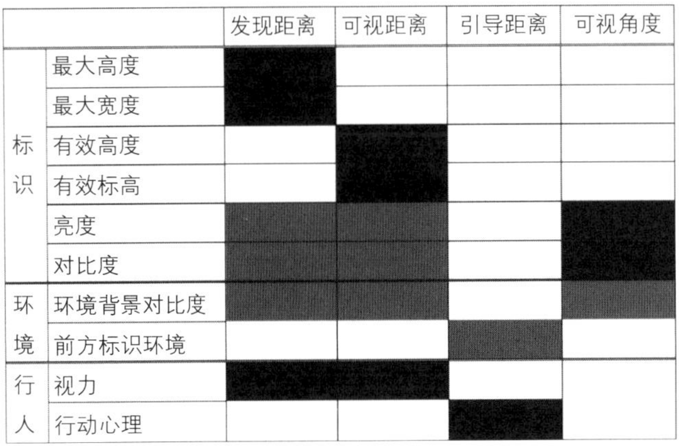


图1 标识、环境、行人对导向效果的影响要素

本文在此简单的列举这种影响的力度和重要性（以颜色深浅代表影响的重要程度）：以下再就高度和色彩这两个主要要素进行简单分析。

### 2.2.1 标识导向系统的高度设计

如（图 2）所示两种标识的典型高度与标高在标准视力和环境下的可视距离示意图。由此可见，标识本身的尺寸和悬挂高度将大大影响行人的可视范围。

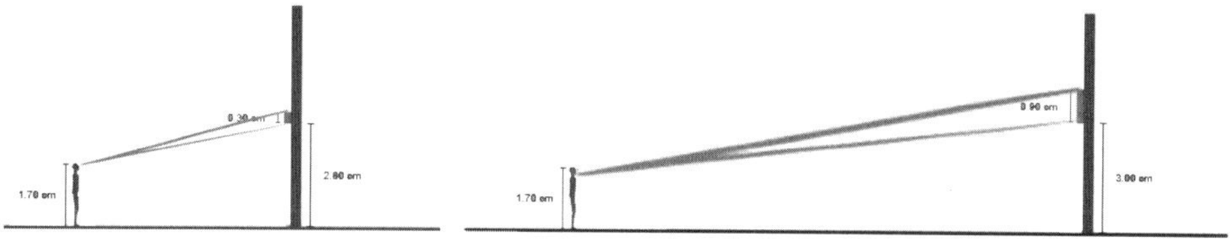

(a) 上海火车新客站北广场地面取样：底高 2.8m 标识高度 0.3m

(b) 上海火车新客站北广场地面取样：底高 3m 标识高度 0.9m

图 2 不同高度 / 标高的标识的可视效果示意图

### 2.2.2. 标识导向系统的色彩设计

标识导向系统的色彩使用上应保证前景色和背景色有足够的对比度，才能使标识内容清晰易辨认，但为了美观又应统一在同一明度或彩度范围内，至于具体明度和彩度的衡量标准，可查阅相关资料，本文限于篇幅不再过多展开阐述。

且以上海火车新客站区域为例，经调研发现该区域的标识导向系统的背景色多以深色为主，而前景色为浅色，保证了足够的对比度。但因建设的年代或所属单位的不同，并未将上海火车新客站视为一个整体系统而将所有的标识统一色彩，只做到在各自小区域内颜色较为统一，仍有待改进。

## 2.3 行人的导向行为心理学调查分析

如前文所述，行人的心理会影响标识导向的效果。例如图 3(a) 的调查显示地面贴纸只在不到一半的情况下起作用；(b) 的调查显示，标识的引导范围随人的心理变化极为明显。

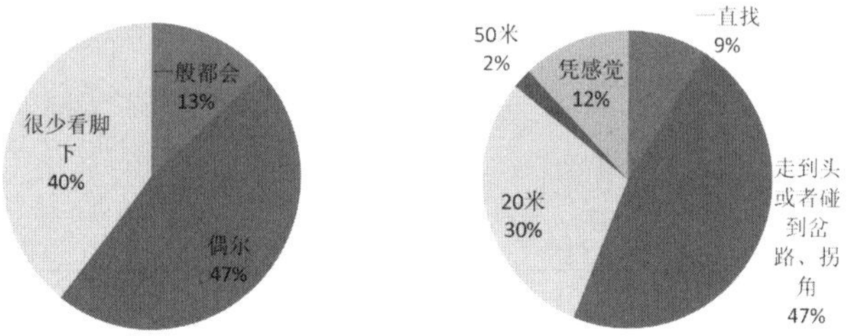


(a) (b)

图 3 行人面向标识导向系统行为的调查结果

行人寻路时面对的不是单个标识，而是整个区域，因而，分析其更深的行为心理是极为必要的。幸而行人的寻路心理同样具有很强的统计规律，有一些显而易见的行为原则。

在已知如何到达目标点的路径时，行人会忽略导向信息，按已知的最近路线前进。否则，在未知如何到达目的地的情况下，行人会寻找有效的导向信息，有几种方式可以选择，如图 4 所示：

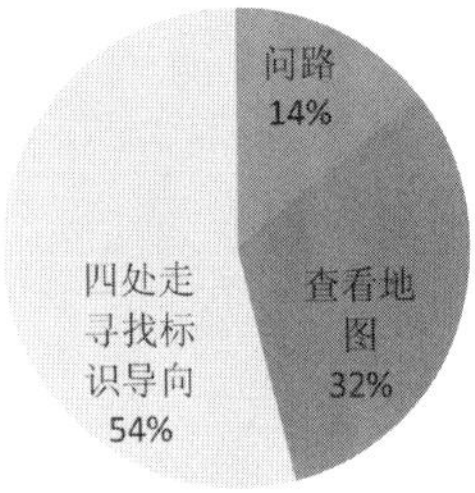


图 4 行人寻路心理问卷调查结果

可见大部分行人会相信导向信息给出的指引，并行走一段距离。在这段距离中，距离上一个标识越近，心理确定性越强。因而，距上一有效标识过近的标识越容易被忽视，越远的标识越容易被注意到，这段距离即为标识的引导距离。同时在缺乏引导的情况下，行人会尽量不走回头路，保持自己的前进方向，直到超越心理底线。

从上述分析可见，标识导向系统所在的位置是大众使用该系统的第一功能要求，而位置除了在特定的单独点，即路口、交叉口、拐弯转角等重要地方必须出现明确的标识导向系统外，形成对目标地的连续性导向也十分重要。

在对途经上海火车新客站的客流进行问卷调查中，针对标识导向系统的一些要素让大众进行重要性排序，在结果分析时按大众需求将如下七大要素分成五个递减层次，我们可以从这五个层次中清晰地看到前文分析中标识的效能影响：

第一层次，标识所在的位置：使行人可以及时发现和辨认出有效标识。

第二层次，标识字体符号统一：使行人可以快速辨认标识，缩短反应时间。

第三层次，标识的尺寸及高度设置；色彩鲜明：即便是在混乱的环境中标识依然易于发现和辨识。

第四层次，灯箱及照明的使用：提升亮度及对比度，从而提升单个标识的可视距离、发现距离和可视角度。

第五层次，材料统一；有英文标注：提升标识辨认的国际性。

## 3. 标识的特性分析

本章重点分析单个标识的设计原则，以及标识作为人文特征和城市形象的设计原则。因而，本章主要通过对比、举例来分析，具体分三部分：

（1）功能相关特性：标识本身是起人流引导作用，因此，必须研究标识的引导功能受哪些方面的因素的影响。这些因素的特性分析就是第一个自然的研究内容，决定每个独立的标识是否能起到预定作用。同时，由于集散区的人流复杂性，一个标识点上往往存在多个标识，它们如何共存、主次关系如何等这些问题，同样影响到导向功能的发挥。

（2）辅助及提升：标识的基本功能具备之后，如何进行进一步的提升？比如，使用规范化手段，使用色彩、科技化手段等；还有必须考虑到弱势群体如残障人士的需要。

（3）设计风格：艺术化的设计不仅可以使标识更好的发挥导向效果，使人产生美观愉悦的感受，更是提升城市形象的重要方法。

以下分别就这三方面特性做具体分析。

### 3.1 功能系统

#### 3.1.1 合适的放置方式

标识的选址包括两个方面，具体的位置和放置形式。在上一章的分析方法中我们分析了标识的放置位置对其功能的影响。一般而言，标识会放置在高于行人视线的位置，以墙面、吊挂或柱体等形式进行放置。

比较特殊的一种标识是综合信息栏，这种标识可以作为独立的单、双面灯箱、贴纸、电脑信息屏等方式放置，也可放置于其他物品之上。始终需要注意的是：设置方式恰当，才能达到导向功能的预见性、正确性。

将上海火车新客站南广场区域的公共厕所所在位置标注出来本是好事，但将该标识放在垃圾桶上，作为不知道该信息的人，比如第一次到该区域或者没扔过垃圾的人来说，几乎不会注意到这个标识，而急于要寻找洗手间的人，也完全不会注意到这样的标识（图 5）。因此，该标识几乎是无效的。

图 5  几乎无效的标识放置形式

图 6 的标识来自日本东京，将超宽的地铁轨道线路图放置于自动购票机上，两者功能具有很强的相关性，比如在购票时可以抬头确认相关信息，或者在等待购票时，先看好站点信息。这样的放置方式极为合理和有效。

**3.1.2 合适的尺寸**

在交通集散区这样人流特别多的地方应注意标识导向系统有必要向高处集中。如图 7 左图中这样一个成年人完全站立在公共信息牌前面就可能会完全挡住里面的信息；右图中一个成年女性为了看清公共信息牌中的内容都需要弯腰，更何况一个成年男性。这不仅显示出图中的信息内容较小，也证明这个标识导向系统的高度不够。

图 6  日本东京某地铁轨道示意图的放置位置

▲图 7 不合适的标识尺寸

◀图 8  西班牙马德里地铁标识导向系统的高度设计规范

图 9 多目标标识中的顺序错位

相反的成功设计案例，如西班牙马德里地铁站的标识导向系统设计的尺寸，如图 8 所示，高度和宽度尺寸足够，使得其可视觉效果明显提升。

**3.1.3 多信息并存**

一个标识地点往往要放置多个标识信息，如何确定这些信息的先后顺序？一般需遵循两个原则：一是将主要的、人流量最大的、最有效的标识信息放置在最显眼的位置上，依次排列；二是在整个区域中保持这种信息排列的一致性，使得行人可以下意识的获得一种观察习惯，在熟悉的相对位置上寻找对应的信息。图 9 显示了上海火车新客站地区同样材质、同高度的标识群中，轨道交通 1、3、4 号线的标识位置在连续的位置上下变化，这样的随意性将明显增加行人对标识的反应时间。

**3.1.4 信息的连续性**

标识导向信息的连续性在复杂的环境内尤为重要，一旦前后信息段出现中断、消失，那么导向的意义也就失去了。关于信息连续性的运用在城市规划方面已有很多例子，尤其适合小空间或空间曲折，视线不通畅的场所。如下图所示是上海火车新客站南北地下

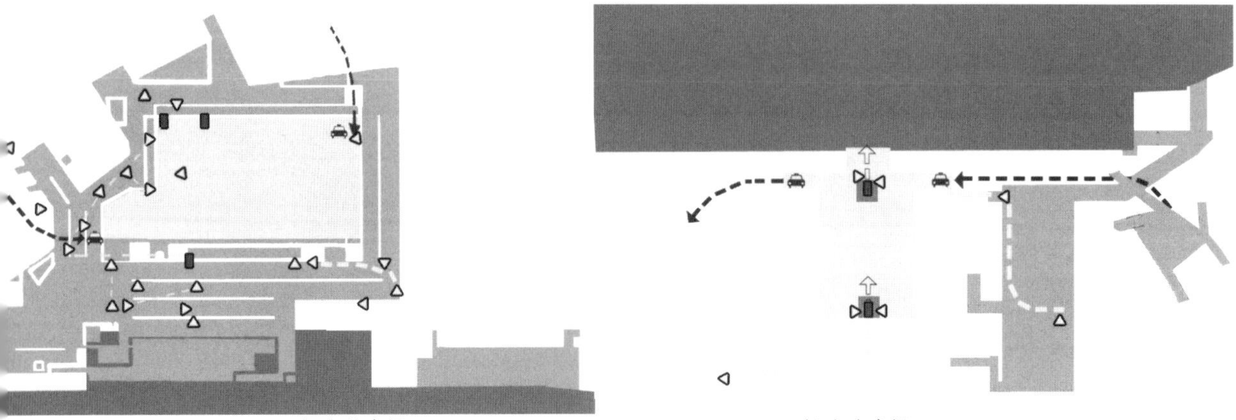

（a）北广场　　（b）南广场

图 10 出租车导向信息有效性分析

图 11 日本东京银座地铁内的公共信息栏

图 12 法国巴黎拉德方斯新城区示意图

广场内有关出租车的导向信息连续有效性分析。

整改后的南广场地下虽然改变了标识导向的材质和形式，但放置位置上并无明显改动。北广场的地下广场为新建设，并可由地下隧道直接连通火车站出站至出租车及其他换乘。如图 10(a) 所示，连续的导向信息使得其可视范围即可相互覆盖，形成完整的导向信息链，引导人流到达目的地。而相比之下，如图 (b) 所示，南广场上出租车标识距离目标地非常近，属于能看到标识，就已经到达目的地的几乎无效的标识；而远处的标识距离目标尚远；且行进路线并非直线；同样的问题在地下部分也存在；同时，其他区域中完全没有出租车的导向信息，导致对未知位置的人群来说出租车难以寻找。

#### 3.1.5 集中的信息（公共信息栏）

公共信息栏是一种特殊的标识，在交通集散区这种目标多、结构复杂的区域中显得尤其重要。一般在没有足够高的空间展示所有信息时，使用大宽幅的连续性公共信息板，可以保证旅客所需的所有信息，而不必再去其他地方寻找其他的标识。这种位置往往位于交通汇集点，如图 11 所示。

同时，需注意到，由于信息栏中信息较多，因而字体较小，需走近才能观察得到；且不能太高，导致难以看清。这样，在人流密集区容易被忽视。一种有效的设计方式是如上图所示在公共信息栏上加高，设置通用的标识，这样可以使人们在较远的距离就注意到信息栏的存在，吸引行人过来，如图 12 所示。

### 3.2 辅助与提升

#### 3.2.1 字体和符号规范化

标识中字体符号必须规范、准确、醒目，符合国家、行业强制性标准及《公共信息标志用图形符号》系列标准规定的要求和地方法规的要求。统一化，规范化可以帮助确认标识导向系统的工作目标，也可以方便不同地区及国籍的人辨认。这样的统一化主要表现在：符号的国际规范化，字体大小的规范化，中英文的国际规范化等方面。这不仅可以方便标识导向系统化的形成，更顺应了中国国际化进程的加快。具体的国际惯例可参考《日内瓦公约》，其他的国内标准可参考国家标准和规范，本文在此不再多做阐述。

如图 13 拼音的使用（应该使用英语）说明文字信息的不确定（“广场”），以及

图 13　使用拼音和不规范文字说明的标识

不规范（“出租停车场”）等错误同时出现在一个标识中。根据作者统计：新建标识较多的地铁、通道、北广场上标识中大多包含英文信息，南广场由于老标识较多，有一半以上没有或者只有部分英文信息。

### 3.2.2 色彩辅助

色彩是标识导向系统的视觉效果中最重要因素，因为色彩给人的感官刺激最为直接，利用色彩可以让人在最短时间内接近或达到目标。运用色彩可以有效地辅助标识信息，如图 14 所示，(a) 图中使用 3,4 号线已经被大家熟悉的色彩变成为便捷有效的快速识别标识；而 (b) 中地面标识为红色，指向火车站候车室，与指向地铁 1 号线的标识颜色相似，容易造成困扰。

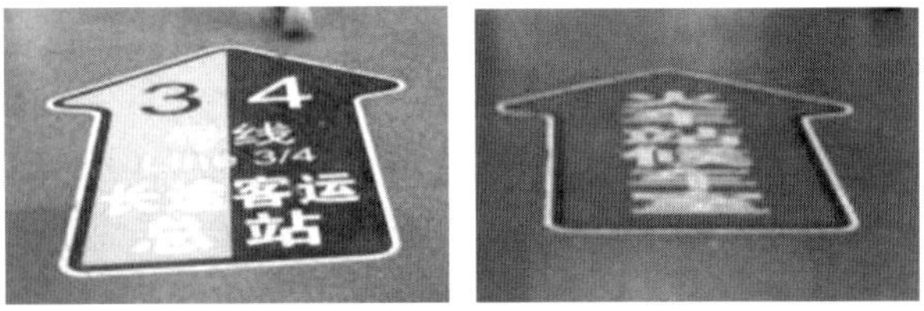

（a）　（b）

图 14　上海火车新客站地面标识的色彩运用实例

目前，上海火车站区域中标识牌的前后景颜色是比较单调的，其多样性主要体现在不同材质、不同时期所建造的标识的区别上。色彩大多只是用于区分背景和前景字。而事实上在国外的一些成熟设计案例中，已利用色彩区分大区域的不同小区域，或是利用色彩对不同的公共交通系统进行区分。这些方法都更好地调节了人群流向以及指示可识别性，并且达成系统化的规划，有效的完善了标识导向系统。建议如上海火车新客站这样的换乘信息密集区域也利用色彩来区分不用区域的功能作用：如，火车站、汽车站、地铁、公共活动、商业等。如上图为作者在区域图上所做的以上述标志色区分的功能区域的简单划分，方便区别和查找。

国外相当一些区域用颜色区分目标地的案例，如图 15 所示 (a) 为日本东京六本木地区的标识导向系统，将该地区的若干重要目标地用不同圆形色块表示，这些圆形色块不仅出现在地区地图上且于柱式标识导向上也有相同的呼应。这种设计不仅是利用色彩划分区域内重要目标地的好办法，也体现出了该标识导向的系统性。(b) (c) 为巴黎国际大学城的标识导向系统，色彩的定义在这座面积庞大的大学城中具有较复杂的意义，既有效划分区域又满足了年轻人的喜好。

### 3.2.3 公共交通路线数字化

数字是图形符号的重要部分，也是视觉导向系统的重要表现形式。在复杂的公共交通中，最具有识别能力的就是数字，用数字将公共交通进行编号是有效的导向方式。数字化管理可以扩大导向系统的服务范围，并可能将导向系统提升到更人性化的服务。在欧洲很多国家和地区都已经逐渐实现了公共交通路线的数字化，但在我国因大众文化阶层有待提高，此项辅助功能也有待时间来逐步实现，在此本文不再过多展开阐述。

(a) (b) (c)

图 15 颜色区分目标地的范例

### 3.2.4 辅助导向

对弱势群体的人文关怀是体现城市人文素质的一个重要方面。尤其在交通集散区域，是否有比较完善的无障碍导向系统，盲导系统以为特殊人群提供方便，显得格外引人关注。同时，这些标识的设计也应与平常的标识的设计有所不同，如图 16 所示。尤其以图 16(b) 日本大阪机场内设计在楼梯扶手上的盲导设施的人性化设计最值得推赞。图 16(a) 图为意大利米兰地铁内公共信息栏中增设的盲导设施， 图 16(c) 为香港乘坐巴士的轮椅使用者专业候车区，图 16(d) 为丹麦哥本哈根的一处与楼梯扶手结合的无障碍设施。

### 3.2.5 与高科技结合

随着科技的进步，越来越多的多媒体设备将结合进标识导向系统，例如声音导向，智能网络导向，动态信息显示等。目前动态信息显示的运用越来越普及，也是公共交通网络监控的新科技成果，其中最为突出的是电子信息屏的运用，如下图所示为欧洲的几个形式多样的电子信息屏标识。

目前，国内这些技术和标识导向系统的结合相对较少，大多只有电子信息屏显示这种单一信息，缺乏人机互动。上海火车新客站区域的地铁站厅内虽设置了几个电子信息查询机，但因设置的位置在拥挤过道内，宣传和普及程度也有限，很少有人使用。建议在相对空旷的地区设置，同时增加全面的换乘系统信息，甚至可以提供包括公共交通拥挤程度、票价、公交车辆到站信息以及停车状况等其他更广泛的信息。还可以多增加几种形式的高科技标识，如电子站牌、PDP 等离子显示屏、信息查询亭、多媒体信息服务系统等显示。一方面有效实用；另一方面可以安慰候车乘客的焦急心情。

### 3.2.6 处理与商业的关系

在公共交通枢纽地区，太多的商业信息会影响到人们对其他视觉导向系统的认识，削弱其以公共交通为主要行为方式的且高密度的环境中进行活动。

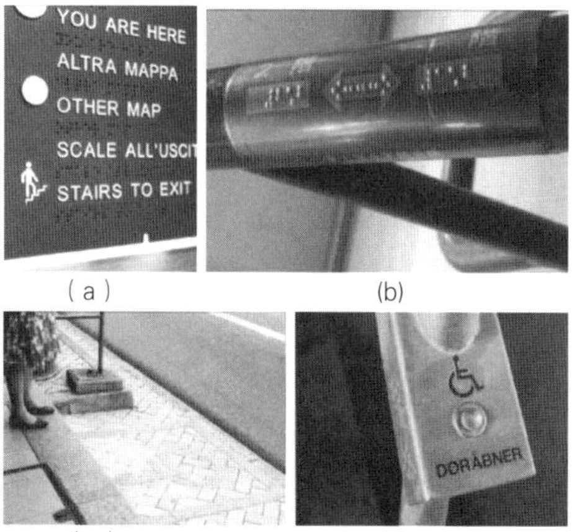


(a) (b) (c) (d)

图 16 无障碍与盲导系统实例

图 17 欧洲几处综合电子信息标识的应用

交通集散区域的商业大致可分为两种，一种以商业中心为目标地，需要附带在标识导向系统之中，但处于信息优先的最底层。也因大部分这种类型的商圈离集散区有一定的距离，店家的广告等标识不会引起太大麻烦。

第二种是附带性的商业，比如南北通道内的小卖部，或者南北广场的行李寄存点，他们只是为了方便旅客的生活而存在。这种附带性的商业广告一定要控制，对集散区的标识导向影响比较大，要注意不要引起混乱。尤其如图 18 所示，不可以随便用铁路或轨道交通的符号，以免给人带来辨识上的错误。

日本采取的主要办法有：拆除不必要的户外广告牌；控制户外广告牌，招牌类的位置和表面积；控制招牌等的材料、质地；控制设计方案，即在色彩、图案、文字字体等方面制定一定的规则。

**3.2.7 与空间及其他环境结合**

像火车站这样的公共交通枢纽地区，每天都面对大量首次到来不熟悉环境的人员，如何用最简单的方式引导行走方向尤其显得重要。与建筑、空间分割、灯光结合可以让标识变得更有效，甚至从某种意义上取代传统的图文标识，变成隐性的标识导向系统。

方向性照明就是个很好的方式，比如，将公用和内部的走道用不同类型的照明进行区分，如果可以再结合色彩和材料则会取得更好的效果。如图 19（c）正是日本东京某交通集散区的地下通道中利用灯带区分空间作为导向的案例。而装饰性的照明装置则用来以引起交通枢纽中某些特别重要场所的注意。如图（a）为法国巴黎蓬皮杜艺术中心，利用光影制造出标识导向的外形，字幕略凸于墙面，在光影照射下呈现细致的光影变化。

借助空间的分割组合、形状和空间色彩等，例如：墙体导向，地面铺装导向，天花导向等对人都有行为引导作用，起到暗示作用。国际上有许多成功的例子显示了这种导向方式的有效性，如图 19 所示：（b）为法国巴黎的一处室内环境，直接以墙面为载体只保留了标识导向最原始的功能，却营造出一个完

图 18 乱用标识符号的商业招牌

整的环境空间。（d）为法国里昂火车站地面利用不同的建筑材质和外部空间导向地下换乘。

图 19 环境视觉导向：a——结合灯光，b——结合墙体

### 3.3 设计风格

#### 3.3.1 风格系统化

设计风格的系统化非常有助于提升标识导向系统的使用效果和设计水准，也是环境艺术系统化的重要体现：保证设计风格与设计形式的统一，材料与规格的统一，使其成为整体有效的系统。

图 19 环境视觉导向：c——利用灯带

图20为法国巴黎蓬皮杜艺术中心的标识导向系统，使用了高纯度和高对比度的系统性色彩，却有着理性化的版式设计，从实用角度出发，明确表达了空间信息。在显示展览信息的同时也不忘结合该艺术中心的标识导向系统，形成了明确有效的标识导向系统，每个细节又互相关联形成一个整体、多元化的艺术形式，时尚新奇的感受。

图 19 环境视觉导向：d——结合外部空间

#### 3.3.2 与环境协调

标识导向系统的设计必须尊重周围的环境，掌握建筑和景观的美学法则，在对所处环境有了深刻理解后才能做出与环境吻合的标识导向系统，且通过与周围环境的巧妙融合引出新的含义。

图 21 中的几组标识导向系统都是与环境协调的典

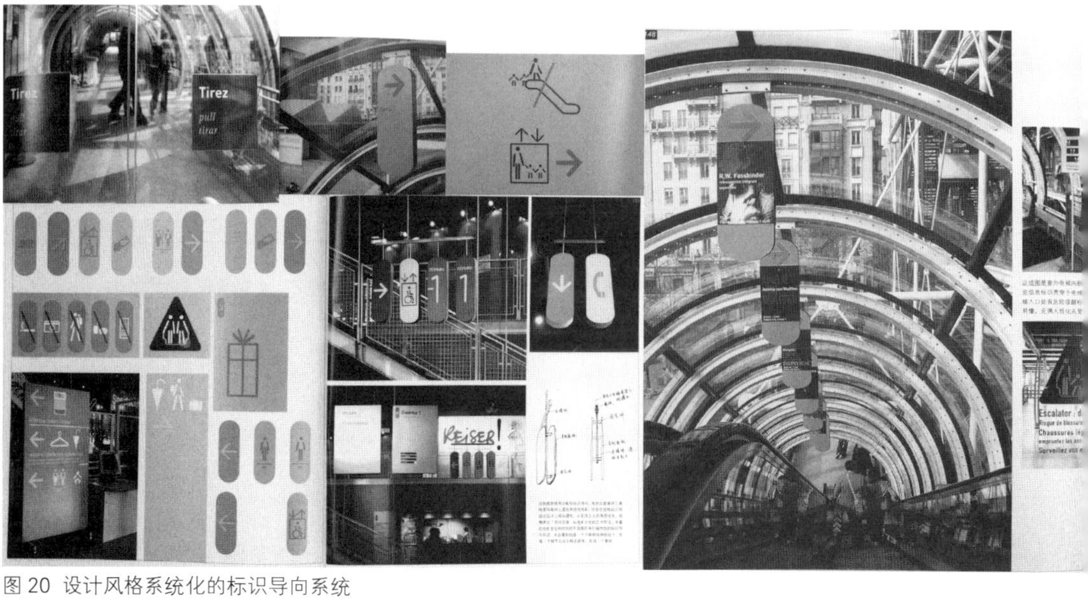

图 20 设计风格系统化的标识导向系统

(a) (b) (c)

图 21 与周围环境融合共生的标识导向系统

范，其中（a）图中的标识导向系统，不仅自身系统内的风格非常协调，在该重要地点的出现密度也很高，信息量非常全备。（c）图同样来自日本的六本木地区，在周围都是大量使用玻璃的建筑群中，该标识导向系统也选用玻璃为主要材质，与周围的建筑风格产生了融合共生的效果。（b）图为法国巴黎街头的标识导向系统，色调材料都和周围环境和谐统一，含蓄沉稳，同时采用亚力克灯光，在夜间也能保证有效。

### 3.3.3 形象化小品等艺术形式

公共交通往往给人匆忙且烦躁的印象，艺术化的设计是最佳改善此形象的方法。标识导向系统也不一定是单一的图文指示，建筑小品或雕塑小品，甚至是形象化的贴纸都可以因其显眼的地标作用而发挥视觉导向的作用，也正因其本身独具特色的形式感而可以改善区域中空间布局上的缺憾。建筑小品或是雕塑小品相比其他造型艺术更注重本身形式美，在某种程度上讲，形式美的表现也就是它的内容，这也是用公共艺术弥补公共交通所缺少的美的另一种方式。

图 22 中的地铁标识导向系统来自西班牙，以人形贴纸带领人流导向地铁站的每个角落，形象又直观。而德国法兰克福火车站中结合了综合信息牌的雕塑小品，则从外形上来说似相依的情侣，在展示导向信息的同时，更传递火车站场所内经常发生的温馨情景，衍生出更多的城市文化特色。

图 22 雕塑小品结合标识导向系统

### 3.3.4 体现人文特征

艺术化的设计不能只满足单方面的审美要求，还要适合公众的需求，由于公众来自社会的不同阶层，因此他们的美感就不尽相同。怎样才能符合大众的要求，这需从该区域或城市的历史文脉中着手，找到能呼唤起公众记忆或是能让公众产生共鸣的设计元素，才是能符合公众的审美及需求的艺术形式。

标识导向系统的设计无论在造型上，题材风格上都需要和设置地域的历史文化，地理情况相吻合，体现该地域的历史文脉。让不同的人带着不同的目的聚集在这个环境中，不仅可以最方便快捷的根据视觉导向系统找到所需，同时可以感受到这个环境的特点，才是成功的。

日本台场是一个以休闲为主的区域，和东京科技繁华的情况有所不同，而（图 23）中的 (a) (b) 恰好可以反映出这两个不同区域的不同文化特征，台场将地区地图赋予镜面墙壁之上，在人在寻找目标的同时也产生新奇好玩的感受，而东京地铁内未来装饰主义的标识导向系统同样让人过目不忘，却更多的带有未来世界的科技感。(c) 图位处日本大阪地区的一处天空观望台，因此连标识导向系统都是带有童趣和科普风格的小机器人支架，不仅受到孩子们的喜爱，更能体现出该区域的特殊人文含义。

经过艺术化设计的标识导向系统能使人们顺应其指引，在愉悦的心情中快速地到达目的地，并留下对城市的美好印象。

## 4．结论

通过上述研究，得出以下结论：

### 4.1 交通集散区的标识导向系统的设计与改进必须以提升导向效果为目标，并以区域为系统进行分析

交通集散区的最重要的功能是高效地引导人流，因而，标识导向系统的设计与改进的首要考虑因素就是导向效果。为此，在设计了标识及其放置位置、方式之后，人们需要在地图上标识出所有指向同一目的地的标识，标注其导向要素，从而从概念上、数据上及可视效果上获得引导效果的直观与客观分析结论，以判定改造或设计方案的合理性。

在本文的研究分析中同时获得了一些概要性的设计原则，遵循这些原则可帮助人们在改造与设计集散区的标识导向系统时较为容易获得合理的方案。这些原则包括：

（1）标识的最佳放置位置为拐弯处、道路分叉处、人流出口、人流入口，重要目的地的导向标识宜反复出现；

(a)

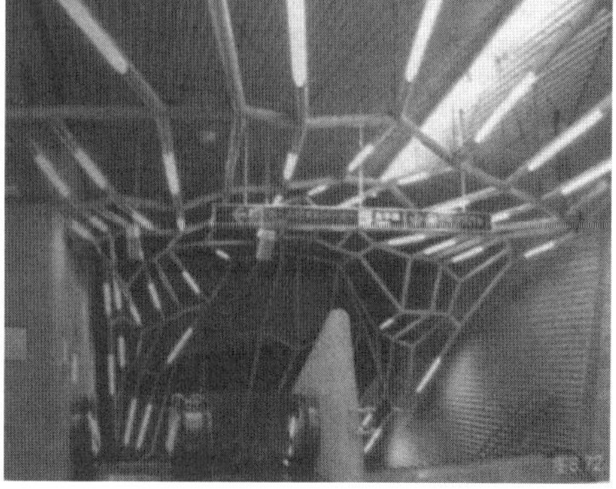

(b)

图 23　具有特殊人文含义的标识导向系统 (a)(b)

图 23 具有特殊人文含义的标识导向系统 (c)

（2）标识不宜集中于目的地附近，宜分散在引导区域内，并保持连续性；

（3）目的地的标识，尤其是室外的标识，宜具有合适的高度、尺寸与亮度，以尽量扩大其引导范围，使人流直接到达目的地；

（4）标识在室内以悬挂灯箱方式为最佳，墙面灯箱方式次之，地面标识效果最差；在室外以柱式灯箱为佳，一般不推荐墙面和地面标识；

（5）在多信息共存的情况下应分清导向信息中的主次关系，保证主要引导信息最吸引注意力，且保证同一信息出现在同种标识导向的同一位置上；

（6）在交通汇集点上显示集中信息，即公共信息栏，尽量设置在宽敞的空间以免阻碍人流，以设计形式提高其可视高度从而不被遮挡并可在远处被发现；

（7）公共厕所、公用电话等这样行人常用而难于寻找的公共设施，应在各个公共信息栏中标识其位置，并在同一广场、同一建筑物、同一地下设施内以通用符号的方式引导行人到达目的地。

### 4.2 规范化、色彩化等辅助特性可提升标识导向系统的整体效果

除了直接影响到导向效果的上述位置、高度、尺寸等因素之外，导向标识本身还具有其他设计要素。这些要素同样会影响到标识的导向效果，同时，还将作为城市形象的一部分展示在行人面前。本文从上述对比研究中总结了一些指导性的设计原则：

（1）文字和符号的规范化需符合国家标准，指向同一目的地的文字说明要统一，尽量与国际上的使用方式保持统一；

（2）标识导向本身的标识色与背景色要形成对比色，但统一在同一明度或彩度内。色彩的运用需要统一化和合理的设计，使得色彩的含义清晰、明确；

（3）可利用数字对公共交通路线等这样复杂、条目多、难于在传统标识上一一罗列的目的地进行系统化整理，以方便引导；

（4）人性化辅助引导设施的建设需考虑到位，如无障碍导向和盲导系统等；

（5）可积极采用新技术、新形式达到智能化导向人流的目标；

（6）处理好与商业环境的关系，不要让商业标识干扰到标识导向系统本身；

（7）可利用环境空间本身或环境内的其他设施结合，构成形象化的视觉引导，达到潜移默化的效果。

标识系统的可设计角度当然远远不止于这些，各个方面的细节正是决定其成败的关键，而城市的整体形象就正是从这些细节处产生。

### 4.3 艺术化的设计可以使得标识产生更好的导向作用

公共交通给人的印象往往是急急忙忙，甚至令人感觉烦躁，而在密集换乘的公共交通集散区域内这点更显得突出。如何能让大众改变这种心理状态，艺术化的设计是最佳的改善方法。本文通过与国外先进成熟的标识系统进行对比分析后总结出以下三点：

（1）系统化的设计导向标识，即同区域内的标识导向系统宜采用同样的设计形式，尤其是同类标识要具有同样的形式感。

（2）设计风格要与区域内的建筑环境和景观环境协调一致。

（3）以形象化小品或特殊造型、材质等艺术形式展现出该区域的地方特色和城市精神。

艺术化的设计不能只满足单方面的审美要求，需从该区域或城市的历史文脉中着手，找到能呼唤起公众记忆或是能让公众产生共鸣的设计元素，才是能符合公众的审美及需求的艺术形式。经过艺术化设计的标识导向系统能使人们顺应其指引，在愉悦的心情中快速地到达目的地，并留下的对城市的美好印象。

## 注释

1）郑曙旸．从产品观走向环境观的艺术设计系统．

2）鲍诗度．论环境艺术系统设计／冯信群．融合 东华大学服装学院·艺术设计学院教师论文集．南昌：江西美术出版社，2006：206-212

## 参考文献

[1]（英）菲尔·贝恩斯．标牌与标识－环境中的标识语言[M]．北京：中国建筑工业出版社，2006.

[2]（日）土木学会．章俊华，陆伟，雷芸，译．道路景观设计[M]．北京：中国建筑工业出版社，2003.

[3]（美）凯文·林奇．方益萍，何晓军 译．城市意象[M]．北京：华夏出版社，2001.

[4]（加）拉波波特·阿纳托尔．一般系统论：基本概念和应用[M]．福州：福建人民出版社，1994.

[5] 杨公侠．视觉与视觉环境[M]．上海：同济大学出版社，2002.

[6] 中国城市公共交通协会，中国标准出版社第二编辑室．城市公共交通标准汇编[M]．北京：中国标准出版社，2003.

[7] 钱七虎，陈志龙，王玉北，刘宏．地下空间科学开发与利用[M]．南京：江苏科技出版社，2007.

[8] 崔唯．城市环境色彩规划与设计[M]．北京：中国建筑工业出版社，2006.

[9] 当代亚洲色彩应用：第四届亚洲色彩论坛论文集[M]．中国流行色协会，北京：中国纺织出版社，2007.

[10] 鲍诗度，王淮良，葛荣．当代城市景观与环境设计丛书—环境标识导向系统设计[M]．北京：中国建筑工业出版社，2007.

[11] 鲍诗度．中国环境艺术设计国际学术研讨会会刊[M]．北京：中国建筑工业出版社，2007.

[12] 上海铁路南站工程建设指挥部．上海南站交通枢纽工程建设 第一卷 总体规划与设计[M]．上海：同

济大学出版社，2007.
[13] 冯信群 . 融合 东华大学服装学院・艺术设计学院教师论文集 [M]. 南昌：江西美术出版社，2006.
[14] 刘冰，周玉斌，陈鑫春 . 理想空间：城市门户—火车站与轨道交通枢纽地区规划 [M]. 上海 : 同济大学出版社，2008.
[15] 地方志：上海城市志 .
[16] 地方志：上海公共交通百年录 .
[17] 地方志：上海公路运输志 .
[18] 地方志：建设南北快速有轨交通书 .
[19] 郑曙旸 . 从产品观走向环境观的艺术设计系统 [C].
[20] 陈小鸿，吴娇蓉 . 上海地面公交调整策略与系统整合 [C].
[21] 王秋军 . 轨道交通枢纽换乘衔接空间视觉环境设计研究 [C].
[22] 肖艳 . 城市公共交通导向系统设计研究 [C].
[23] 鲍诗度 . 论环境艺术系统设计 [C].
[24] 吴心宏 . 以公共交通发展引导上海城市发展 [C].
[25] 国家规范：GB/T 15566 –2007. 公共信息导向系统 设置原则与要求 .
[26] 国家规范：GB/T 10001–2008. 标志用公共信息图形符号 .

## 图片来源

图 1–4. 作者自绘
图 5. 作者 2010 年摄于上海火车站南广场
图 6. 作者 2008 年摄于日本东京
图 7. 作者 2010 年摄于上海火车站区域
图 8. 标牌与标识 .p133
图 9. 作者 2010 年摄于上海火车站区域
图 10. 作者自绘
图 11. 作者 2008 年摄于日本东京
图 12. 鲍诗度，王淮良，葛荣 . 当代城市景观与环境设计丛书—环境标识导向系统设计 .P78
图 13. 作者 2008 年摄于上海火车站南广场
图 14. 作者 2010 年摄于上海火车站区域
图 15. (a) (b) 作者 2008 年摄于日本东京六本木地区；(c) (d) 鲍诗度，王淮良，葛荣 . 当代城市景观与环境设计丛书—环境标识导向系统设计 .P40–43
图 16. (a) 作者 2009 年摄于意大利米兰；(b) 作者 2008 年摄于日本大阪机场；(c) (d) 鲍诗度，王淮良，葛荣 . 当代城市景观与环境设计丛书—环境标识导向系统设计 .P143
图 17. 鲍诗度，王淮良，葛荣 . 当代城市景观与环境设计丛书—环境标识导向系统设计 .P114–115
图 18. 作者 2008 年摄于上海火车站
图 19. (a) (b) 鲍诗度，王淮良，葛荣 . 当代城市景观与环境设计丛书—环境标识导向系统设计 .P19，P14; (c) 作者 2008 年摄于日本东京；(d) 作者 2009 年摄于法国里昂火车站
图 20. 鲍诗度，王淮良，葛荣 . 当代城市景观与环境设计丛书—环境标识导向系统设计 .P149–155
图 21. (a) (c) 作者 2008 年摄于日本东京六本木地区 (b) 鲍诗度 , 王淮良，葛荣 . 当代城市景观与环境设计丛书—环境标识导向系统设计 .P099
图 22. (a) 作者 2009 年摄于西班牙地铁；(b) 作者 2009 年摄于德国法兰克福火车站
图 23. (a) 作者 2008 年摄于日本台场区; (b) 钱七虎，陈志龙，王玉北，刘宏 . 地下空间的开发和利用 .P203; (c) 作者 2008 年摄于日本大阪天空之城瞭望台

**张景** / **Zhang Jing**
（福建省宁德市宁德师范学院管理与工程系，福建 . 邮编 352100）
（Department of Management and Engineering, Ningde Normal university, Fujian. 352100）

# 宁德市道路环境景观设计探究

# Study on the landscape design of road environment in Ningde

**摘要**：

以宁德市道路环境景观作为研究对象，通过建立道路环境景观评价体系，指出宁德市道路环境景观设计存在的不足。然后，针对宁德市道路环境景观设计和建设存在的具体问题提出相应的设计手法、管理方法、管理制度等对策，为宁德市道路环境景观建设提供具有针对性和实效性的实施建议，达到完善和加强宁德市环境景观系统，提高宁德市魅力，改善人们生存空间环境质量的目的。

**Abstract**:

Taking the the landscape design of road environment, it points out the problems though establishing the evaluation system. The relevant designment methods, management methods and systems are brought out for the problems existed in the landscape design and construction of road environment in order to offer contrapuntal and effective suggestion for the designment and achieve the aim of making the systems better, promoting the elegance of Ningde and the living environmental quality.

**关键词**：宁德，道路环境景观，评价，对策
**Keyword**: Ningde, the landscape design of road environment, evaluation, countermeasure

**中图分类号**：TU984
**文章标识码**：A

宁德位于福建东北部沿海，拥有优越的自然资源条件和独特的社会文化特征。但一直以来，宁德市城市建设仍相对落后，城市基础设施不完善，城市景观和城市形象未能有效提升。目前，宁德市政府相关领导也表示宁德市城市建设仅有规划概念而已，缺少可实施的具体方案，人力提升宁德市整体形象成为当务之急。同时，我国共有 660 多个城市，其中地级城市共有 283 个。大部分地级城市道路环境景观都存在宁德市道路环境景观类似问题，因此对宁德市道路环境景观进行研究具有普遍性意义和较高的研究价值。

相关学者从不同背景角度对道路环境景观进行描述研究，而对类似宁德市这样的地级城市关注不多。在中国知识资源总库中，以“道路景观”为关键词搜索学术论文，共搜到 609 篇文章，而以“宁德”和“道路景观”为关键词进行搜索学术论文，共搜到 0

图 1 随意乱贴的广告

图 2 随意摆放摊点、停车

图 3 不合理的大面积绿地

图 4 改建后的站前路

图 5 海上海创业园雕塑

篇文章。由此可见，目前对宁德市道路环境景观的研究尚处于空白状态。

本文通过建立道路环境景观评价体系，指出宁德市道路环境景观设计存在的不足，并分析原因。然后，针对宁德市道路环境景观设计和建设存在的具体问题提出相应的设计手法、管理方法、管理制度等对策，为宁德市道路环境景观建设提供具有针对性和实效性的实施建议，达到完善和加强宁德市环境景观系统，提高宁德市魅力，改善人们生存空间环境质量的目的。

## 1. 宁德市道路环境景观评价体系建立

对宁德市道路环境景观设计与建设的评价体系建立，将道路环境景观的可度量指标和不可度量指标相结合，对其诸因素按一定的评判标准形成完整的评判体系。基于道路环境景观评价指标的复杂性，我们采用运筹学理论中的层次分析法（AHP）来建立宁德市道路景观环境的综合评价体系。该方法是美国运筹学家匹茨堡大学教授萨蒂于 20 世纪 70 年代初，在为美国国防部研究“根据各个工业部门对国家福利的贡献大小而进行电力分配”课题时，应用网络系统理论和多目标综合评价方法，提出的一种层次权重决策分析方法。层次分析法将系统分为几个等级层次，一般分为目标层、准则层和指标层。其后计算各层元素对系统目标的合成权重，进行总排序，以确定递阶结构图中最底层各个元素在总目标中的重要程度，而对底层各个元素的评判的综合形成对总目标的综合评价。

根据设置的宁德市道路环境景观评价体系绘制成表格进行问卷调查，统计得出如下结论：宁德市道路环境景观设计在功能评价权重值 35 得分 22.6，总体评价一般，其间道路环境景观的连续性和方向性设计存在问题较为严重。环境分析评价权重值 25 得分 18.5，总体评价较好，宁德市地形地貌对其道路环境景观起较好的作用。美学分析评价权重值 25 得分 15.4，总体评价一般，其中道路路面、道路交通设施及道路小品设计未能很好地满足道路使用者的审美需求。宏观价值评价权重点 15 得分 12.3，总体评价较好主要是道路环境景观对周边地区用地产生良好的影响，并能提高周边地区地价增幅。

## 2. 宁德市道路环境景观设计评价

根据评价分析得出以下结论：

（1）道路整体景观缺乏整体性、连续性，景观缺乏尺度感、层次感，重点不突出，风格不明显，导致道路整体景观乏味且单薄。如沿街建筑形式杂乱无章、广告随意张贴（图1），道路两旁随意设置摊点、停放车辆（图2），道路设施分散零乱，缺乏标准化、系统化设计。究其主要原因为业主根据各自需求自行放置，不考虑整个街道风格，而规划部门又没有进行有效的引导与协调，使得城市道路缺乏整体性和可识性。

（2）道路环境景观缺乏人性化设计，只是一味地强调汽车的尺度，而忽略了人的尺度，只考虑交通的需求，而缺少对人的关怀。如在一些本来可以作为休闲场所的区域却采用大面积草坪使人不能进入享受环境（图3），在应该设置休息座椅的地方，未能设置，道路两侧的绿化景观只是变成了放在那儿看看的空架子。同时，还存在无障碍设施、天桥设置不合理等现象。

（3）道路环境景观缺少特色，简单模仿西方国家设计风格。如道路绿化强调“大色块”、“大块面”，采取千篇一律的大草坪为主的营造模式，形式上强调图案效果，具有强烈的人工装饰特色；环境小品也照抄照搬一些西方国家或发达城市之作，并美其名曰“国际接轨”，与“适应时代潮流”。总之，国内外成功的道路环境营建规划，不论它是否适合自己，均采用“拿来主义”，大肆抄袭（图4）。

## 3. 宁德市道路环境景观建设的反思

宁德市的道路环境景观存在的上述问题，如不及时找出这些问题的原因并采取补救措施，其道路景观的优势将不复存在，这对宁德市的经济发展、自然资源的保护和开发，以及居民生活质量的提高等各个方面都将是巨大的损失。结合各方面因素分析，造成这些问题的原因主要有以下几个方面：

### 3.1 道路建设民主化程度不高

政府官员、城市规划师、景观设计师是当前宁德市道路环境景观规划设计的主导力量，这种规划模式在创造道路环境景观的同时，也往往存在着单纯追求形式、脱离群众需求的缺陷，有的只是作为“形象工程”、“政绩工程”。让宁德市市民参与进来，使道路建设真正地服务于民。

### 3.2 缺乏合理的规划设计

按照宁德市现有的体制，道路的建设、维护和管理由不同部门分管，很容易导致问题出现时，部门之间互相推托。比如道路的建设及路面维护是城建部门分管，地下管线的设计及施工归各专业部门分管，道路绿化是园林局或城建局分管，道路环卫是环卫局分管，公交设施由公交部门分管，交通设施由交通公安部门分管，道路牌匾、广告由市

▲ 图 6 海上海休闲座椅
▶ 图 7 上海外滩建筑图

容部门分管，建筑立面由规划部门审批等。所有这些涉及道路的工作由于受各个部门管制、各自为政，缺乏统一的规划设计及审批实施管理程序，而造成了各部门之间的矛盾不能得到较好的协调，以至于宁德市道路环境景观缺乏合理的规划设计。

### 3.3 经济利益的影响

随着社会经济的不断发展，宁德市的风貌也发生了翻天覆地的变化。在各种利益的驱使下，人们追求物质满足的同时，忽视对自然生态和人文历史资源的破坏。如在房价飞涨利益驱动下，在宁德的兰田、塔山一带，尽管政府的城市规划已经出来了，群众还依然私自进行土地交易，在那里违建、抢建，大大阻碍了宁德市的发展，影响宁德市道路环境景观建设。同时，道路环境景观的后期维护也需要大量资金的投入，这就使得宁德市道路环境景观的建设之路变得越来越艰难。

## 4. 宁德市道路环境景观设计对策

### 4.1 整体性、连续性对策

#### 4.1.1 整体性设计对策

宁德市道路环境景观设计应该从宁德市整体出发来展示宁德市的总体形象和个性，但并非将道路环境景观制造得千篇一律。整体性原则可以分为两个方面：一是从宁德市整体出发，道路环境景观要为体现宁德市的形象和个性服务，要在变化中求统一、统一中有变化，既保证宁德市整体景观的统一，又要保证宁德市道路环境景观富有层次感，使整个道路环境景观成为宁德市公共空间的有机组成部分。二是从道路本身出发，将一条道路作为一个整体来考虑，在道路空间的尺度上、两侧建筑体量和色调上以及对地域文化的表达上求得相对的统一，而在细部处理、色彩、景观要素的形式上进行变化，保证了宁德市整体景观的统一和每条道路的特征化。从道路本身而言，将一条道路作为一个整体考虑，将道路两侧的绿化、雕塑等统一考虑，避免出现堆砌和拼凑的现象。

如上海市海上海创意园区人物雕塑，这些雕塑形态各异，但其共同特点是都是金属的塑像，人物外形有棱有角，线条感强，造型富有创意，与环境协调，并体现其文化气息和时代感，具有鲜明的视觉形象和较高的鉴赏价值（图 5）。

上海市海上海商业街的休闲座椅，皆以胶卷与人物为元素构成统一风格。座椅的设计结构坚实，尺度合宜，椅凳的设计美观、构造简单，艺术造型强，富有特色，体现所

图 8 公共场所设计

在环境特色，与其他设施的关系和谐（图 6）。

**4.1.2 连续性设计对策**

宁德市道路环境景观设计中应从这个两个方面着手：一是注重道路环境景观视觉空间上的连续性。道路空间属于一种线性的视觉空间，一条笔直的长路是不会有什么感染力的，而应巧妙地处理道路空间各要素，制造进退有序、开阖有致、曲折有度的道路空间使人们产生联想，使道路景观充满活力。道路景观的视觉连续性可以通过道路两侧的绿化、建筑布局、建筑风格、色彩及道路环境设施等的延续设计来实现。二是注重道路环境景观心理认知上的连续。道路环境景观设计是一个动态的过程，其景观的进化乃是空间和时间变化。时间合并了季节、气候、植物的生长、水的流动、景观的历史变迁等多方面，空间则涉及韵律与平衡、统一和变化、协调与对比、整体与局部等。道路环境景观设计就是要将道路空间中各景观要素置于一个特定的时间与空间连续体中加以组合和表达。上海外滩的建筑群风格琳琅，有古希腊式的、文艺复兴式的、西班牙式的建筑，虽然在建筑形态上各有千秋，但是在色调选用上呈现了其和谐统一，使道路产生延续性（图 7）。

**4.2 人性化设计对策**

以人为本的思想来源于欧洲文艺复兴时期的人文主义思潮，它主张思想自由，肯定人是世界的中心，反对中世纪的经院哲学，反对以神为本位，提倡以人为本位 。而道路环境景观设计的成败直接反映于人类户外活动的满意度，是否符合人类户外行为需求。所以，考虑大众的思想、兼顾人类共有的行为，是城市道路景观设计的基本原则。

**4.2.1 科学理性的空间设计**

道路中人的行为活动载体是空间，同时它也对人的行为心理产生显著的影响。因此，

图 9 日本盲道设计

图 10 马路标志

图 11 上下标志

图 12 宁德市火车站图

图 13 清溪川复原图

合理科学的道路空间设计是人性化设计的前提保证。道路的空间设计涉及空间的尺度比例、空间形态、空间界面形态等方面。良好的尺度与比例是道路空间环境的基础，是创造和谐的空间整体环境的必要条件。设计师在空间设计中不仅仅要满足人的感觉、认知等心理活动需求的形式美学原则，例如比例、节奏、色彩等所产生的心理愉悦，更应该对人的行为活动进行理性的科学分析。在大力推广人性化的过程中，我们应该倡导科学理性的功能主义，通过对各种必要性行为模式和可能发生的行为方式研究来获取设计条件，避免只为满足形式美而产生的不实用设计。

如公共场所设计要求结合该场所所处的外部条件、场所特点，运用各种营造手法，设计语言来确定场所的定位，包括强化、重构、渐变、放射等处理。力求把该场所的有关社会活动、经济价值、文化内涵、历史事件等精神价值因素反映出来。把握构成元素，构造出和主题相符合的意境、情趣。达到可以让使用者参与的时候能深刻体会设计者的匠心独运（图 8）。

**4.2.2 服务于人的设施设计**

道路环境景观设施是人们最易接触到的环境景观实体，它与人的关系最为密切。优秀的道路环境设施不仅可以为社会生活提供场所，支持人们的各种行为活动，还可以影响和规范人们的活动，激发人们的心理反应，创造舒适、愉悦的户外公共空间。因此设计师应该在进行宁德市道路环境景观设计中结合宁德市人们的行为活动需求和空间容量，通过量化的手段确定设施的数量、造型，精心雕琢、合理布置，使设施成为真正服务于人、亲近于人的景观环境要素。如图 9 盲道设计充分体现人性化，在道路交叉口都有合理的设置盲道节点予以提示道路的变化情况;色彩上明显区别于普通道路铺装起到提醒作用。图 10 马路上明确标出自行车与人行道标志，图 11 明确标出上与下的标志，体现城市的人性关怀。从而体现以人为本的理念，增加城市温情。

### 4.3 独特性设计对策

#### 4.3.1 与地域结合

对于设计师而言，应该充分把当地最本质的文化特征通过道路环境景观元素表现出来。在进行道路环境景观设计时要充分考虑当地环境和当地材料等硬件性条件对道路环境景观设计的影响与要求。同时，考虑人文、风俗、生活习惯、地域特色等软性条件对道路环境景观设计的影响与要求。

为此，设计师在进行宁德市道路环境景观设计时，要尊重宁德市当地的地理特征和生态环境，充分考虑与环境相融合，使景观成为环境的一分子，找寻天人合一的惬意；另外，还要灵活地运用宁德市当地的地方性元素，使得所设计出来的景观风格能够充分体现出地方特色来，如宁德市典型元素廊桥被作为符号提炼设计成宁德市火车站，充分体现地域特色形成一道亮丽的道路景观（图 12）。同时，在景观设计时将当地的人文、风俗、生活习惯、地域特色等软性条件，与景观设计进行有机融合。比如表现在生活方式上的朝而作、夕而憩等。具有传统文化印记的设计容易唤起使用者的生存经验，达到共鸣。而在当前追求高效、简洁、快速生活节奏的生存方式中，在传统积留的生存经验记忆中选取与之相应的设计元素，创造出具备传统特色的道路环境景观，使人们在忙碌的生活中，追溯回忆，接受感召，回归久违的自然，完成一种感觉上的精神释放与安逸，也是一种很可取的做法。

#### 4.3.2 历史重现

在道路环境景观设计中，有时会从文字记载或者口头传说中挖掘出道路原有的一些环境状况，设计师应将其重现，给景观增添魅力，让使用者能从视觉上了解到道路环境景观相关信息。这些重现的景观有些是写实的完全依据历史考证，而更多的场景则需要依靠设计师的想象来表达。一方面是因为有时候场地原有的面貌无从考证，只能从文字记载或口头传说中探询到相关的蛛丝马迹；另一方面是在尊重历史的同时，也考虑时代特征和需求。我们往往只能再现其意境而不能恢复其真实原貌。我们以韩国首都首尔市清溪川的成功复原为借鉴，在 1958 年都市更新的过程中被水泥板所覆盖，成为首尔市主要交通动脉，之后在 1978 年更增建了高架快速道路，每日运送 12 万以上的交通量。但是，巍然矗立的高架桥，不仅破坏市中心美感，而且所伴随的空气污染、噪音，更让两侧居民不堪忍受。为此，自 2002 年 7 月起首尔市积极推动清溪川的复原，经过 2 年多的努力，终于在 2005 年 10 月 1 日完成通水。清溪川的复原，不仅是城市景观的更新，更是城市文化的延续与重生，以及生态工法与绿建筑成功的案例，它唤醒居民对城市的认同，也带动周边的景气（图 13）。目前，清溪川已经成为首尔市的一张城市名片。

### 4.4 强调政府、专业人员与公众的紧密合作对策

宁德市道路环境景观建设除了依靠政府外，还有赖于公众与相关各学科的专业人员的参与与决策。政府部门通过媒体宣传如公众手册、图片宣传、招贴广告、新闻媒介等对公众进行道路环境景观设计及其法规进行宣传。公众参与道路环境景观建设在政府指导下，以参与公众论坛、公开会议、听证会等形式加入城市道路景观建设的管理机制中来。

专业性代表会综合设计组织相关学科如城市规划师、城市设计师、景观设计师、经济学家、心理学家、交通工程专家、建筑师等专业人员对针对政府主导思想以及公众建议结合专业设计水平提出设计方案。进而大家对方案进行评审并提出改进意见，最终达成统一完成道路环境景观设计。随后将道路环境景观设计的目标、政策、策略具体化，并提出项目建成后的维护与监督计划。宁德市内许多建成伊始舒适美观的道路景观环境在五年或十年后即开始破损、衰退，失去吸引力，这都是由于我们对维护与监督远远不够重视。政府、专家及公众活动三方面应紧密合作进行有效维护监督，为宁德市创造优美的道路环境景观。

### 4.5 建立专门的管理机构对策

鉴于宁德市道路环境景观建设所涉及的管理机构的职责分散，导致宁德市道路环境景观缺乏合理的规划设计。因而，建议成立一个专门负责道路景观环境管理的分支机构，为宁德市道路环境景观设计提供有力保障。

### 4.6 加强监管力度与资金分担对策

对于无视于城市整体规划的抢建、违建行为，相关政府部门应加强监管力度，遏止事态蔓延，保证道路环境景观建设有个良好的建设环境。道路环境景观建设属非盈利性活动，单靠政府的力量孤掌难鸣，可以采用资金分担方法将宁德市道路环境景观设计道路红线内的沿街景观形成所涉及的道路设施或公共项目与业主或其他组织部门进行合理的资金分担，便于道路环境景观后期维护。

## 5. 结语

如何在城市人口激增、用地紧张的情况下，进行合理的道路环境景观设计，改善城市人居环境，促进社会经济快速稳定发展，建设独具魅力的现代化城市，是当前城市规划建设所面临的重要课题。

根据宁德市道路环境景观可度量指标和不可度量指标，采用运筹学理论中的层次分析法（AHP）建立宁德市道路景观环境的综合评价体系，通过基于综合评价体系的问卷调查、统计归纳和实地调研，对宁德市道路环境景观进行综合评价。研究表明，宁德市道路环境景观设计和建设缺乏科学合理的发展规划、先进的设计理念、完善的管理组织和制度，使城市道路环境景观整体呈现视觉单调的局面，是宁德市道路环境景观设计和建设之所以落后的根本原因。针对宁德市道路环境景观评价分析提出相应解决对策，指出宁德市道路环境景观设计可以从以下几个方面加以总结：宁德市道路环境景观设计应该从宁德市整体出发来展示宁德市的总体形象和个性；应该合理布置空间，结合宁德市人们的行为活动需求和空间容量，通过量化的手段确定设施的数量、造型，精心雕琢合理布置，使设施成为真正服务于人、亲近于人的景观环境要素；要尊重宁德市当地的地理特征和生态环境，灵活运用宁德市当地的地方性元素，使得所设计出来的景观风格能够充分体现出地方特色来；政府、相关各学科的专业人员、公众三者亲密合作积极参与建设好宁德市道路环境景观；建议成立一个专门负责道路景观环境管理的分支机构，为宁德市道路环境景观设计提供有力保障；采用资金分担方法解决宁德市道路环境景观设计中的经济问题。

对宁德市道路环境景观全面而系统的研究，本文尚属首次。因此，本文的工作具有前瞻性价值。我国共有 660 多个城市，其中地级城市共有 283 个。大部分地级城市道路环境景观都存在宁德市道路环境景观类似问题，希望本文的研究能够对这些城市道路环境景观建设起到引导和示范作用。基于对此项工作复杂性的认识，我们认为，本文的成果还是初步的，更为深入的研究还有待我们付出更为辛勤的努力。

## 参考文献


[1] 马武定 . 城市美学 [M]. 北京：中国建筑工业出版社，2005:88—89.

[2]（日）芦原义信 . 街道的美学 [M]. 尹培桐译 . 武汉：华中理工大学出版社，1989.

[3] 凯文 • 林奇 . 城市意象 [M]. 方益萍，何晓军译 . 北京：华夏出版社，2001:18—21.

[4] 日本土木学会 . 街路の景观设计 [M]. 东京：技报堂出版（株），1985:2—5.

[5] 熊广忠 . 城市道路美学 [M]. 北京 : 中国建筑工业出版社，1990.

[6] 王健 . 交通美学 : 理论与实践 [M]. 北京 : 科学技术文献出版社，1992.

[7] 宁德地区城乡建设志编纂委员会 . 宁德地区城乡建设志 [M]. 北京 : 中国统计出版社，1996.

[8] 宁川域情编纂委员会 . 宁川域情 [M]. 香港：华夏文艺出版社，2008.

[9] 王浩 . 城市道路绿地景观规划 [M]. 南京 : 东南大学出版社，2005.

[10] 刘滨谊 . 城市道路景观规划设计 [M]. 南京 : 东南大学出版社，2002.

[11] 熊广忠 . 城市道路美学 [M]. 北京 : 中国建筑工业出版社，1990.


## 图片来源

图 1. 作者 2010 年 1 月摄于福建宁德蕉城路
图 2. 作者 2010 年 1 月摄于福建宁德八一五路
图 3. 作者 2010 年 1 月摄于福建宁德闽东路
图 4. 作者 2011 年 1 月摄于福建省宁德市站前路
图 5. 作者 2009 年 4 月摄于上海海上海
图 6. 作者 2009 年 4 月摄于上海海上海
图 7. 作者 2009 年 9 月摄于上海外滩
图 8. 鲍诗度老师 2008 年 11 月摄于日本东京新桥、友乐町、六本木
图 9. 鲍诗度老师 2008 年 11 月摄于日本东京品川
图 10. 鲍诗度老师 2008 年 10 月摄于日本名古屋
图 11. 鲍诗度老师 2008 年 10 月摄于日本名古屋
图 12. http://image.baidu.com
图 13. 郭军 . 韩国汉城清溪川水景观考察观感 . 北京：中国水利水电科学研究院，2005

**张靖华，王珺 / Zhang Jinghua，Wang Jun**
（南京工程学院建筑工程学院，江苏．邮编 211167）
（Engineering and Architecture Institute, Nanjing Institute of Technology, Jiangsu. 211167）

# 巢湖流域古聚落的建筑历史及地域文化景观
## ——张家疃《张氏明公支谱解读》

# The architectural history and region cultural landscape of Chaohu valley
## ——An Interpretation on the family tree of Zhangjiatuan village

**摘要：**

在特定的历史背景下，巢湖流域形成了独特的建筑文化，在建筑规划、理景思想、村庄防御等多方面构成了独有的地域文化景观，这其中以被称为"九龙攒珠"的黄麓镇张家疃村较为典型。而《张氏明公支谱》作为记载该村历史的文献资料，具有重要的研究价值。

**Abstract**:

The architectural culture of Chaohu lake is founded in its own background, including architecture planning, thoughts of landscape, and technology of village defense. Zhangjiatuan is a very particular village among these, known as its special plan named "nine dragons towards a pear", and the book about its famlily tree is especially important for people to research.

**关键词：** 巢湖，张家疃，族谱，聚落文化
**Keyword**：Chaohu lake, Zhangjiatuan village, family tree, the culture of settlemen

**中图分类号：** TU-098.1
**文章标识码：** A

基金项目：南京工程学院 2009 年教学改革项目（116104100002）

### 1．考察概况

2011 年 3 月 25 日，我坐车前往巢湖北岸黄麓地区作本年度第三次考察，前两次考察在年初 2 月份，目的是为了了解巢湖沿岸部分聚落的形态并与航空图作对照，这两次考察的收获在于，初步探明了巢湖北岸古代村落形成的原因，并为下一步研究指明了方向。本次调查的对象是张家疃，目的是继续搜集文献资料，以期为解读巢湖流域聚落发展历史提供更多的史料依据。

张家疃，在黄麓镇以南巢湖岸边，规模宏大，在黄麓一带素有"三大疃"之说，即"张

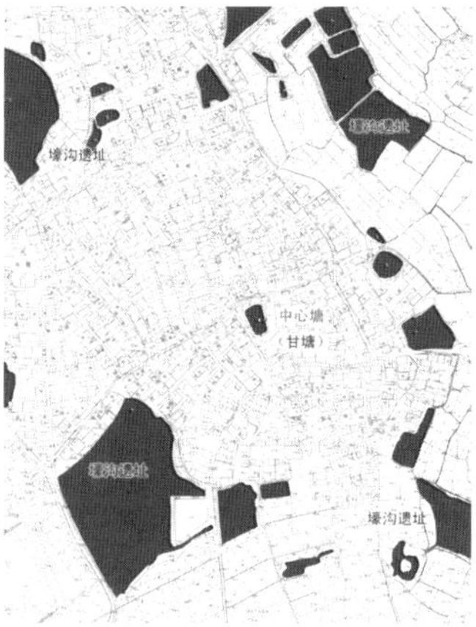


图 1 张家疃平面图

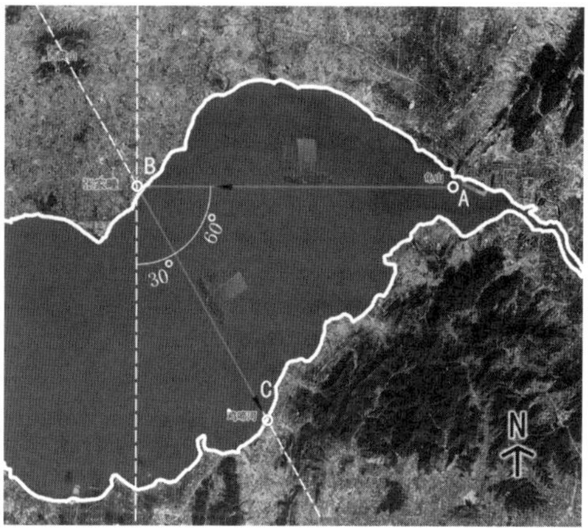


图 2 张家疃始祖迁移路线图

家疃”、“王家疃”、“周家疃”。康熙十二年《巢县志》中也有记载（该志记载有“村、疃、围”一项，共统计了黄麓地区的八个“疃”，在这八个村庄中，张家疃位居第二），此外，张家疃之所以著名，还因其有一个独特的“九龙攒珠”型村庄结构。相传村庄建立时，张家疃的祖先把村庄设计成九条巷子，对准低处的一口水塘，水塘和巷子的明沟相通，一下雨，巷子里的流水纷纷流入中部池塘，仿佛九条龙在吐水。经过六百年的发展，“九龙攒珠”仍然保留完好，后期周边人口日益繁衍，形成了一个以水塘为中心，平面类似圆形的古老村落（图 1）。

对张家疃的考察为时一天，首先去拜访了以前认识的张承群老师，短叙后前往张家疃小学校长张秉柱处。在这里，我们发现了大量的原始资料，其中包括两本咸丰六年的《张氏明公支谱》老谱，一本 1994 年村内整理的《张氏顺公支谱》，这两本支谱历经“文革”毁坏能保存至今实为不易。还有张校长为编写新谱撰写的《张家疃近代大事记》共 9 页和族人编写的《张疃村玩龙灯和各种灯记述》、《六十年前烧香信佛回忆》、《张家疃村新中国成立前后座谈调查情况》等几篇文章，涵盖历史、文化、谱系、村庄来源、典故和其他相关资料，对本研究帮助很大。

## 2. 《张氏明公支谱》解读

### 2.1 村庄起源

在《张氏明公支谱》中，多次提到这个古老村庄的起源：

第二卷《谱系源流》：“一世始祖，考元一公，妣周孺人。公避元末之乱，由豫章卜居于此，相厥阴阳，瞻其向背，筑室种树，而规模大定矣……公有胞弟元二公于吴元年从军以功封百户之职，子孙世袭，流寓江西广信府上饶县居住。”

第一卷《支谱告成恭记百韵》：“前代难全述，本支可具陈，有明方御宇，我祖即胥枨”（胥应通续，枨，音陈，屋檐。即明代刚建国，我祖就已在迁移在此居住），又注解曰“元一公于元末避乱自江西唐沟卜居与此。”

第一卷《祖茔八景》：“逮夫元纲失驭，贼蹈狂煽，梨花细雨，谁怜野泣之魂，燕子旧巢，莫慰羁人之梦……元一公占几，独早观变，最先由唐沟之西迁巢湖之北，相厥阴阳，瞻其向背，树万柳于高门，植三槐于夹垲，爰居爰处，我理我疆矣。乃悠游以乐其天真，欲及身而卜乎永宅，溯湖之南，得佳地焉，命次公居湖之北，守始基于不迁，命长公迁湖之南。”（占几，占卜之意；夹垲，高地。“爰居爰处，我理我疆”即搬迁到此，开辟基业。）

第一卷《张氏历代源流图》：“景明长子，元一公迁巢西芦溪嘴张家疃为开基始祖。”

根据以上的资料，我们可以得知张家疃的始祖张元一（元一公）是元末明初时从江西“唐沟”迁移而来的，唐沟在何处已不可考，而元末明初正是南方人口大量迁往北方的时期。根据移民学的研究，这次大的迁移主要包括躲避战乱和明初政府强制的开发性移民两种。从《张氏明公支谱》的记载来看，似乎强制的痕迹并不明显——“占几，独早观变，最先由唐沟之西迁巢湖之北”，不仅如此，元一公还让大儿子向巢湖南岸航行——“悠游以乐其天真……卜乎永宅，溯湖之南，得佳地焉”，带有浓郁的浪漫色彩。通过这两次航行，来自江西的张元一父子在巢湖南北两岸分别建立了两个村庄。在以后的历史长河中逐步发展壮大（图2）。

## 2.2《湖村十景记》中的地域景观

对于村庄地理、景观特点的描述，以《明公支谱》第一卷《湖村十景记》最为详细，序曰：“自黄山以南蜿蜒十里而村基结焉，四围皆高，中独低凹，地师取向燕窠，理不诬矣，燕巷抱其左，军岗翼其右，大小二港，巧溪芦溪，诸水曲曲环绕，前则明湖一片，烟雾迷离，尖龟孤姥四山，峰峦叠翠，皆如拱揖状……”（这里的黄山，指的巢湖北岸西黄山，康熙《巢县志》又作龙泉山。）

其后分项解说题云：“黄山秀峙”、“顶岫霞围”、“孤浮箬笠”、“姥插文峰”、“尖凝冬雪”、“龟锁春潮”、“雨妍鹭碛”、“月媚芦溪”、“双河带绕”、“两港襟连”、“甘塘烟柳”、“燕巷云禾”、“桑林神照”、“皂树灵枝”，实十四景。

这十四景中，从外环境开始，按山岭、河港、池塘、街巷、树木（树木其实指代祖坟）之顺序概述了张家疃村的地理特点，即面对巢湖，周围环山的地理状貌。这十四景中，“月媚芦溪”、“双河带绕”，描述了村庄两旁的主要河流巧溪和唐家河的景色及与村庄的关系，族谱中配有解说的诗歌云：

“村踞明湖曲”——即村庄在巢湖北岸湖岸转弯处，描述准确。

“双河左右联”——巧溪河、唐家河在村庄两侧，具体位置待考。

“自从腰以后，直至面之前”——村庄面对巢湖，为两河夹峙，背对西黄山，景色优美，符合中国古代村庄背山面水、负阴抱阳的选址需要。

十四景中之“两港襟连”，是张家疃左右之渔港，《十景序》中说：“族人春夏则稽田，秋冬则举网”，反映了渔业与农业结合的村庄景象，又说“大港在左，小港在右，明末曾殪寇（殪，即杀。）于此。”在张家疃村中部，即九条巷子对准的池塘附近，至今还有一条横贯东西的商业街，可以证明早先这里曾是繁华的港口。

“甘塘烟柳”一项，描述了村庄中心的景观环境。其中“甘塘”即前文所说的“九龙攒珠”的水池。甘塘既是排水的中心，也是村庄景观的中心，《十景》一文注释“甘塘”——“塘在村中，沼堤植柳，绿水青绦互相掩映，每月上烟浮，更为奇妙也”，说

图 3 甘塘景观

明甘塘周围原本种有柳树，绿树葱茏，加上周边还有祠堂等公共建筑，因此成为了村庄的“极域中心”，吸引了大量的公共活动（见《中国传统建筑极域研究》，张帆）。

而“燕巷云禾”，则指村庄旁侧巷道及周边的农业景观。谱中云“即村之左翼也，下尽属平畴，其大数顷，莘芦蒲三塘浇灌之”，蒲塘在村庄之西，村庄东部尚有另外二塘，燕巷应是靠近村庄入口的巷道，北部分开两叉，类似燕尾，应是“燕巷”得名的原因（村庄中间池塘，村人也因此称为燕塘）。

燕巷外之土地极其肥沃，禾苗“朝晖夕照，如云如潮”，从燕巷开始，方能进入村庄中的商业街，可见，“燕巷云禾”一句，描述的是村庄入口的景象，也可称之为“水口”景观（图 3）。

### 2.3 陵墓与祠堂

#### 2.3.1 陵墓景观

村中坟茔在村庄西南：“去村南可百步许，则见先人之寝室在焉，其迎送护卫与村基同。”（《十景记》序）在《湖村十景记》之后，则有专门一篇文章《祖茔八景诗（并序）》叙述陵墓的景观，两篇文章，一前一后，一阳一阴，反映了村落家族阴阳有别及祖先崇拜的思想。《祖茔》分八篇，分别为“姥山列嶂”、“顶岫围屏”、“巢湖秋月”、“鸡河春渔”、“青畴麦浪”、“绿柳莺梭”、“甘泉暮鼓”、“水月晨钟”。大略记述了祖茔周边的独特景观，“甘泉暮鼓”和“水月晨钟”两项描述的内容含有佛教色彩，用在此处颇有先人灵魂得以安慰之意，可能是指村庄北部和东部的指南庵与圣姥庙（又名中庙）。“鸡河春渔”是指始祖元一公之长子迁移地巢湖南部鸡啼河村的祖茔景象，这点在上文已有引用。另据村人说，先祖元一公晚年与妻子周孺人不和，元一公居长子处（鸡啼河），周孺人居张家疃，因此祖茔二分，张家疃祖茔名“奶奶坟”，而鸡啼河祖茔则称“爷爷坟”，这就是为什么《祖茔八景诗》中出现了巢湖南岸村庄景观的原因。

张家疃的祖茔，根据《湖村十景记》中的记载，应在村庄之西，（皂树灵枝——“在村西祖茔之北，每结一实，村中必有一入泮者”）具体位置待考。

#### 2.3.2 祠堂、公堂屋

张家疃以张氏聚居为主，兼有他姓附居，《宗谱》一卷《支谱告成恭记百韵》中说“陶叶先知止，徐杨继卜邻。”又解说“村中唯陶叶杨徐四姓附居”。《张家疃新中国成立前后座谈调查情况》中记述“新中国成立前本村有四个祠堂，多个公堂屋给后人清明、冬至祭祀之用，如张氏宗祠、张氏小祠堂、杨氏宗祠、叶氏宗祠。”“公堂屋有同夫堂，东、西、南、北公堂屋。”原张氏宗祠又称张氏老祠堂，在村庄之南（《宗谱》一卷《支谱告成恭记百韵》）。这座祠堂在 1937 年村庄与土匪的对抗中被焚毁，新祠堂为上世纪四十年代所建，是现在村庄中唯一保留的祠堂，存两进。

## 2.4 《明末御寇诸公合传》与村庄防御

张家疃村在村庄以北巷道口，有一座高约4米的防匪闸门，门上铭记曰，“光绪29年春议，造北闸门捐款”等项，这种闸门，旧时在全村有好几处，在其他村庄也时有看见，反映了本地区历史上，特别近代以来土匪肆虐，治安失控的村庄生存状态。根据《张家疃村近代大事记》记载，自1937年以来，村庄两次险遭灭顶之灾，一次是1937年，受到土匪胁迫，村人被迫杀死三名土匪，因此招祸，土匪扬言要“血洗张家疃村，杀得鸡犬不留”(《大事记》)，为了抵抗土匪的攻击，村庄召开宗长会议，决定调动全村人力，用三天三夜时间，在村庄外围修成“城墙”一道，“墙高八尺，墙基厚三尺”，城门四道，与土匪抵抗七日，方才解围，第二次则是与1938年和日军发生的误伤有关。在《张氏明公支谱》第一卷中，我们还找到了一篇《明末御寇诸公合传》一文，文曰：

“嗟夫，死生利害之顷，倾覆流离之际，最足昏人神志而馁人之气力者也。求其祸至不惧，顾大义于仓皇，死而不悔，保一方之宁谧者，不亦戛戛（戛戛，形容困难）乎？难之哉！当夫明纲失驭，因之贼蹈狂煽，李自成酷掠于东南，张献忠惨屠于西北，惊风匝地，白骨积而成山，杀气漫天，热血流而漂杵……幸存者皆焦头烂额之氓，鼠适何郊，逃窜者皆冻饿沟渠之龟，伤心惨目，有如是耶！值此万难措置之时，应束手而待毙，乃奋一时激昂之气，竞攘臂以争先。应良公心明韬略，运筹尽合乎方圆，登云公力胜貔貅，措置独？夫克胜，先庆公独当一面，起凤公巡视四方，严修栅闸，坚凝不异城池，密布耰锄，锋利无殊干楯（音盾，干盾，盾牌之意“不仕干楯弗与共天下也” 曲礼子夏问第四十三），盆盂尽歼寇之器，瓦砾皆克敌之资，旌旗罗列，凤飘八幅之群，刁斗森严，威震千家之釜，或贼来而大击，策马心惊，或寇去穷追，抱头鼠窜。逮蜂？妖氛，北灭……始讫（此处缺字）。国朝义旗南来，而比户之衣粮未乏也，方之古昔，即义侠亦难此安全质之，今恐利徒借之肆虐矣。 孙湜敬题”

（文章翻译：在生死利害、颠沛流离的关头，人是最容易神志昏迷，气力衰弱的。要一个人大祸临头还不惧怕，在仓皇流窜中还能顾全大局，面对死亡也毫不后悔，并且保护一方水土的平安，不太难了吗！当明朝末年朝纲混乱，进而引起四处贼民疯狂抢掠，李自成在东南一带残酷掳掠，张献忠惨杀西北人民，大风横扫地面，白骨堆积成山，漫天杀气，血流飘杵……侥幸活下来的人也是焦头烂额，不知道要往哪里逃窜，就是逃跑了也都在沟渠中冻饿而死，伤心惨痛，就到了这种程度！在这种万难对付的境地，本来肯定是束手待毙，村中先祖们奋发激昂之气，争先恐后抵抗外敌。应良公满腹韬略，做事统筹沉稳，登云公力大无比，勇猛制胜，先庆公独当一面，起凤公四处巡视，严修栅栏和闸门，使得整个村庄像城池一样坚固，在城墙（的内侧）密密地靠上锄和钉耙类的农具，锋利得像盾，使敌人不能攀越。这时，就是盆盂之类，也成了歼灭敌

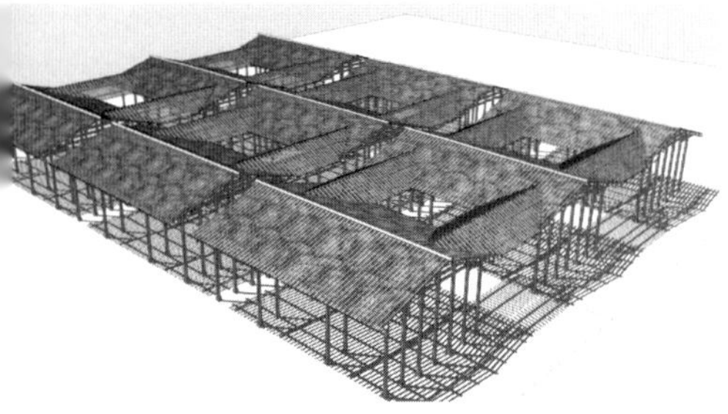

图4 在分的基础上建立的规则住宅

人的武器，残砖断瓦，都成了抵御敌人的资本，旌旗罗列飘扬，威震四方。有时贼军到来，奋力抗击，有时敌人逃去，穷追猛打，敌人抱头鼠窜……等到朝廷南下剿灭贼兵，这里家家的粮食和衣服竟然还是充足的，古往今来，就是豪侠之士也难在这种状况下保护村庄平安渡过难关啊。到了现如今，倒反而担心那些不法之徒借着我们这样的村庄肆虐地方了。）

这篇文章记述了明代末年张献忠起义军横扫庐州一带，张家疃“严修栅闸”、“密布耰锄”抗击入侵的文章，读起来刻骨铭心。此文放在第一卷《族谱原序》之后，可见族人对此段历史之重视，寄希望警示后人。事实上，如果我们将 1937 年的那次土匪围攻的史实与明代末年的这次抵抗相对比，会发现两者有很多的相似之处：

1. 都是以宗族领导，集合全村力量，团结一致对外。

2. 用木栅或土城将村庄封闭（今日张家疃的形状略成圆形，很可能与历史上多次御敌形成的形态有关）。

3. 使用“耰锄”类的农具作为城墙或木栅上的防御器材。耰，音优，古代的一种碎土工具；锄，锄头或钉耙类的农具。《大事记》中记载：“（1937 年）村里早就做好准备，城墙外挖了深沟放水，内下滚钩，四门浮桥全部抽掉，城墙内靠耙，尖齿朝外，防止土匪翻墙入内”，这种“城墙内靠耙，尖齿朝外”的做法，应和密布耰锄一样，是使用农具的锋利面靠在城墙的顶端，防止攀爬。

从以上防御方法的共性来看，张家疃村已经拥有了一套应对紧急状态的经验措施，因此能在明末清初的浩劫中保存至今。这些防御方法，既有技术层面的，也有社会层面的。此外，从建筑层面来说，村庄“九龙攒珠”的形态显然是构筑坚强防御系统的关键。这是因为——“九龙攒珠”的村庄平面本身带有里坊制的特点，这种按照规矩模数划分村庄街道与地块的方法，其雏形在《周礼·考工记》中就可见到端倪，它既方便了村庄管理（明代实行里甲制度），同时更创造了一种十分集中的建筑空间，使得居民在安全遭到危害时，能彼此联系，左右串联，形成强大的抵抗力。

## 3. 结论

综上所述，在中华文明的历史画卷中，聚落文化是不可缺少的组成部分。巢湖流域的农业聚落是特定的历史背景及人类活动共同作用的产物，其独特的建筑空间、景观思想和防御方法，构筑了地区独有的文化景观。而张家疃村《张氏明公支谱》的发现和解读，无疑为我们管窥这一文化的内涵，打开了一扇精致的小窗。

## 参考文献


[1]（清）于觉世、陆龙腾．康熙巢县志（卷一、卷二）.

[2]（清）张家疃．巢西张氏明公支谱（卷一）.

[3] 方克逸．巢湖志 [M]. 合肥：安徽科学技术出版社，1999.

[4] 巢湖市地方志编纂委员会办公室．巢湖市志 [M]. 合肥：黄山书社，1992.

[5] 曹树基．中国移民史 第五卷 明时期 [M]. 福州：福建人民出版社，1997.

[6] 曹树基．中国人口史 第四卷 明时期 [M]. 上海：复旦大学出版社，2001.

**章丹音，朱钟炎 / Zhang Danyin，Zhu Zhongyan**
（同济大学建筑与城规学院，上海．邮编 200092 ）
（College of Architecture and Urban Planning, Tongji University, Shanghai. 200092）

# 促进交往的低碳城市居住空间设计思想及策略

# Low-carbon urban living space design concept and strategy for communication promoted

**摘要：**
针对城市居民“居住—聚集”活动的交往问题，本文从人类活动层面发现问题、分析问题并提出低碳的城市居住空间设计思想及策略。通过住宅功能规划、住宅建筑设计和住宅公共空间营造等引导人们低碳的“居住—聚集”活动，创造具有文化精神和价值的居住环境和行为模式，可以实现城市居住空间的可持续发展。

**Abstract**:
Aiming at the communication problems of “living-gathering” activities of urban residents, this paper analyzes problems, and comes up with the low-carbon urban living space design concept and strategies from the aspect of human activities. Through functional planning of residential space, residential building design and public space design in residential space, people’s low-carbon “living-gathering” activities could be guided, and the residential environment and behavior patterns with cultural spirit and value would be created to achieve the sustainable development of urban living space.

**关键词**：低碳，住宅，景观，交往，设计
**Keyword**：low-carbon, residence, landscape, communication, design

**中图分类号**：TU984.12　TU985.12+5
**文章标识码**：A

## 1. 引言

人类社会的发展伴随着人口规模、经济规模的不断扩大，城市环境问题已经日益突出，如城市热岛效应，城市空气、水体污染等。作为城市空间的一部分，城市居住空间及人类“居住—聚集”活动面临着更多实际而具体的问题：住宅过度建设与开发导致居民与自然生态环境隔离，城市灾害频发（垃圾、固体工业物灾害、开挖工程灾害、水文地质污染灾害等）；水泥森林的居住环境导致邻里缺乏交往……在这一严峻的情势下，城市居住空间设计迫切地需要从可持续角度出发，践行“低碳”理念。

所谓低碳的居住空间，狭义上是指在建造材料与设备制造、施工建造和住宅使用的

整个生命周期内，减少化石能源的使用，提高能效，降低二氧化碳排放。因此，低碳居住空间的营造意味着住宅材料的环保生态，住宅设计的科学合理。对于城市居住空间的主体——人及人在居住空间的活动来说，低碳的理念或思想则意味着住宅利用的高效低碳，通过低碳的住宅设计引导人们进行低碳的生活和娱乐，同时传达其内在精神文化，用住宅及其景观来表达和传递一种文明、一种和谐，这是低碳居住空间设计发掘内涵的深层次要求。[1]

## 2. 问题的阐发：非低碳的城市住区活动

城市居住空间的人类活动包括居住和聚集两大类型，居住与建筑对应，聚集则与环境场所相关。[2]城市居住空间作为一个以物质空间为载体、社会成员为主体、社会活动为内容、社会关系为纽带的“社会—空间”统一体，同时具有物质空间与社会系统的双重属性。[3]在日益更新的居住环境中，人们在居住空间的活动日益体现为两方面的矛盾：

### 2.1 居住行为与自然环境的交往矛盾

城市的现代化力量完全颠覆了农耕时代的居住空间形态，那种“采菊东篱下，悠然见南山”的田园景观在现今的城市居住空间中已经成为奢想，如雨后春笋般拔地而起的幢幢高层住宅楼在解决城市人口居住问题的同时，却是以割断人与自然生态环境的交往为代价的。在高楼、钢筋混凝土和封闭阳台的包裹中，人们很少呼吸得到新鲜的空气，很少享受得到自然的阳光，在占据着一方居住领地的同时，将自身与外部环境割离开来。

### 2.2 聚集行为与人类社群的交往矛盾

城市的现代化力量同样颠覆了传统的生活模式，邻里之间各种社会联系逐渐减少，快节奏的现代生活方式疏远了人们之间的距离，居住空间的使用也随之低效化。

住宅建设方面，设计者主观的分析替代了具体的生活感知，用已被简化为单纯意义的“住的机器”代替了居住生活中本应具有的复杂性与多元化，用僵化呆板的居住模式代替了生活的流动变化，人们很难对住宅环境产生认同感和归属感。

## 3. 解决问题的思路：低碳的城市住区空间设计思想

研究表明，80% 的温室气体排放来自于我们生活的城市，来自于我们建造和布局建筑的方式，来自于我们输入到城市的所有物质流，来自于我们从一栋建筑到另一栋建筑的出行方式。城市居住空间作为人类“居住—聚集”活动最为集中的环境，住宅功能的格局、住宅建筑类型、住宅公共空间模式等决定了人流的运转模式和效率，从而影响着能源需求与温室气体排放。按照这一思路，我们需要通过创造新型的居住空间环境来引导和促进人与自然、人与人之间的交往互动。

伴随着城市的发展，城市居住空间内人与自然的互动逐渐被人与物质的互动所取代，要最大化的实现自然赋予人类生存的能量，必须要尊重自然和土地，尊重人的需要，在最少干预自然的原则下实现环境能量的最大化给予。在住宅设计的过程中，尽量维持场

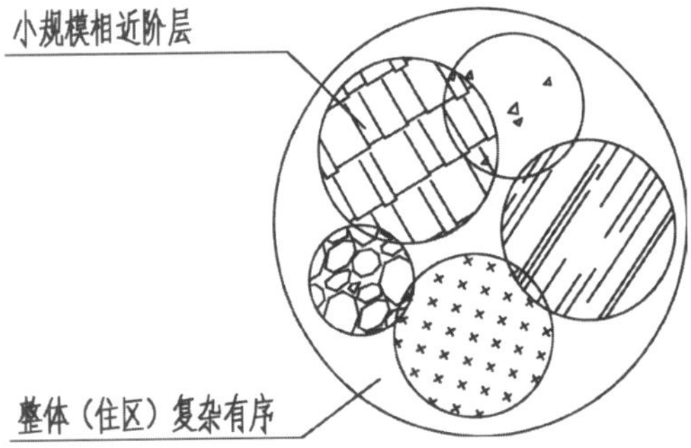

图1 同质性邻里单元

地原有的生态系统平衡，因地制宜。由此，我们对城市住宅建设需要提出更高的要求，这包括对建筑、景观元素的空间布局进行缜密的考虑：混合功能的住宅空间利用模式，引导低碳出行方式；在建筑体量和高度有机结合的情况下，减少城市“热岛效应”；以良好的建筑与房型设计增加室内采光、通风，从而减少空调和电灯的使用，减少碳排放；从住宅的空间形态入手，创造住宅公共空间和自然区域，通过住宅空间的诱导和暗示来促进人与自然的交往。

在自然和人本的原则下，低碳的居住空间设计可以实现人与自然的融合，并在不知不觉中引导邻里交流和沟通。由此，低碳的环境设计通过更富创造力、凝聚力的设计传递一种文化、一种精神，传达一种环保、节能的低碳理念。人作为具有独立性和自主性的交往主体，其“居住—聚集”活动显示了人的深层次需要，通过人与人之间的交往活动，将低碳的居住空间设计上升到思想精神的层次，上升到社会层次。只有满足了人类低级和高级需求的居住空间才将是可持续发展的，它不会因为设计和建造的失误而产生二次建设的资源浪费。

## 4. 解决问题的策略：低碳的城市居住空间设计策略

从城市居住空间形态来看，城市住宅功能规划、住宅建筑设计和住宅公共空间营造是我们需要重点关注和实施改进的。

### 4.1 混合功能的住宅空间利用

从古至今，人类最向往、使用率最高的地方都是具备多种混合功能的人口聚集地。一方面，混合功能的空间利用可以满足人们多种生活需要，而多种功能场所的混合集中，有助于人们在有限的时间内到达目的地，短时间的出行可以有效减少对交通工具的依赖，从而减少碳的排放。另一方面，城市居住空间的规划对象不应该是为某一阶层设计和服务的，而应该是多个小规模的相近阶层混合而居，形成“同质性邻里单元”，由其构成易于邻里交往的亲密型邻里单元（图1）。[4] 为不同阶层提供的居住条件和服务设施必

图2 奥地利 Kiefer 技术展示厅

图3 立面局部

定伴随着分属于不同阶层的群体出现，这从另一方面推动了混合功能的住宅空间利用。

柯布西耶的马赛公寓即是这一混合功能住宅空间的经典案例。马赛公寓提供了 23 种适合各种类型住户的单元，同时又有相对较为完备的商店和公共设施，极大地满足了不同阶层，不同生活功能的需要。更为重要的是，公寓底层架空，与地面城市绿化及公共活动场所相接触，居民由此更多地接触自然，增进交往，这种个人与社会之间关系的思考为今后新型的住宅模式给予了很大的启发。

### 4.2 使用低碳技术及策略营造住宅空间

在城市住区空间中，低碳的住宅技术可以有效地调节居住空间环境；有机的住宅建筑体量和高度可以有效减少城市“热岛效应”；而适宜的房型设计，不仅可以保证室内的采光与通风，还能开辟公共空间，促进邻里之间的交往和沟通，这是符合低碳思想及理念的有效策略之一。

虽然不是住宅设计，但是奥地利 Kiefer 技术展示厅则为低碳的住宅设计带来了一些新的技术理念（图 2，图 3）：建筑的白色石膏外墙立面下有保温系统，遮阳板利用电子设施控制开合，其变化的立面可以使得建筑内部适应室外气候变化，同时允许用户个性化地控制自己的空间。[5)]

图 4 沙夫兹伯里楼—“温室”

图 5 自行车出租站

图 6 街道花园

英国利兹市的沙夫兹伯里楼，在 1998 年前的近 60 年间是作为旅馆存在的，但在随后的整修后，这座楼被誉为“温室”（Greenhouse），成为一座旨在大幅减少对环境的影响，在英国最具低碳精神的住宅综合体。沙夫兹伯里楼经过局部改造，完整地保持了原先大部分的装饰艺术风格，同时使用可再生能源维持着 172 户出租公寓的能源使用（图 4）。虽然沙夫兹伯里楼拥有和别的住宅建筑类似的生活服务设施，如健身房、专人服务、熟食店等，但其生态特性让“温室”美名名副其实：地源热泵调节室内冷暖、每个住宅单元都有创新能源系统、双冲水马桶、低流量供水装置以及灰水回收利用、节

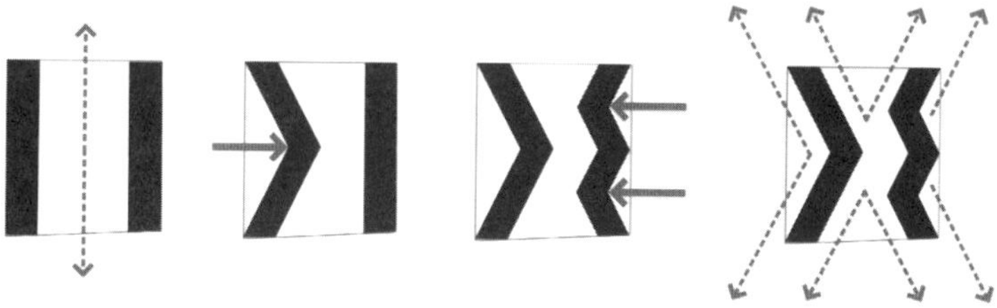

▲ 图 7 VM 住宅项目
▶ 图 8 俯瞰 VM 住宅项目

图 9　穿过大楼的走廊

图 10　Poydras 高层公寓

图 11　九层公共空间

图 12　高抬室外公共空间

能电器和照明设备、高效的隔音及隔热装置、太阳能热水板等。除此以外，住区空间内还拥有免费的自行车出租站（图 5），在住区街道的公共花园里，居民可以自己种植水果和蔬菜（图 6）。沙夫兹伯里楼的低碳住宅技术让老建筑更新与再生，并在此基础上开辟了适宜的公共空间，传递了环保、节能的理念，极大地促进了低碳的“居住—聚集”活动。[6]

仅仅利用自然赋予我们的有限条件，通过有效的设计仍然可以实现低碳的“居住—聚集”活动。丹麦 B.I.G 建筑事务所的 VM 住宅项目，是由一个“V”形和一个“M”形的居住体块组成。这两个体块的组成关系确保了充足的阳光、良好的私密和开敞的景观，V 形的体块在消除居民相对而居的尴尬的同时，还能满足居民观看周围开阔场地的视角需要（图 7，图 8）。所有的房间都有朝北的双层高度空间和全景的朝南空间。运用 V 形楼的斜线逻辑，“M”楼被组织成蜿蜒曲折的形态，确保了所有走廊两端都有美丽的风景和充足的阳光。不仅如此，“MV”楼提供了 80 种不同的灵活的户型，在满足居住者不同需求的基础上，多层公寓户型相互连接，中间的走廊像是从两端进出的弹洞一样，穿过这幢住宅大楼，形成活跃的社交空间。面向公园的南立面，设计师设计了一种新型的锲形阳台，阳台的墙体形成一个垂直的后院社区，在 10 米垂直半径之内与邻居建立起联系（图 9）。[7]

### 4.3 营造公共空间触发“居住—聚集”活动

城市居住空间需要营建诱发交往行为的公共空间。在住宅建筑内部，如果能充分利用自然的采光和城市风景，可以重新诠释城市高层住宅的“居住—聚集”活动。

美国 930 波尔达阿斯高层公寓位于新奥尔良高密度的居住街区，它竭尽所能为住户提供全方位的贴心服务。建筑底层是零售商店和服务设施，2 ~ 8 楼为停车库，9 层设置了一个两层高的公共空间，被高性能的通透玻璃包裹，具有广阔的城市景观，重新诠释了传统住宅的院落结构（图 10，图 11)。在这个高抬的院落内，人们可以尽享室外空间，与城市的自然元素进行交流（图 12）。同时，它也为居民创造了一个共享、交往、体验意义的公共空间，吸引人们走出房间，投入自然的怀抱。用自然维系人们之间的依赖关系，很容易就触发了人类的交往活动，这与大多数传统的，内敛的高层住宅建筑不太一样。8）

## 5. 结语

人和人的活动作为城市居住空间最具活力的元素，在最少干预自然的原则下，混功能的利用住宅空间，使用低碳的住宅技术与设计理念进行住宅建筑设计，营造具有共享和体验意义的公共空间，可以持续而深入地引导居民低碳的“居住—聚集”活动。从大自然汲取灵感，将自然融入建筑，创造新型的居住空间形态和行为模式是构建可持续发展的人类居住环境的关键。

## 注释

1）沈明，窦逗，吴彤云．低碳景观的设计理念与实践 [J]. 城市建设 .2010.10: 42–43.
2）刘滨谊．人类聚居环境学释意．[EB/OL]. http://www.china-up.com/wenzhang/25/25.htm.
3）朱海波．走向融合——城市住区公共空间网络的建构 [D]. 华中科技大学，2006: 21.
4）朱海波．走向融合——城市住区公共空间网络的建构 [D]. 华中科技大学，2006: 52.
5）Irina Vinnitskaya，Kiefer Technic Showroom .Ernst Giselbrecht + Partner. [EB/OL]. http://www.archdaily.com/89270/kiefer-technic-showroom-ernst-giselbrecht-partner.
6）Greenhouse: A British lodging house reborn. [EB/OL]. http://www.mnn.com/your-home/green-building-remodeling/blogs/greenhouse-a-british-lodging-house-reborn.
7）Nico Saieh. VM Houses .PLOT = BIG + JDS. [EB/OL]. http://www.archdaily.com/970/vm-houses-plot-big-jds.
8）Kelly Minner. Poydras Residential Tower . Eskew+Dumez+Ripple. [EB/OL]. http://www.archdaily.com/86293/930-poydras-residential-tower-eskewdumezripple.

## 参考文献

[1] 沈明，窦逗，吴彤云．低碳景观的设计理念与实践 [J]. 城市建设 .2010.
[2] 刘滨谊．人类聚居环境学释意．[EB/OL].
[3] 海波．走向融合——城市住区公共空间网络的建构 [D]. 华中科技大学，2006.
[4] Irina Vinnitskaya，Kiefer Technic Showroom .Ernst Giselbrecht + Partner. [EB/OL].
[5] Greenhouse: A British lodging house reborn. [EB/OL].
[6] Nico Saieh. VM Houses .PLOT = BIG + JDS. [EB/OL].
[7] Kelly Minner. Poydras Residential Tower . Eskew+Dumez+Ripple. [EB/OL].

叶苗 / Ye Miao
（上海科学技术职业学院，上海．邮编 201800 ）
（Shanghai Vocational College Of Science and Technology, Shanghai. 201800）

# 从构成学角度浅谈环境艺术设计中的均衡要素

# On the element of balance in the environment art and design: From the study of shape formation

**摘要：**

通过分析均衡这一个要素在各个领域的解释，转移到从构成学的角度去解释均衡的定义，从而找到在环境艺术设计当中的均衡要素。并从景观设计、园林设计、室内设计等几个方面去佐证。

**Abstract:**

Through analyzing the explanation of the element of balance in all fields, it is transformed to give a definition from the study of shape and formation aspect. Therefore, we can find the element of balance in the Environment Art and Design. Some cases are presented which are about the landscape design, garden design and interior design.

**关键词**：构成，环境艺术设计，均衡，对称
**Keyword**：formation, the environment art and design, balance, symmetrical

**中图分类号**：TU-024，026
**文章标识码**：A

## 1. 引言

随着社会生产的发展，人民生活水平的提高，人们对生活环境的需求也在不断提高。环境艺术设计是要为人民的生活创造美，无论是从精神上还是从功能上。那么研究如何分析美，要怎样才能美，成为环境艺术设计的从业者的重中之重。环境艺术设计是一门综合性很强的学科，本文从均衡这一个分支点入手，从构成学的方面来进行阐述。

## 2. “构成”来源

“构成”一词来源于德国的包豪斯中的 GES—TAL—TUNG 的译语。1919 年 4 月德国建筑师沃尔特 • 格罗佩斯在德国魏玛城创立并领导了魏玛国立包豪斯设计学校（Staatliches Bauhaus Weimar）

图 1 包豪斯校内建筑

（图 1）。包豪斯是德语 Bauhaus 的译音，由德语 Hausbau（房屋建筑）一词倒置而成。[1]在现代设计史上，包豪斯构成理论及其教育体系具有特殊的时代意义。成立于 1919 年的包豪斯设计学院，不仅有在建筑史上被称为设计经典的校舍，更有独树一帜的设计理念和教育思想。它奠定了现代工业设计的基础、成为现代设计师的摇篮。以至有人评价它是现代设计真正的开端。包豪斯构成理论的产生是社会发展的必然，欧洲的产业革命为它的产生奠定了强大的物质基础。社会变革是新思想、新观念的催生剂，英国的产业革命在由手工转向机械化生产的过程中，由于传统观念的影响，导致产品外观设计与产品的材料、工艺、结构、功能的矛盾急剧加深，解决两者之间的矛盾成为当务之急。

## 3. 均衡在各个领域中的解释

均衡，在英文中有很多解释，比较合适的是 Balance。

均衡是个力学上的名词。比方力的两边：势均力敌。

在经济学中，一般是指经济体系中变动着的各种力量处于平衡，因而变动的净趋向为零的状态。

均衡在电信领域是指对信道特性的均衡，即接收端的均衡器产生与信道相反的特性，用来抵消信道的时变多径传播特性引起的码间干扰。换句话说，通过均衡器消除信道的频率和时间的选择性。

运用到工艺美术上，是指色彩在人们视觉心理上产生的稳定性。色彩在视觉上除了色相、明度、纯度外，还有冷暖、前后和轻重的感觉。因此，在配色时就出现了平衡或不平衡的感觉。均衡有以下几种情况：衣服上各种色彩的强弱、轻重能在视觉上取得的平衡美；为了追求变化和动态，服装有时采用不对称的形式，而用色彩取得的非平衡美；在色彩上没有取得平衡，造型上也不对称的不平衡的均衡美。平衡除面积比例外，还有量的比例。由于色彩的前进后退感、膨胀收缩感，加上不同质地面料所产生的量，就不是单靠面积比例所能解决的。因此，在考虑面积比例的同时，还要考虑色彩量和质地量的比例关系，以求在感觉上取得均衡。上下的均衡，上轻下重有安定感，上重下轻处理好则会产生一种动感，达到有生气的新的均衡，产生一种不平衡的美。

图 2 对称式均衡（1）

图 3 对称式均衡（2）

## 4. 均衡是构成当中实现平衡法则的形式

所谓的均衡的平衡法则，即指合理处理各种造型要素，使它们在互相调节之下形成一种安定静止的现象。[2]

均衡一般指的是构图中各要素左与右、前与后之间的联系。均衡通过完全对称、基本对称、动态均衡的方法来实现。[3]

### 4.1 对称式均衡（完全对称、基本对称）

对称式均衡发想：“对称”、“公平”、“复制”（copy）、“镜像”（mirror）。

生活中对称的存在多种多样，正常情况下，“人”的外观是对称体，动物、植物、日常用品以及现代化声光电产品都存在对称现象（如图2，图3）。

对称是指一条轴线，左右图形比例、尺寸、高低、宽窄、体量、色彩、结构完全呈镜像。在中国传统造型中，对称的造型非常多，建筑都是沿一条中轴线延伸展开。不管有几重房屋，左右建筑布局完全对称，它反映出四平八稳、江山永固、威仪端庄之意。当然，这是统治者政权的象征。对称是生活中最常见的一种构成形式，它以静感为主导，以对称轴线为表现。中心线两侧的形态呈现出同形、等量的，完全对应重合的“镜像反映”。对称由于过于完美而缺少变化，处理不好显得呆滞、单调。均衡是根据力的重心，将其分量加以配置调整，从而达到视觉上的稳定感。均衡以动感为主导，以保持整体的中心，平衡为指导。均衡是人的心理和生理的需求，均衡构成的状态弥补了对称状态的单一化、呆板化。

对称所产生的美感表现为端庄、稳重、大方、精致、牢固的感觉，这是积极的一面；对称也有消极的一面，如果运用的不当，则会产生单调、呆板、压抑和缺乏变化的感觉。

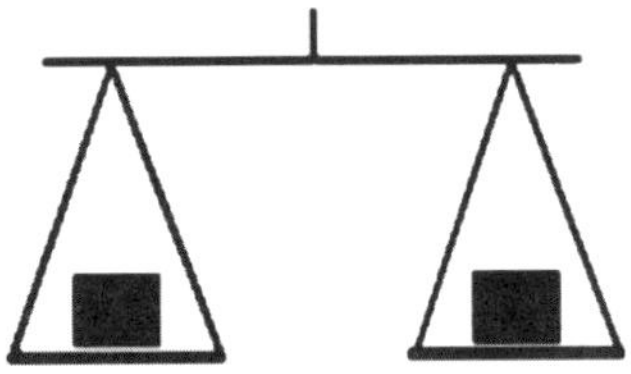

图4 完全对称

**4.1.1 完全对称**（图4）

A. 完全对称在园林中的运用：

对称布局是有明确的轴线，在轴线左右完全对称。对称均衡布局常给人庄重严整的感觉，规则式的园林绿地中采用较多，如纪念性园林、公共建筑的前庭绿化等，有时在某些园林局部也运用（如图5，图6）。

完全对称的均衡小至行道树的两侧对称、花坛、雕塑、水池的对称布置，大至整个园林绿地建筑、道路的对称布局。对称均衡布局的景物常常过于呆板而不亲切。举例：中、西园林从形式上看其差异非常明显。西方园林所体现的是人工美，不仅布局对称、规则、严谨，就连花草都修整的方方正正，从而呈现出一种几何图案美，从现象上看西方造园主要是立足于用人工方法改变其自然状态。

B. 完全对称在室内中的运用：

北京故宫太和殿内景采用完全对称的处理方法，塑造一种庄严肃穆的气氛，符合皇家建筑的要求。太和殿（明朝称奉天殿、皇极殿），俗称“金銮殿”，太和殿高35.05m，东西63m，南北35m，面积约2380m²。面积是紫禁城诸殿中最大的一座，

图5，图6
欧式园林

而且形制也是最高规格，最富丽堂皇的建筑。太和殿是五脊四坡大殿，从东到西有一条长脊，前后各有斜行垂脊两条，这样就构成五脊四坡的屋面，建筑术语上叫庑殿式。檐角有10个走兽，为中国古建筑之特例。大约从明代起，重檐庑殿是封建王朝宫殿等级最高的形式。太和殿有直径达1米的大柱72根，其中6根围绕御座的是沥粉金漆的蟠龙柱。殿内有沥粉金漆木柱和精致的蟠龙藻井，殿中间是封建皇权的象征——金漆雕龙宝座，设在殿内高2米的台上，安放着金漆雕龙宝座，御座前有造型美观的仙鹤、炉、鼎，背后是雕龙屏。太和殿是故宫中最大的木结构建筑，是故宫最壮观的建筑，也是中国最大的木构殿宇。整个大殿装饰得金碧辉煌，庄严绚丽。太和殿是皇帝举行重大典礼的地方。即皇帝即位、生日、婚礼、元旦等都在这里庆祝（图7）。

▶ 图7 太和殿内

**4.1.2 基本对称**（图8）

中国住宅起居室采用基本对称的布置手法。既可感到轴线的存在，同时又不乏活泼之感，这与普通百姓的家居气氛很是协调。

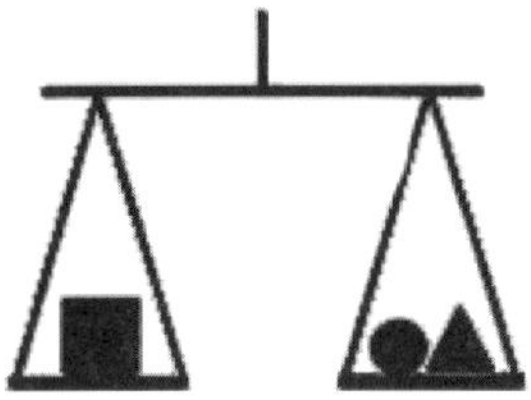
图8 基本对称

图9 动态均衡

## 4.2 动态均衡

动态均衡也叫不对称均衡（图9）。“动态均衡”的发展：“协调”、“和谐”。“协调”就是正确处理组织内外各种关系，为组织正常运转创造良好的条件和环境，促进组织目标的实现。4）“和谐”本意指融洽，调和。如：音调和谐。

A. 动态均衡在园林中的运用：

在园林绿地的布局中，由于受功能、组成部分、地形等各种复杂条件制约，往往很难做到绝对对称形式，在这种情况下常采用不对称均衡的手法。

不对称均衡的布置要综合衡量园林绿地构成要素的虚实、色彩、质感、疏密、线条、体形、数量等给人产生的体量感觉，切忌单纯考虑平面的构图。不对称均衡的布置小至树丛、散置山石、自然水池；大至整个园林绿地、风景区的布局。给人以轻松、自由、活泼变化的感觉。所以广泛应用于一般游息性的自然式园林绿地中。比如中国园林既不求轴线对称，也没有任何规则可循，相反却是山环水抱，曲折蜿蜒，不仅花草树木任自然之原貌，即使人工建筑也尽量顺应自然而参差错落，力求与自然融合。西方园林给我们的感觉是悦目，而中国园林则意在赏心（图10）。

B. 动态均衡在室内中的运用：

室内设计中大量出现的还是动态均衡的手法，即通过左右、前后等方面的综合思考

图 10　北京紫禁城

图 11　安徽承志堂

以求达到平衡的方法。这种方法却往往能取得活泼自由的效果。完全从功能出发，采用动态均衡的手法觉得视觉平衡。随意摆放的几样艺术品就使人觉得生动活泼。“承志堂”坐落在安徽黟县宏村，为清末大盐商汪定贵于 1855 年前后建造的私家住宅，距今约 140 余年。承志堂以中门、前后正厅堂为中轴线，南北纵深一进庭院，二进厅堂，东西两侧对称布局（如图 11）。

## 5．结论

构成学成为指导环境艺术设计的基础理论，对环境艺术设计一直起着借鉴性的作用。它从其产生时就对环境艺术设计形式美的追求产生了暗示，它引导设计师依靠统一、均衡、节奏、韵律、平衡、次序等多种手法，追寻环境艺术设计在平面构图一立面造型一空间组合一细节处理上的潜质，给人以不同效果的视觉感受。环境艺术设计是一个综合性的学科，从各个要素去评析环境艺术设计的好坏，才能从整体上把握环境艺术设计，从而优化环境系统设计的功能。对人类生活环境进行美化和新的创造。本文根据均衡这个美学要素展开分析，从构成学的角度去审视环境艺术设计中的作品，找到均衡这个要素的体现。

## 注释

1）弗兰克 • 惠特福德 . 包豪斯 [M]. 北京：生活 • 读书 • 新知三联书店，2001.
2）刘浪 . 立体构成及应用 [M]. 长沙：湖南大学出版社，2004.
3）陈易 . 建筑室内设计 [M]. 上海：同济大学出版社，2001.
4）辛华泉 . 立体构成 [M]. 哈尔滨：黑龙江美术出版社，1995.

## 参考文献

[1] 弗兰克 • 惠特福德 . 包豪斯 [M]. 北京：生活 • 读书 • 新知三联书店，2001.
[2] 刘浪 . 立体构成及应用 [M]. 长沙：湖南大学出版社，2004.
[3] 陈易 . 建筑室内设计 [M]. 上海：同济大学出版社，2001.
[4] 辛华泉 . 立体构成 [M]. 哈尔滨：黑龙江美术出版社，1995.

**盛男 / Sheng Nan**
（东华大学服装•艺术设计学院，上海．邮编 200051）
（Fashion • Art Design Institute, Donghua University, Shanghai. 200051）

# 取之自然 归至自然——从马库斯的竹建筑谈起
# Take from nature, return to nature
## ——Start from Markus's works of bamboo architecture

**摘要：**

本文以低碳、可持续概念为大背景，通过例证全方位分析竹建筑，希望能唤起人们对竹材这样一种传统材料的重视，让社会各界对竹材给予更多研究和关注。文章首先分析了竹材料本身的特性，包括竹子自身的优劣、文化寓意等，其次以设计大师马库斯先生的竹建筑作品为主要研究对象，选取有代表的竹建筑进行解读，最后探讨竹建筑的研究意义并进行前景展望，呼吁设计师创造出更多优秀的经典的竹建筑作品，对竹文化进行传承，用设计连接人与自然。

**Abstract:**

Based on low-carbon conception and sustainable development, the article gives the comprehensive analysis of bamboo architecture, through illustrating. It hopes that people could attach importance to the traditional material—bamboo, and more research and attention needs to be paid to the material by all quarters of society. Firstly, the article analyses characteristics of bamboo, including its quality, cultural implications and so on. Secondly, this article is focused on Design master Mr.Markus's works of bamboo architecture, some representatives of which are selected to interpret. Finally, it discusses the significance of bamboo architecture and outlooks the promising future of it. The article calls on designers to create more outstanding and classic works of bamboo architecture and inherit bamboo culture and connect man and nature by design.

**关键词**：竹建筑，文化寓意，马库斯•海因斯多夫，低碳，自然
**Keyword**：bamboo architecture, cultural implication, Markus Heinsdorff, low carbon, nature

**中图分类号**：TU-86
**文章标识码**：A

## 1. 引 言

竹材是典型的生态材料，它具有环保性、可持续发展性和美观性。竹材料的优点不胜枚举，可以随时迁移、拆卸和改造，竹材本身也很方便进行再利用。

在上海世博会上，有一个建筑引起我的高度兴趣，那就是由马库斯•海因斯多夫主持设计的德中同行之家，这是世博会上唯一具有双重国籍的展馆，是由竹材料来构建高科技的展厅。兴趣引发了我接下去的深入研究，我查阅了大量的资料，并多次实地去场

馆观摩学习，我曾与马库斯先生和他的助手面对面，聆听他的教导，听了他的演讲、讲座，阅读了他所撰写的关于竹建筑的书籍，这对我的研究有直接的帮助和影响。

现在设计行业最热门的词莫过于“低碳”、“可持续”、“绿色”、“生态”，如果有一个材料可以最好的体现这些理念，我想非竹莫属。竹材料本身取之自然，源于自然，而我国又是产竹大国，竹资源非常丰富，价格相对低廉。现在有一批工业设计师与建筑师正在深入研究竹子本身的属性，就地取材，最大限度地挖掘竹子作为建筑材料利用的可能性。竹材有可能在未来相关领域成为举足轻重的新型材料，在力学和美学等多方面具有优势。我们应该多关注大量国内外竹材方面的实践成果和研究，参考竹建筑的成功案例，从中吸取经验教训并结合当地的实际情况，为我国竹建筑的发展做出一点贡献。

## 2. 关于竹材料的特性研究

### 2.1 竹子作为材料本身所具有的优势

首先，在展开本课题前，我们应该对研究对象——竹，从本源上进行一番研究探讨，弄清楚竹材料的优势，这是我们明确为什么要提倡建造竹建筑，明确本课题的研究目的和意义的第一步。

竹材是一种返璞归真的建筑材料，其正面的形象和象征的精神影响了世世代代的人。竹作为建筑材料有以下优势：

#### 2.1.1 生长快，再生能力强

竹的生长周期短、循环快，是名副其实的生态材料，三个月内可基本发育成型，3-5 年便能砍伐使用。且只要根部没有被破坏，竹可以在被砍伐后继续生长。

#### 2.1.2 成本低，加工简单

竹子不挑剔生长环境，对土地和土质要求低，环境适应能力强，所以种植成本低，加工简单，竹建筑比普通材料的成本便宜 20%。

#### 2.1.3 质量好，经久耐用

经过适当处理的竹材使用寿命可以达 30 年。

#### 2.1.4 抗震、安全、韧劲大、坚固

由于质量轻、弹性好，可以利用竹材的特性建造抗震建筑。竹子纤维韧劲大、强度高，即使超过弯曲强度也不会彻底折断，这种特性也为竹建筑的再利用与再生提供了可能性。

#### 2.1.5 可塑性强，易于加工

因为竹材料易于切割和后期处理，易于进行搭建和构造，因此有助于设计师利用竹子进行竹建筑研究。

#### 2.1.6 绿色环保

竹子吸收二氧化碳的能力很强，其茎可以固定水土，是一种很好的环保生态植物，竹材料应用于建筑，可以减少对森林无节制的砍伐，保护环境。

下面是针对竹材和其他一些材料在抗拉强度等方面进行对比所列的表格，从表格中很容易看出竹子区别于其他材料的优势所在：

纵观世界上的竹建筑案例，设计师们大多是看重竹材可再生性，能与自然形成一个

| | 竹子 | 云杉 | 钢 | 混凝土 |
|---|---|---|---|---|
| 抗拉强度 | 35–300 | 90 | 250–350 | 1.26–12.6 |
| 抗压强度 | 64–110 | 43 | 250–350 | 12.6–126 |
| 再生能力 | 80%–300% | 3%–6% | 无再生能力 | 无再生能力 |
| 被砍伐后的再成熟期 | 1 年 | 60–80 年 | | |
| 施工污染 | 轻微 | 轻微 | 中等 | 严重 |
| 废弃后处理 | 容易降解 | 容易降解 | 可回收 | 形成建筑垃圾 |

互动。西方的设计师大多没有受到我国传统文化的熏陶，尚能利用竹材做出好的竹建筑，我们本土的设计师，由于对竹子有深厚的情感，更应该将这种情感带入设计中，对竹材加以好好利用。

### 2.2 竹子的劣势和解决方法

虽然竹材具有以上的诸多优点，但不可否认它自身还是存在劣势，竹材的不足之处是容易开裂，容易发生菌腐、霉变和虫蛀，从而使竹材建筑的使用寿命大大缩短。对于竹的防护，大体可以分为物理和化学两大类：物理方法有清水浸渍、蒸煮、干燥、电磁波辐射等；化学方法是通过某些药剂达到杀虫灭菌的目的。

对于客观存在的问题，通过科学的方法是完全可以攻克的，对竹材本身具有的所谓劣势，我们可以欣然接受并用积极的方法应对，现在大批的相关人员正在从事这项研究，很多难题已经被攻克，这些劣势对于我们开发竹材料已经不构成威胁，并且还正在大规模的探索阶段。

### 2.3 竹子的文化寓意

中国以“竹”为偏旁的字有四百多个，涉及生活的各个方面，包括植物、动物、武器等。建筑的“筑”也显示了竹子与建筑存在的天然联系。建筑物同竹子一样虚心有节、外实中空、节节升高。

我国人民历来喜爱竹子，竹子在中国人的心里有着非比寻常的含义，被赋予了特殊的审美价值。竹子与诗歌、书画和造园活动有着紧密联系，没有哪一种植物能够像竹子一样无论在物质还是在精神层面都产生了深远的影响，形成了我国特有的传统文化。竹自古以来就是君子的象征，松、竹、梅并称为“岁寒三友”，梅、兰、竹、菊并称为“四君子”。虞世南、郑板桥等大批文人经常以竹为题材进行创作（图 1）。苏东坡在《于潜僧绿筠轩》中写道：“宁可食无肉，不可居无竹。无肉令人瘦，无竹令人俗。人瘦尚可肥，士俗不可医”。

图 1 郑板桥竹作品

在现在西方人看来，竹子就是一种最具东方意象的植物，静谧而富于禅意。我们要把具有中国传统文化特色的设计和我们传

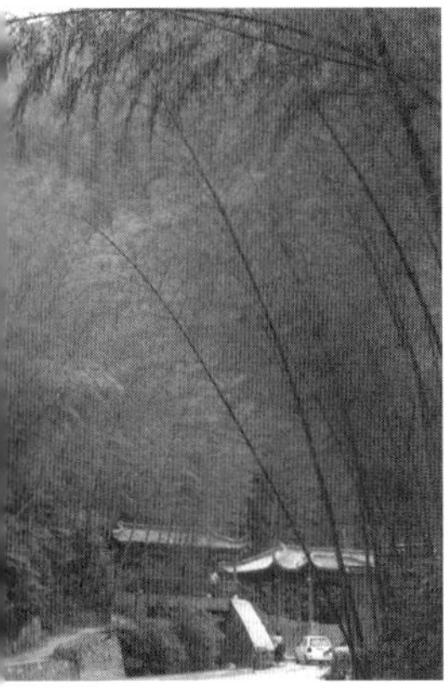
图 2 皖南地区木坑竹海景区竹林

图 3 浙江安吉地区竹林

图 4 云南西双版纳傣家竹楼

统特有的材料结合起来，创造出具有中国特色的竹建筑。

### 2.4 竹材的应用历史简述

竹子作为一种典型的传统建筑材料，应用于建筑领域已经有很长的历史，只是由于现在的设计师建筑师们缺乏对于传统材料技术和特性的认知，思路被现有的套路所局限，形成了恶性循环，所以竹材料并没有广泛的运用在现代的建筑中，是现代设计的一大损失。

追溯到很久以前，竹子可以说是房屋建造中最为古老和原始的建筑材料之一，那时候没有发达的工业；没有精湛的技艺；没有精密的仪器测量和演算，竹子因为极易加工，方便取材，又相对低廉，所以应用十分广泛，具备经济价值，材料本身又决定了它的持久性和安全性，古代很多房屋便采用纯天然或者稍作处理的竹材来建造。竹子建筑覆盖了东南亚的乡间以及南美洲等很多地域，竹材以各种形式被利用，比如用来建造柱结构，或者劈裂做成板条状，覆盖在天花板、墙体和地板表面。要提到竹子的应用历史，中国是不能被忽略的，中国被誉为竹子的故乡，竹资源非常丰富（图 2，图 3），在古代的造园运动中竹子已经是常用的建筑材料之一，前人对竹子极为钟爱。早在两千多年前，竹子就已广泛应用于建造民间的房屋，尤其以一些临时性的居所，如棚、舍、亭、廊为常见。竹子在古代建筑的运用一般是作为建筑材料，辅以其他的材料作为骨料使用。我们熟悉的竹篱笆等，是另一种形式的应用，还有作为围墙对建筑进行半遮挡，起到隔断、防护等作用，竹墙具备防潮、遮光、通风等作用。

单说西双版纳的傣家竹楼（图 4），它是很有代表的竹材建筑，竹楼的很多构架比如柱、梁、椽、挡板等几乎全是用西双版纳当地盛产的竹子建造而成，傣家竹楼冬暖夏凉、防潮防震、古朴而清雅，竹楼掩映在周围的翠竹中，人与自然互相融合，像一幅美丽的画卷，竹楼已经成为那个时期特定文化的象征。其实，随着社会的进步和经济的发展，之前最原始形态的竹楼已经不多见了，人们不断尝试用其他的材料对竹材进行更替，整座楼皆采用竹子的建筑几乎不存在，但人们仍然亲切地称傣族的这种建筑为“竹楼”。这不仅仅可以归结为一种习惯叫法，也是竹建筑文化寓意的一种体现，我们从中便可窥探到傣族人民的脸上至今还有掩盖不住的骄傲神情。傣族的竹楼只是一个缩影，它说明了竹子在民间利用的历史之悠久，根基之深厚，竹建筑对于这种民族竹文化的复兴有着极其重要的历史价值、人文价值和社会价值。

图 5 马库斯设计上海世博园区内德中同行之家

### 3. 马库斯竹建筑研究

马库斯 • 海因斯多夫是德国设计师及雕塑艺术家。在过去的十多年中，他一直投身于亚洲文化以及材料竹子的研究。2007 年起，他为“德中同行”项目在中国的南京、重庆、广州、沈阳、武汉等地设计了城市广场中的临时性“竹亭”，成为“德中同行”活动的标志性建筑。该项目的最后一站是上海世博会，这座建筑面积 330m$^2$ 的“德中同行之家”用了 96 根 8m 高的巨龙竹做支撑，主要建筑构件和里面的家具用的都是竹材（图 5，图 6）。

图 6 马库斯设计上海世博园区内德中同行之家细节

在马库斯先生与鲍诗度先生的一次学术对话中，马库斯介绍了世博会德中同行竹建筑的创作背景和过程。这个项目与多个大学和研究院进行了合作，这些学校和研究院进行了竹子本地的测试、力学指标、混凝土的配方、钢节点优化等，所以说艺术创作也不能天马行空，空有外表的设计是不会成功的，在真正实施的过程中很多方面是我们设计师所触及不到的领域，所以就需要多个学科的交叉融合。这些出色的竹建筑，往往体量并不庞大，但却是一个多学科的产物，包括它的结构、荷载、采光、暖通、所用的透光膜等。

马库斯在世博会中的竹建筑，是全世界第一个既采用原生竹材，又使用竹压板、竹胶板来制作的真实建筑，整个建筑基本上都采用竹子作为自身构建。展厅采用了中国传统折纸和折扇的感觉，从东方的文化艺术中吸取精华，不仅具有生态意义而且还兼有文化寓意。

环境艺术是以建筑、景观及其他空间元素来

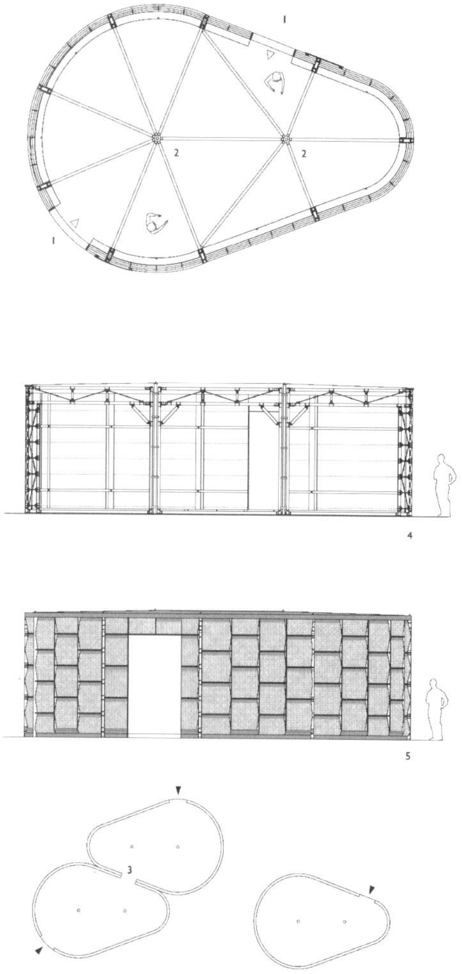
图 7 “德中同行”第一站南京所做的竹亭

组成的视觉艺术，“美观、实用、坚固”是环境艺术设计所追求的理念，而“实用、坚固、美观”是建筑设计的指导思想，竹建筑的主旨观念与环境艺术设计领域的主导思想是完全相通的。环境艺术设计传达的思想不仅仅是低碳，还要还原本体、本质，环境艺术设计不能仅仅从实用角度出发，也不能从审美角度出发，而应该从环境的本质角度出发，做到取之自然，用于自然，归于自然。

就算只是一个小小的构筑物，也应该通过设计让这个小单体与周围环境共生共存。设计师应该追求把人与环境空间紧密融合在一起，任何一个事物都不能与环境割裂开来，否则就背离了环境艺术设计的初衷。设计师一定要被赋予一种使命感，发自内心去做才能做好设计。马库斯本人将他设计的建筑定义为实验性建筑，这样设计师可以把很多作为艺术家的观点融入到实验性建筑中去，外籍设计师在进行竹建筑设计时，是将对亚洲和中国文化的感受和自己的一些观点放入建筑创作中去。

这是“德中同行”第一站南京所做的竹建筑（图7），采用了水滴形，来源于自然界的形状，建筑由竹子和膜构成，整个结构非常便于拆装装卸，可以方便运到下个城市进行展示。由这一点，我们可以大胆提出，究竟什么是建筑的可持续性？笔者认为，第一体现在就地取材，从中国传统材料选取，同时是用当地的手工方式加工而成；第二体现在材料本身可以循环、降解，材料从自然中选取，当有竹子坏掉可以进行很简单的替换，对于垃圾的处理非常环保。

马库斯的德中同行中的竹建筑，是艺术与技术的完美结合，作品兼具审美功能和实用功能，笔者认为未来的建筑设计就是应该更多地融入艺术的元素，结合艺术设计的思想，这样建筑设计才能走上一个新的台阶。而竹建筑，正可以作为一种载体，将环境艺术设计与建筑设计更好地融合，发挥出设计的最大魅力。马库斯的竹建筑，其实不仅仅代表建筑物本身，它已经成为了一种标志：其一我们可以从中看到中德两国之间的交流，东西方文化的融合；其二竹建筑也为设计低碳化的趋势做了最好的诠释，可见未来设计领域都将围绕可持续发展进行展开。

## 4. 竹材料在建筑中的应用分类

在传统的竹建筑材料中，以直接利用原竹居多，原竹一般只适用于简单的民宅和临时性构筑物。当前比较先进的竹材利用技术是竹材重组技术，即将原竹重组成各种高强度板方材和型材，加工后用于相对的大型房屋的建造。

竹材料在建筑设计中可以涉及的领域很多，很多门类都可以采用竹材，下面重点说三种：

### 4.1 作为建筑的装饰点缀

竹材料可以直接作为建筑装饰造型来使用，如上海世博会宁波馆将竹片贴在钢筋混凝土上装饰墙面，展现了独特的地方建筑工艺特点；秘鲁馆的外墙，用竹子编织的格子装饰墙体，光线可以透过竹编进入室内，营造了一个古朴原生态的竹环境，带给人一些建筑之外的遐想。

图 8 上海九间堂院内竹子装饰墙

图 9 贝聿铭设计苏州博物馆内景

### 4.2 保持原生态，作为展示造景使用

图 8，图 9 所示的图片资料很好地说明竹子在建筑中的造景功能。建筑四周是原生态的竹丛，可以吸附粉尘、调节温度，营造了绿意幽幽的清凉环境。竹子具备这种功能，不仅是外表的因素，也不仅是因为竹材清幽高雅的人文精神，更是因为竹材能够重复利用，极易降解，符合可持续发展、绿色、低碳、环保的观念，真正做到源于自然，归于自然。

### 4.3 作为建筑材料承担重任

上面所举的马库斯先生所设计的建筑例子，就是竹子作为本身的竹建筑材料，在此不再赘述。

## 5. 竹建筑的研究意义及前景探析

对于提高竹材使用意识的呼吁，在设计领域具有先锋的引导作用，与现在全世界范围内热门的低碳经济发展方向相呼应，而倡导新材料的使用、新技术的研发，可以使整个设计产业全面向绿色、环保、生态、自然方向和谐过渡。

我试图用以上大量的例证，唤起我们对竹材料以及竹产业的深刻思考。其实我们已经逐渐具有这种意识，意识到竹材料的巨大潜力，竹材料因其特殊的审美功能、实用功能、文化传承功能而被越来越广泛的采用。希望可以通过设计这座桥梁，找到竹材与自然的联系，这样一个过程是源于自然而又回归自然的一个循环。这是一种设计上的探索，而“探索”本身就是设计的关键词，只有在探索的过程中才能不断挖掘出竹材料的深层价值，发挥材料的最大潜能，使这个材料与自然的循环归于一种永恒。

竹材料本身在中国被赋予了特有的文化意蕴，可以说竹材是文化的载体，将竹材料的固有属性和文化特征透彻分析，与所要设计的事物紧密联系起来，这样可以使设计走传统与现代相结合的道路，走实用与创新相结合的道路，既传承民族文化不偏离本土化又全面与国际接轨，探索出有中国民族特色的绿色生态设计材料。

面对世界范围内绿色生态思潮的巨大冲击，设计材料越来越趋向于清新、古朴、自然，竹子本身就是大自然的产物，天然、生态和环保的特性与生俱来，加之竹子的造型可以很多变化，可以塑造复杂曲面等多种建筑造型，具有坚、韧、柔、直、抗压、抗拉、抗腐等多方面的特性，理应成为非常理想的建筑材料。水泥、钢材、砂石、玻璃以及其他化工、金属材料等原料都是不可再生的资源，竹子是较容易降解的再生材料，我们可以用相对少的工序对竹子进行加工，甚至对于它本身表面的纹理，都可以保留原生态，使之成为独一无二的图案，本身大自然已经让它足够美丽，我们便不用再去多加雕琢，这样拉近了人与自然的距离，无形中人与自然便能很好的沟通，有一种回归自然的心理感受，设计的意义完美体现，这本身就是对低碳环保的极大诠释。

## 6. 结语与展望

如马库斯这样的大师，他们为竹子提供更多的可能性，在工艺上深层次地开发这种材料，他们通过竹将艺术与建筑融合在一起，将这种生态的理念推向了另一个高度。竹材本身是取之自然，而竹建筑最终又归至自然，“天人合一”，“师法自然”，这正是低碳、可持续观念的最好诠释。只要大家能够提高认识，设计师都具备这样一种责任感，相信这种低造价、零污染的生态建筑一定会给予我们更多的回报。

## 参考文献

[1] 马库斯·海因斯多夫. 设计结合自然 [M]. 辽宁：辽宁科学出版社，2010.
[2] 许平，潘淋. 绿色设计 [M]. 南京：江苏美术出版社，2001.
[3] 赵仁杰，喻云水. 竹材人造板工艺学 [M]. 北京：中国林业出版社，2002.
[4] 姚武室. 竹材在建筑结构中的应用 [J]. 上海建材，2000(1).
[5] 曹伟. 建筑材料的可持续发展及其实例分析 [J]. 中外建筑，2001 (2).
[6] 刘锡涛. 中国竹文化 [J]. 科普集萃，1999(1).
[7] 萧凡. 节能环保的木竹建筑材料 [J]. 山西建筑，2009(12).

## 图片来源

图 1. http://www.scart.com.cn/mxx/bbs.x/bbs.view.asp?Id=4551
图 2. 作者本人拍摄
图 3. http://www.airz.cn/forum.php?mod=viewthread&tid=1358&rpid=7418&page=1
图 4. http://hi.baidu.com/aiaishike/album/item/9163ff00c39cda8be950cdb3.html
图 5，图 6. 作者本人拍摄
图 7. 设计结合自然
图 8，图 9. 作者本人拍摄

屈晓洁 / Qu Xiaojie
（东华大学服装 • 艺术设计学院，上海 . 邮编 200051 ）
（Fashion • Art Design Institute, Donghua University, Shanghai. 200051 ）

# 历史文脉在旧城改造中的应用研究

# Study on the application of history context in urban renewal

**摘要：**

本论文研究重点是探究历史文脉在旧城改造中的应用。首先对旧城改造、历史文脉做了概念界定，其次对城市更新过程中功能更新、结构更新、角色更新等所引起的关于历史传承、文脉传承的问题进行研究。通过重庆新天地项目和斗门项目改造设计的实际案例分析，总结历史文脉在旧城改造过程中的应用方法。再进一步探讨旧城改造中历史文脉的传承和发展问题，并阐述设计方法及应用。最后，希望通过本文所取得的研究成果为以后历史文脉在旧城改造中的应用提供参考。

**Abstract:**

Focus of this paper is to study the historical context in the Old City Renovation. First, concept definition of “urban renewal ”and “historical context”, and then the research on the questions of historical heritage and context inheritance which caused by updates of structure, function and role in the process of urban renewal has been done. Through the analysis of the actual reform design cases such as Chongqing XinTianDi project and DouMen project, the method of historical context in the process of urban renewal has been summarized. It is further discussed that the inheriting and developing problems of historical context in the urban reconstruction, and its design method and application is also expounded. Finally, I hope the research results observed in this paper can provide a reference for the application of historical context in the urban renewal process.

**关键词**：旧城改造，历史文脉，地域文化
**Keyword**：urban renewal, historical context, regional culture

**中图分类号**：TU-87
**文章标识码**：A

## 1. 引言

据《2007 年世界人口状况报告》显示，2008 年将有 33 亿人生活在城市，2030 年将达到 50 亿。如今城市化进程的最显著特点是范围广，且集中在发展中国家。

旧城改造是城市化发展的必然结果，是城市发展的重要组成部分，也是推动城市经

济社会可持续发展的关键，主要包括旧城区结构更新、设施更新、环境改善、建筑空间的再创造以及感知空间塑造等内容。通过“历史文脉是什么，如何提取元素，旧城改造什么，历史文脉怎么应用在旧城改造中，通过什么方法？”再进一步与实际项目相结合进行综合检验，通过理论与实践相结合的办法，最终总结出历史文脉在旧城改造中的应用方法研究。本论文就是在这一背景下提出的。

## 2. 旧城改造概念界定

旧城改造是指对城市中陈旧衰退地区进行的改造，其主要目的就是要解决城市衰退中的物质性老化、功能性衰退和结构性衰退等问题以使城市发展重新满足社会政治经济和社会的发展需要。根据贝贝在重庆大学硕士学位论文《旧城改造模式研究》中对旧城改造的内容概括，本文对旧城改造的内容大致分了以下几个方面:

A. 规划结构，合理划分城市功能区，积极而有效的改造工作将有利于提高城市土地资源的利用效率;

B. 生态环境，完善居住条件和居住环境为目标，发挥改造地段的经济、社会和环境效益最终实现改造区生态环境的改善，使旧城的各种元素发生不同程度的变化和位移;

C. 产业布局，改造能够促进城市产业重组和升级，提高城市的竞争力;

D. 居住环境，组织大规模的公共服务设施建设，把旧街坊改造成完整的居住区;

E. 城市个性，优化原有城区空间，积极挖掘地域文化，在更新使用功能的同时赋予其鲜明的地域文化，传承历史文脉彰显城市个性。

所谓文脉 (Context)，原意指文学中的“上下文”。在语言学中，该词被称作“语境”，就是使用语言的此情此景与前言后语。设计中“文脉”，更多的应理解为文化上的脉络，文化的承启关系。美国人类学家艾尔弗内德·克罗伯和克莱德·克拉柯亨把“文脉”界定为“历史上所创造的生存的式样系统。”

历史文脉的形式或者说存在信息主要通过自然环境、生活习惯、宗教信仰、建筑艺术等人文自然环境来呈现或被感知。社会的不断发展，老城区已不能发挥其功能优势和其存在的时代价值，唯有对其进行更新设计，优化结构、强调特色、激活空间，才能使其获得重生。

## 3. 历史文脉在旧城改造中的的案例运用

“时间是检验真理的唯一标准”，在接下来的文章中，通过实际案例的操作，来进一步阐述在旧城改造中历史文脉的应用方法，力求为以后的改造项目提供参考。

### 3.1 案例一之重庆天地中历史文脉的应用

#### 3.1.1 重庆天地项目概况

重庆天地位于重庆市主城区几何中心地段——渝中区化龙桥区域，与主城各商业组团中心连接紧密，东起嘉华大桥，西至红岩革命纪念馆，北临嘉陵江，背靠鹅岭，占地约 127 公顷，拥有约 2 公里江岸线。地上总建筑面积约为 300 万平方米，地上总体容

图 1 重庆新天地局部图

图 2, 图 3 重庆新天地局部效果

积率约为 2.3。由高低村落、文化剧场、吊脚楼、商业主楼及精品酒店五个精致建筑群落组成，实现购物与休闲的极致融合，打造全新国际时尚休闲娱乐地标。未来，这里将集聚丰富的餐饮文化和异域风情，东南亚餐饮娱乐、酒吧、咖啡厅，时尚娱乐尽在重庆天地。

**3.1.2 历史文脉在重庆新天地中的运用**

重庆新天地与上海新天地的建筑理念是一脉相传的。设计者做了很多重庆的历史文化研究，特别研究了重庆陪都时期的特色。依山而建，错落有致的建筑形态是重庆瑞安天地的主要特色。而对于历史文脉在其中起到的哪些作用，我做了以下几方面的总结：

**3.1.2.1 与自然环境结合**

“无论在任何地方，南美也好重庆也好，要去这些地方开始项目设计之前，最有意义的工作就是去了解当地的建筑是怎么样与当地的自然环境结合起来的”，重庆天地的总设计师本杰明·伍德曾这样说道。他在重庆天地开始设计之前，花费了大量时间去了解重庆的自然风貌和人们的生活习惯，研究在没有现代化的制冷设备之前，古人们是如何利用建筑与当地地形进行设计的，以适应重庆无比炎热的夏天的（图 1）。

**3.1.2.2 当地材料的使用**

材料使用上重庆新天地项目以当地生产的石头和青砖为主，建筑则是根据当地的地形，依势而建的（图 2）。重庆新天地对于砌砖的要求非常严格，砖与砖之间的水泥层厚度需要控制在 0.6cm 至 0.8cm 的间距范围内，而这比远超过通常的建筑标准，墙体会呈现出更丰富的砖体色泽，而室内的保温隔热功能也会得到更进一步的保证。这样不仅减少了材料的远程运输所带来的资金耗费，更体现了可持续发展（图 3）。

**3.1.2.3 空间肌理的重生**

现代人或许已经遗忘了，遗忘了祖先的村庄在何处、又为何在那里。而这次重庆天地的改造设计，从平面上来看，与古老村庄非常的相似。但从立面上来看你会发现，它们依山势而建，其设计上下共七层空间，有七种不同的标高，用扶梯连接，采用立体绿化，力求用现代的手法再现老重庆的树木繁茂的景象。虽然建筑物是崭新的，

图 4 重庆新天地局部图

图 5 重庆新天地建筑效果图

图 6 重庆天地“双喜钟楼”

环境也是多元化的，世界美食、地方小食都可以在这里得到展示的空间。重现人和河之间的亲密关联，那是可以追溯千年的潜质和本质。因此，古老村庄的原型成为这次设计的精神源头，也为此次改造成功的精髓所在（图 4）。

**3.1.2.4 建筑的新风格**

重庆天地的建筑风格主要以抗战时期为主，但也不局限于此。巴渝传统建筑中的各种元素在这里也得到了充分的展现，既有外在元素装饰和结构的巧妙运用，又有抽象利用，也有内在特征的细致挖掘，充分呼应了坡地到江岸的高低错落变化。整个建筑设计中看不到刻意的模仿和生硬的复制，但浓郁的中国传统风格以一种与时俱进的姿态展现在我们眼前，达到了地域性、文化性和时代性三者的和谐统一。成功创造了重庆地域建筑的新风格（图 5）。

**3.1.2.5 公共空间环境的塑造**

老街和广场——公共空间的遗憾。整体环境原生态令人印象深刻，推广一种具有传承性重庆的环境规划观念。“美的事物应该打动所有感官。美丽的地方是由美丽的房屋组成的。重庆的河畔很美，我实在想不出还有什么比倚靠河岸、仰望星空更美的事情了，也许，屋顶都是不需要的。”正如本杰明・伍德的感叹一样，是人们赋予建筑物太多意义了，相反，建筑物所依托的环境却被忽略了（图 6）。

## 3.2 案例二之斗门改造项目中历史文脉的应用

### 3.2.1 斗门改造项目概况

斗门镇迄今已有近千年历史，是历代地方行政机关驻地。从南宋起到元、明、清、“民国”、新中国成立后的五十年代、六十年代初，一直是当地的政治、经济、文化和交通中心。亦是岭南著名的侨乡。1940 年末，斗门墟已形成一条长约 500m、宽 7.5m、南可通乾务，北可往大赤坎的南北向大马路，向西可往南门、大、小濠涌的长约 100m，宽 7m 的二马路，以及与二马路西端相连的南北向的群众街，由此形成近似“H”形的主街道。墟内店铺林立，有 200 多间铺位，五百多户人家，经营各类贸易。受华侨居住国家文化的影响，各家店铺外观是典型的“西洋”式建筑风格，以骑楼、柱式为元素，体现中西合璧的特征。

### 3.2.2 历史文脉在斗门改造项目的应用

在广东珠海的斗门改造项目中，历史文脉始终贯穿其中。通过对斗门当地自然人文的调研，运用“元素提取——符号化元素——设计具体化——特色强化”这一设计流程，

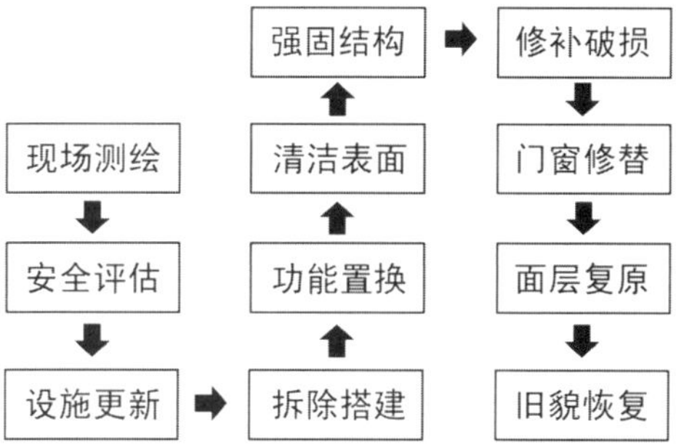


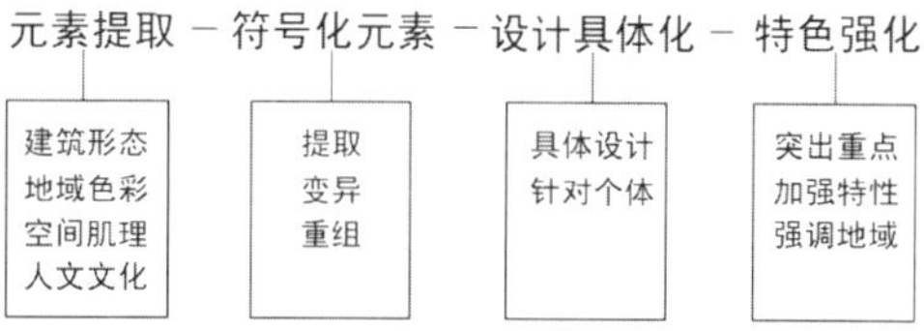


◀ 图7　斗门项目改造修葺步骤示意图

▲ 图8　斗门改造项目设计流程图

使历史文脉在整个斗门镇的改造项目中的历史传承上发挥其作用。本方案突出体现了斗门的地域性特征，在修复的过程中注重对文脉元素的提取及使用，加强其特性表现，不仅丰富了建筑特色而且使历史文脉在修复中得到传承。增加了原有城区的功能性、艺术性、地域性特征，从而营造出一种人与自然和谐共生的生活景象（图7）。

斗门老街的改造，利用传统、时尚、现代的设计理念，“整体规划——分段落实——重点突出——原真修复——运作实效”的设计手法，实现“修复外观、优化环境、激活老街”的改造设计。在老街的生活空间设计上，充分发掘老街道，老建筑潜在的文化、历史、空间价值，局域“原真性”更新，强固结构，完善设施。在使用中，保护与更新老建筑并加入新的设计元素。以点带面，对于其历史文脉的传承与更新起到了良好的推动作用。在其范围内的历史建筑、人文景观、自然环境在设计的同时并对其进行特征的强化，汲取岭南建筑精华，挖掘其特色文化内涵，对标识、建筑、颜色、风格、环境进行整体的统一（图8—图10）。

### 3.3 总结

通过以上两个案例的研究，我们可以总结出，历史文脉在旧城改造中的应用可以归结为两个方面：表象应用和内涵传承。对其“历史文化——生活习惯——自然材料——地域色彩——建筑形态”调研，通过“形态”、“色彩”、“材质”、“符号”这几个设计的基本元素并加以具体运用。利用“元素提取——符号化元素——设计具体化——特色强化”这一设计的基本步骤，利用传统元素和时尚元素相结合，尊重人文自然环境的设计观进行设计，丰富了其地域性、功能性、艺术性、独特性，以“回归本源”的姿

图9　斗门改造项目之立面改造对比图（1）

图 10  斗门改造项目之立面改造对比图（2）

态传承历史、文脉，使历史文脉像血液一样融入到旧城改造中。

## 4. 历史文脉在旧城改造项目中的应用方法分析研究

通过“历史文化——生活习惯——自然材料——地域色彩——建筑形态”的调研分析，进而进行系统设计整合，利用“元素提取——符号化元素——设计具体化——特色强化”这一设计的基本步骤。从而为历史文脉在旧城改造中的运用方法提供理论参考。

### 4.1 元素提取

元素提取是在对其历史文脉相当了解的情况下才能够进行的。在项目进行之初，我们就必须搜寻与之相关的资料并进行深入的研究。由于历史文脉牵扯到诸多方面（生态、气候、地形地貌、生活习惯、宗教信仰、交通、人文等）的问题，在这些因素当中我们必须提取比较有代表的形态，进行符号化提取。文脉的提取主要从“形态、色彩、材质、符号”这几个设计的基本元素出发，分别对应搜寻到的历史文脉提炼并进行设计加以运用（图 11）。

### 4.2 符号化元素

符号化元素，即把元素符号化。元素作为形态来进行设计使用时需要有一个载体，一个能直观表现的代表。符号是指具有某种代表意义的标识，一方面它是意义的载体，是精神外化的呈现；另一方面它具有能被感知的客观形式。文脉元素的符号化需要进行三个方面的步骤：提取——变异——改造。一个能直观表现的代表。符号是指具有某种代表意义的标识，一方面它是意义的载体，是精神外化的呈现；另一方

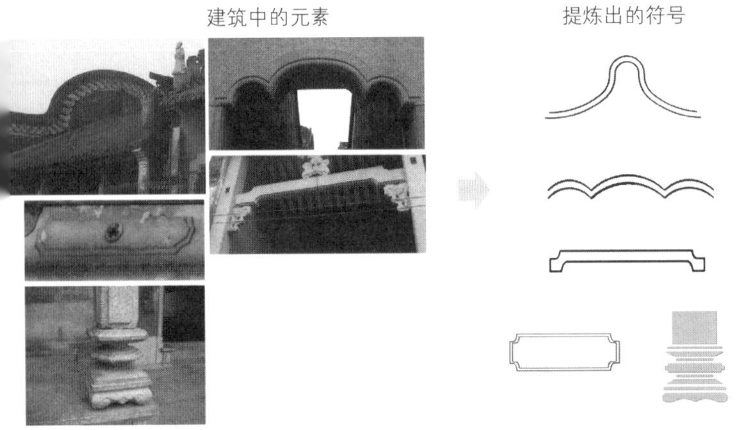


图 11  斗门项目改造元素提取图

图 12 斗门项目改造街景小品效果图

面它具有能被感知的客观形式。文脉元素的符号化需要进行三个方面的步骤：提取——变异——改造。

#### 4.2.1 提取

在设计中，对于元素的提取至关重要。提取元素并非照搬照抄，时代在发展、历史在进步，对于文脉传承的形态方式也就日益的更新。我们通过对当地自然环境、历史文化、生活习惯、建筑艺术、空间肌理的自然人文信息进行提炼，从而使文脉的传承方式从表面的形式复制，悄无声息地深入骨髓，继而把文脉传承推向了更深层次，加强了旧城改造的地域性特征，凸显城市个性。

#### 4.2.2 变异

历史文脉的传承需要有其时代性的表现方式，文脉的传承不是“旧”的复制而是“旧”的变异。以“传统、现代、时尚”的手法对其进行更新变异，以加强历史文脉的地域性特征，让“旧”的历史元素通过“新”的表现形式获得重生。

#### 4.2.3 改造

对于一些大家常见的习惯或事物，通过一些符号性的东西展现。利用新的材料、新的工艺、新的组合方式进行重新的编码排序，就会获得一种全新的视觉感受和心理的更深层次的感受（图 12）。

### 4.3 设计具体化

新的文脉元素确立以后，便开始对其接下来在改造项目中如何运用展开研究。应用方式是多样的，但主要归结在：点、线、面、体。这四点可以说是地域性特征渗透在设计中的方方面面。由于这几个元素的呈现方式基本不会孤立的出现，而是相互的渗透。根据改造项目的具体特征，确立改造的重点：重点突出——整体强化——次要弱化（图 13）。

### 4.4 特色强化

旧城改造应该更多地去了解当地文化历史、风土人情、宗教信仰、建筑艺术等富有

图 13　斗门项目改造街景效果图

地域性特征的人文自然因素，并对其进行强化设计。保留地域性文化和历史文脉的传承，是旧城改造项目中极其重要的问题。

## 5．结论

当前人们对于旧城改造在历史文脉应用这一块已越来越多地引起了人们的重视，但成效不佳，目前基本还停留在表象的形态复制上。本文从历史文脉的存在空间入手，通过对“历史文化——生活习惯——自然材料——地域色彩——建筑形态”的调研分析，利用“元素提取——符号化元素——设计具体化——特色强化”这一设计的基本步骤，改造成“传统、现代、时尚”的城市个性形象是我们的目标。这就需要进行更深层次的文脉分析提取，把文脉的表象化复制推向文脉内在意识形态的符号化传承。旧城改造应尊重当地历史文化、地域文化，既要继承古人的传统思想文化，又要考虑现代的生活方式，即时代感与历史性共生。 进一步挖掘传统文化的精髓，做更具特色、更具内涵的旧城改造项目，为实际的案例提供设计参考。

## 参考文献

[1] 高银贵 . 历史文脉在景观设计中的应用研究 . 中国环境艺术设计•集论 [C]. 北京: 中国建筑工业出版社，2007.

[2] 贝贝 . 旧城改造模式研究——基于重庆市江北区旧城改造项目 . 重庆大学硕士学位论文 [D]. 2009.

[3] 于是 . 一个美国建筑师和他的“重庆天地”[Z]. http://bbs.classic023.com/thread-142014-1-1.html.

[4] 谭霞 . 文脉传承载体 . 重庆大学硕士学位论文 [D]. 2008.

## 图片来源

图 1. http://www.cqtiandi.com/tabid

图 2.http://www.cqtiandi.com/tabid/89/language/zh-CN/Default.aspx

图 3.http://www.cqtiandi.com/tabid/89/language/zh-CN/Default.aspx

图 4.http://www.cqtiandi.com/Downloads/tabid/60/language/zh-CN/Default.aspx

图 5. http://www.cqtiandi.com/tabid/86/language/zh-CN/Default.aspx

图 6.http://www.cqtiandi.com/JLFY/JZZM/XTDYX/tabid/117/language/zh-CN/Default.aspx

图 7—图 13. 东华大学环境艺术设计研究院

**曹晓玲 / Cao Xiaoling**
（新疆工业高等专科学校，新疆．邮编 830000）
（Xinjiang Polytechnical College, Xinjiang. 830000）

# 从上海世博会看地域性景观建筑的未来发展趋势

# Research the tendency of the development of geographical landscape architecture by studying shanghai expo

**摘要：**

2010 年上海世博会已经圆满结束，留在记忆最深处的是各国家展馆建筑的特色和标志性的象征，这些如同象征着各个国家的符号深深地留在人们的脑海中，使我们对未来城市景观建筑有了更长远的反思和憧憬，未来的城市景观建筑该何去何从，城市景观建筑发展方向在哪里。为此本论文通过世博会中的案例分析借鉴，对未来的景观建筑发展趋势进行思考，提出几大可能性和可实施性的建议。将世博会的景观建筑设计纳入当今城市景观建筑未来发展的趋势创意建构这个大平台进行观察，一方面有助于从景观建筑外观设计手法上汲取更多的创意，为我所用；另一方面，只有在科技材料的运用上进行更深入的思考，才有可能催生出有地域特色原创力的作品，才能用改变中国城市景观建筑千篇一律的局面。只有这样我们才有前进的动力。

**Abstract:**

2010 Shanghai World Expo has been successfully completed. It deeply gives a favorable impression that the pavilion of every country has its geographical features and emblematic meaning as the symbol of every national culture. And it will make person to explore with ideas of the development of geographical landscape architecture, what it is and how it will develop. So there are, in this academic thesis, several advice on possibility, actuality and availability by analyzing the case of shanghai expo. We can study and observe the fact carefully that Shanghai World Expo pavilion design have an affirmative function on it. On the one hand, it will be helpful and useful to explore the method of design for creative thinking on it. On the other hand, it is important to improve the level of mastery of advanced materials continuously. Only then can we have the motive force to go forward to creative more original geographical work and make a breakthrough at the coincidental design work in china.

**关键词：** 上海世博会，城市景观建筑，地域性，低碳，绿色，生态
**Keyword：** Shanghai world expo, urban landscape architecture, region, low-carbon, green, ecology

**中图分类号：** TU-86，X321
**文章标识码：** A

## 1. 引言——上海世博后的反思

在经历 2010 年上海世博会后，人们都在反思，世博给我们带来了什么？现今的城市发展伴随工业化的环境污染，使得城市生态环境不断恶化，城市的生存面临着重重生

存困难和挑战。另一方面，城市建筑在拆迁改建中也面临前所未有的生存危机，如何建设具有特色的魅力城市，增强城市的地域性特色气质，不再加入轰轰烈烈的大拆大建仿造克隆城市建筑行列。世博会中各个场馆的建筑将给我们对当代景观建筑的未来发展趋势带来怎样的思考，城市的景观建筑怎样才能散发当地的地域特色的同时还具有当代城市发展的现代气息。

基于我国地域辽阔、多民族、多风俗的基本国情来看，我国有32个省4个直辖市，民族文化差异较大，每个省市都有其独有的地域特色和民俗风情。为了使城市能独具特色，散发个人魅力，唯有找到合适的有效的途径才能取得最终的效益，这就是我国的城市建设大规模的进入到城市格局的重新洗牌中。那么，一座城市如何找到一面适合自身发展特色的新旗帜？这也是当下在我国举办世博会之后人们也最关注的话题和热点。

## 2. 地域性景观建筑的概念和趋同现象

首先我们所熟知的“园林景观”，在西方被称为“景观建筑学”。“景观建筑学成为一种专业也仅有百余年的历史。作为一种艺术，却和人类存在的历史一样长。”（诺曼·纽顿《大地上的设计》）。这个学科与传统园林设计既有区别又有联系。景观建筑在狭义上讲即是以建筑为主体的环境景观设计。但是其广义上的概念和范围就很宽泛了，不仅包括城市设计、城市规划、道路广场、公园景园，还包括森林公园、国家生态公园等自然景观的改造处理也纳入其中。本文所要讲的“景观建筑”属于景观建筑学的狭义范畴。

“地域性”景观建筑，就是指一个地区景观建筑与历史文脉的总和，包括它的气候条件、地形地貌、水文地质、动植物资源以及历史、文化资源和人们的各种活动、行为方式等。我们所看到的景物或景观类型，都不是孤立存在的，都是与其周围区域的发展演变相联系的。

地域性特征是城市景观建筑的基本属性之一。但是在全球化浪潮的冲击下，我国的许多景观建筑项目却呈现出令人担忧的趋同现象，导致这种现象的原因是多方面的。从设计角度来说，其根源是盲目模仿发达国家景观的“特色危机”，因而对根植于景观建筑中地域特色创作手法的研究就显得非常重要和迫切。

## 3. 世博会场馆设计地域性特征案例分析

### 3.1 “城市，让生活更美好”

我们回顾一下2010年上海世博的精神——“城市，让生活更美好”。它所包含的五个分主题：城市与经济发展关系、城市与可持续发展关系、城乡互动关系、城市与高科技发展关系、城市与多元文化发展关系。世博会的举办为同时期的各国建筑师提供了一个集中展示的舞台，它俨然如一个建筑创意的嘉年华，凝聚了世界各国建筑发展的最新动态和研究成果，透过这个缩影我们可以对世界建筑的发展全貌有一个更加直观和系统的认识。由于世博会建筑本身主题要求，使其对于展示和推广具有前瞻性的技术，甚至传达出某种人类共同的远景尤为关注。

图 1 世博会中国馆

图 2 世博会主题馆

### 3.2 上海世博浦东国家馆的案例分析

先来看下浦东世界展馆最具地域特色的中国馆，在中国馆的设计中，意象最终所要传达的是东方哲学思想中“天人合一”、“和谐共生”的理念。从中国馆效果图来看，建成后的中国馆由国家馆、地区馆以及港澳台馆三部分组成，共 15 万平方米。国家馆和地区馆的整体布局隐喻天地交泰、万物咸亨，体现了东方哲学对“天”、“地”关系的理解。国家馆为“天”，如同雕塑高耸于上，宛如天下粮仓；地区馆为“地”，如同基座延展于下，寓意福泽神州、富庶四方。中国馆虽然全部由巨型钢构架构成，但轮廓却像斗栱，类似中国传统木建筑，连同下部的 4 个核心筒一起看，又像一个巨型四脚鼎，居中升起、层叠出挑（图 1）。

在体现时代风采上中国馆也不例外。在设计中国馆时非常重视环境与能源问题，有一套完整的环境保护与能源节约策略体系，旨在以建筑表述“环境宣言”。这个策略体系由 4 个部分组成。首先，在规划和群体整合层面，中国馆充分考虑一轴四馆方面的呼应，力争实现靠近世博轴，使中国馆与世博主题馆部分设备资源形成共享与协调。其次，在建筑形体的设计层面，力争实现单体建筑自身的减排降耗。国家馆造型层层出挑，在夏季，上层形成对下层的自然遮阳。地区馆外廊为半室外玻璃廊，用被动式节能技术为地区馆提供冬季保温和夏季拔风，地区馆屋顶“中国馆园”还运用生态农业景观等技术措施有效实现隔热。此外，在建筑表皮技术层面，充分考虑环境能源新技术应用的可能性。比如，所有的窗户都是使用低耗能的双层玻璃，国家馆屋顶上还使用大量的太阳能板，有望使中国馆实现照明用电全部自给。最后，在景观设计层面，加入循环自洁要素。在国家馆屋顶上设计的雨水收集系统，可以实现雨水的循环利用。在地区馆南侧大台阶水景观和南面的园林设计中，引入小规模人工湿地技术，利用人工湿地的自洁能力，在不需要大量用地的前提下，为城市局部环境提供生态化的景观。中国馆设计运用了立体构成手法，对传统元素进行了开创性现代转译，创造出流动的现代空间效果。国家馆 63m 的绝对高度中，下部 33m 完全挑空，这些中心对称空间和地区馆平坦延伸的空间，为人们的自由交流提供了充分的开放场所，而这种开放性、公共性，也是国际建筑设计中的重要理念。

世博主题馆屋顶部模仿石库门“老虎窗”正面开、背面斜坡的特点，做到神形兼备。屋面单元的重复对应着里弄的韵律，突出反映了上海的城市特征、城市生活的记忆空间

图 3 世博会芬兰馆

图 4 世博会西班牙馆

和令人陶醉的城市意象（图 2）。

各其他国家馆如芬兰馆高科技打造的“冰壶”外形。西班牙馆采用天然藤条编织成巨型建筑外观，被称为“西班牙大篮子”。日本展馆的半圆形大穹顶宛如一个太空堡垒。波兰展馆的剪纸外墙设计等，这些展馆在外观和建筑材料的运用上都很具有其地域特色，以展现其国家的地理、气候、科技和未来（图 3—图 6）。

### 3.3 上海世博浦西企业馆的案例分析

在上海世博园的浦西展区，这些都是从全球精选出来的“城市最佳实践案例”，与浦东展区的国家馆隔江呼应，也成为世博的一大看点。于是，就有了“浦东看世界、浦西看未来”的流行口号。而城市最佳实践案例区所展示的，都是城市景观建筑发展的最新趋势与未来方向。上海世博会的城市最佳实践案例，被观察者视为未来城市景观建筑的“风向标”，展示着城市景观建筑新方向的某种可能。城市在建设发展中都在寻找一个共同的答案，即一座城市的景观建筑如何才能找到新的生长空间？而这个新生长空间，就是“城市建设新旗帜”。与之相对应的是，为什么有的城市陷入“克隆危机”而造成发展迟滞？可以说，每一位城市建设的设计师都在苦苦思考并试图找到答案，因为只有踏入城市发展新的增长空间，才能在竞争格局中脱颖而出。

在上海世博会最佳城市实践案例中，来自深圳的“大芬丽莎”，就展现出了深圳对“设计之都”的强烈渴求。而与深圳案例馆相邻的西安案例馆，似乎在地域文化创意上更能让人耳目一新，同时也更能成为设计师思索的参考，宁波的最佳实践区等，每个场馆设

图 5 世博会日本馆

图 6 世博会波兰馆

计都在展示的是具有各个城市长处和发展战略的科技创新，在体验过各场馆后都能使人们留下很深刻的印象，记住你在哪个场馆里畅游过，就如同来过这个城市，场馆的建筑作为一个很有效的载体传达了城市的文化和内涵。

上海世博会上各个国家都希望展现本国内最先进的技术、产品，而作为世博会上最大的展品——展馆。更不例外，相信看了世博会大多数人都能深刻地感受到这是一场展现各国风貌特色的建筑盛会。从景观建筑角度讲，上海世博会的展馆建筑对我国现代景观建筑产生了巨大的推动作用。这些具有临时性特点展馆带来了具有革新性意义的景观建筑。景观建筑既是一个时期建筑发展的真实展现，又是那个时代建筑的先行者，设计者在不断地探讨着景观建筑众多的可能性，试图找到能行之有效的方法解决城市景观建筑的趋同化问题。这次世博会展馆给我们留下了很深的影响和启发。

## 4. 从世博会展馆设计看地域景观建筑的发展趋势

### 4.1 重视地域性、文化性和时代性的体现

世博会各展馆是代表着展出国的形象出展的，是展示国家文明和文化的载体。人们希望能通过建筑之旅感受到一些建筑以外的东西：名族性、地域性、历史的延续性，展馆不仅要追求高科技、宏伟炫目，而更要注重内在个性的准确传递。城市建筑是城市景观重要的组成部分，城市的历史形成独有的城市文化，与城市景观相互作用，产生了独特的城市形象，对于实现城市居民的地方认同感、延续地方历史文脉有积极作用。

地域性是景观建筑赖以生存的根基，文化是景观建筑的内涵和品味，时代性体现景观建筑的精神和发展，三者是不可分割的。当代的景观建筑成为城市的标志指南的同时也成为城市历史的见证者，建筑是民族的，也是世界的，这也成为景观建筑未来发展的一个重要趋势——体现建筑的文化背景。

### 4.2 重视创新意识，探索新材料，新能源的利用

上海世博会对我国当代的景观建筑设计发展起到了很大的推动作用，很多具有新意识的尝试性展馆建筑为我们今后的景观建筑发展带来了革命性的变革和更新。当今建筑发展在地域性建筑的可能性与必要性的基础上，提出一种新的现代性与地域性在建筑中结合的方式，要求建筑更具有时代精神，建筑的地域性不再拘泥于仅仅体现在借鉴或模仿传统建筑形式，而是用现代建筑手法，通过人对建筑的感知体验，创造出新的建筑的地方语汇。最终，将弱化的建筑这种新理念与中国新建筑实践相结合，创造出真正属于中国的地域性建筑。

在创新的同时有很多的新型技术和材料得以展示和再利用，为地域性景观建筑未来的发展提供了更广阔的空间，新材料新能源的利用成为当今的主题。

### 4.3 倡导低碳、生态和绿色节能

上海世博举办的主题——低碳、生态、绿色。这一理念也必将成为未来景观建筑的重要发展趋势。此理念在这次展馆建筑上和产品展示上都作为最重要的主题进行了全方

位的诠释，各个展馆建筑在外观以及内在结构设计，还有材料的运用上都一一对这个主题进行了很好的呼应和大胆的尝试。这也和当今的时代发展紧密相关，随着城市的规模不断扩大，市区面貌日新月异。据统计分析，全世界大约一半的温室效应气体来自于建筑材料的生产运输、建筑的建造以及运行管理有关的能源消耗。随着人类面临迫在眉睫的环境危机，世界性的生态观念和共识的逐步形成，我国政府又将“可持续发展”确定为基本国策，建筑的生态化作为解决环境问题的有效措施。低碳、生态、绿色这一主题也将成为未来景观建筑发展的重要趋势。

这次上海世博展馆建筑将生态理念的引入、地域文化的表达、高技派与智能化。从而使我们能更清醒地看到未来景观建筑的发展趋势和方向，这将更加鼓励和警醒人们如何将创造性、技术性和科技结合起来，让城市生活更美好。

## 参考文献


[1] 赵鑫珊等 . 上海世博建筑对万众视觉的冲击 .2010. 8.

[2] 陈易，郑时龄 . 建筑世博会 .2010. 1.

[3] 黄华明 . 现代景观建筑设计 . 2008. 7 .

[4] 赵良 . 景观设计 . 2009. 3 .

[5] 华东师范大学世博研究院著 . 上海世博创意读本 .2010，8.

[6] 李惠军 . 以意写形与文化超越——当代文化建筑的景观化特征 . 城市建筑 . 2007.9.

[7] 孙凤岐 . 现代城市景观建筑 . 小城镇建设 . 2001.7.


## 图片来源

昵图网

**孙婷婷** / **Sun Tingting**
（东华大学服装 • 艺术设计学院，上海．邮编 200051）
（Fashion • Art Design Institute, Donghua University, Shanghai. 200051）

# 高架轨道交通与城市景观协调研析

# Research on the landscaping impact of the urban elevated rail transit

**摘要：**

通过对上海市轨道三号线的现有景观评价研究，以及曹杨路站的定点景观分析，研究高架轨道交通的美观设计以及景观设计，为未来城市的高架轨道交通建设提出一定的设计标准，为了发挥轨道交通有利影响，避免或减缓不利影响所采取的措施。

**Abstract:**

This thesis studies shanghai rail transit line 3, analyses the traffic CaoYang Rd Station by using two evaluating methods, including public participation,on site monitoring statistically analyzing on past investigated data,etc. the public participation result shows that, people exert a positive attitude toward the landscape impact of rail transit,but stil need improment on pattern and harmonization with constructions nearby. Consequently, with the case staudy,sets future standards raises some suggestion for elevated rail transit design, according to the detailed study, it is significance to carry out post evaluation of the integrated impact of urban rail transit on urban development and environment, to make suggestions on how to benefit from the urban rail transit construction and avoid the bad impact.

**关键词**：高架轨道交通景观，景观评价，上海轨道交通三号线
**Keyword**：elevated rail transit landscape, landscape evaluation, Shanghai rail transit line3

**中图分类号**：TU984.191
**文章标识码**：A

## 1．引言

城市轨道交通诞生了 100 多年，但主要发展时期是第二次世界大战后，伴随着世界范围内的城市化发展进程，各国的城市区域逐渐扩大，城市人口也迅速膨胀。城市的活力需要交通的配合和激化，所以交通问题成为了制约城市发展的利刃，在这样的背景下，各国纷纷采用发展立体化的快速轨道交通系统来疏导城市，同时也带动城市规划的未来进程。由于经济实力和技术水平的限制，我国城市轨道交通建设起步较晚。一般大型城市中心城区是政治经济文化商业中心，人口以及建筑密度很高。但城市的发展需要一定运送能力、服务水平和合理的造价，高架轨道交通以其大运量、准点、低污染、不与传统道路交通抢占线路等特点快捷、安全、运能大和综合效益高成为了很多城市改变交通

状况的首选。

城市交通系统不仅提高了城市的机动性，更深刻影响了城市空间形态。城市高架轨道交通在城市发展方面有着诱发性的累积影响——在后续一系列土地开发、商业活动、人口疏散和集聚、最终影响城市形态。规划得当的高架轨道交通，不仅是城市的景观见证者，更可能是城市的景观制造者，比如卢森堡市区被一天然的大峡谷拦腰切断，如果动用人力刻意去改造自然环境，填沟造地，不仅会耗资巨大，还可能带来隐患。而设计一条跨越大峡谷的轨道大桥，就把自然与人工的美很好地协调起来。列车驶过峡谷时，车窗上下左右都是看不尽的美景：上面是古老的城堡、教堂和现代化的银行、商店，下面是绿荫环抱的谷底公园和造型别致的市民住宅，有高有低，有疏有密。两者在移动的空间里不断组合成新的景观，既和谐又独特，观光客人终年不绝。

一个巨大的标识物会使它所在地区的其他建筑物相形见绌，不论如何，高架轨道交通以一种无可替代的角色对城市肌理产生影响——“轮廓线是城市生命的体现，也是潜在的艺术形象”。轮廓线总是城市生命与人居精神的体现，它是城市天际线的远景，是唯一的。过大或过小的尺度、过于突出或过于重复的高架轨道交通构建物都会使轮廓线失去文脉。

轨道交通项目从设计到最终全部建成，之间要经过：规划设计、建筑设计、景观设计，有的还要经历环境设施设计、导向系统设计等。这些单项工程由于社会分工的惯性思维，各司其职，至多成为匠气之作。据说，我国的建筑设计院在项目投标时美学分数经常是零分，根源并不是社会分工的客观原因，主要是在设计上我们习惯于从各自专业的本体上考虑问题和解决问题。缘起于对设计的反思，将着手于对已存在项目上海市轨道交通三号线进行景观方面的分析，研究这些内容对于现阶段轨道交通规划和建设有着重要意义。

上海轨道交通三号线又称为明珠线，是上海城市轨道交通网中的南北向直径线，是联系南、北辅城的城市轨道交通骨架线路。规划的线路走向南起闵行，经吴泾、沪杭铁路内环线、上海火车站、铁路客技站、淞沪铁路、逸仙路、吴淞镇、北止于宝钢，正线全长 24.97km，其中高架线 21.51km，占全长的 86.1 %；地面线 3.46km，占全长的 13.9 %。由于城市轨道交通大部分线路在高架上，这是除中国香港和中国台湾地区外大陆第一条高架轨道交通线。

三号线一期工程并不是为城市交通专门设计的轨道线，而是在旧淞沪线和沪杭线内环部分的基础上发展起来的，具有征地拆迁量少、施工简便、开工面宽、对道路交通干扰小等有利条件，因而投资少、工期短、投资回收快。特别是彻底解决了既有市内铁路与城市道路的 42 处平交道口严重阻塞交通的局面，给城市道路交通带来了通畅，沿线土地得到了开发。但是修建初期出于这种盘活国有资产以及缩小投资的考虑，导致三号线存在着一定的先天不足。

## 2. 高架轨道交通动态——静态景观评价指标体系

从 20 世纪 60 年代开始，景观评价研究逐渐形成四大学派：专家学派（expert

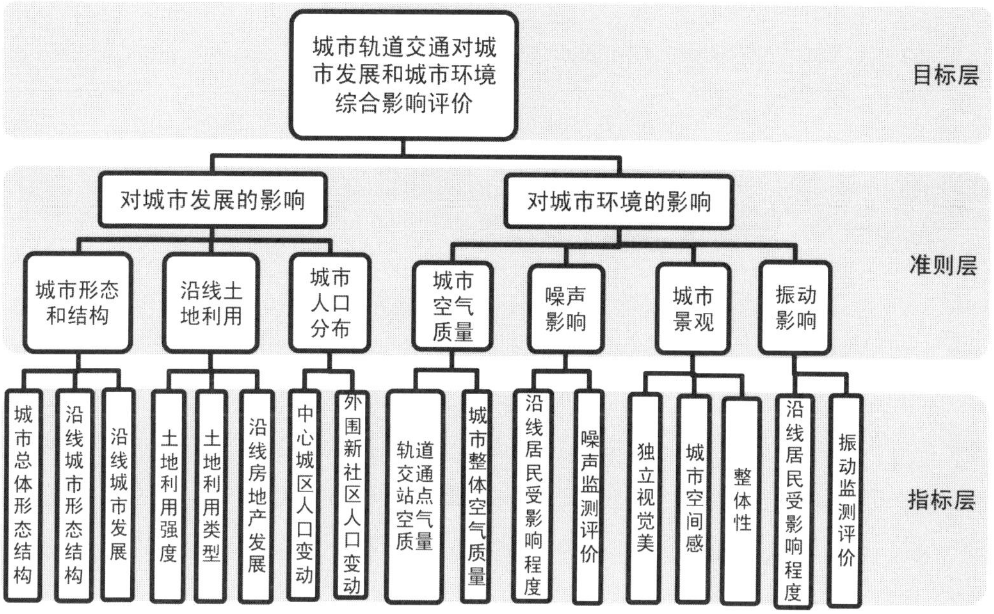

图1 综合影响后评价指标体系结构图

paradigm）、心理物理学派（psychopysical paradigm）、认知学派（cognitive paradigm）、经验学派（experiential paradigm），不同学派在不同理论指导下形成很多各不相同的评价方法，并结合具体做法形成相对稳定的评价模式。景观评价中最具代表性的有两种类型：一种侧重于个人或群体对景观质量进行主观的非量化评价(nonquanlitive evaluation)，包括详细描述法、公众偏好法等。另一种方法是通过对于景观的物理特性等进行理性分析研究而得出的客观量化评价(quanlitive evaluation)，包括量化综合法、主成分分析法、灰色关联度分析法、综合评价法等方法。

高架轨道交通对城市发展和环境综合影响评价侧重于公众偏好法，诸如心理模式和现象模式，多用问卷调查和民意测试等方法研究公众意见，利用“群体意向”从人为角度分析，由于该方法的优势在于影响因子全面广泛，适合用来对高架轨道交通的景观问题全面分析。另外，高架轨道交通动态——静态景观评价指标体系是一种量化综合法，将主观评价与定量分析有机地结合起来，把复杂的系统分解成若干子系统，形成有序的递阶层次结构，由于结构复杂运算繁复，适合用于对点、段进行细节分析。

评价流程如下：

（1）建立评价体系。基本评价体系如表2，包含总目标层、准则层以及指标层，各个城市轨道交通建设的后评价可以根据各自城市的发展阶段略作修改。

（2）单因子评价方法的确立。针对不同影响因子，城市轨道交通的影响内容不同，评价方法也不同。

（3）综合评价。结合各个单因子的评价结论，做出城市轨道交通对城市发展和环境影响的概括描述，定性说明影响的性质和重大性（图1）。

城市轨道交通对于城市发展和城市环境方面的影响体现在了八个不同的影响内容上，由于这些影响因子在影响形式上的差别，决定了后评价时需要采用不同的评价方法来分析影响因子的变化。

| 影响因子 | 评价方法 |
|---|---|
| 城市形态及结构 | 遥感与 GIS 方法、资料统计分析 |
| 沿线土地利用 | 遥感与 GIS 方法、资料统计分析 |
| 城市人口分布 | 资料统计分析 |
| 城市空气质量 | 现场检测调查、资料统计分析、相应软件运用 |
| 城市景观 | 专家景观评分、公众参与 |

表 1 轨道交通对于景观影响因子

（4）由于城市高架轨道交通是一条带状建筑物，它所带来的景观问题是很复杂的，为了兼顾各种因子在指标系统中的重要程度与出现次数来确定权重的分配，是评价工作的难点，动静态评价指标系统选择了匹兹堡大学教授 T.L.Saaty 提出的“目标——指标层次结构” 模式，就是 AHP（Analytic Hierarchy Process）层次分析方法，可以把定性分析和定量分析有机地结合起来，把复杂的系统分解成若干子系统，形成有序的递阶层次结构。动态——静态景观评价指标体系适合于对具体路段和节点进行量化分析，范围和评价手段比高架轨道交通对城市发展和环境综合影响后评价更加细化。

城市高架轨道交通景观评价指标体系由 3 个层次构成，分别为目标层、准则层和指标层，其中目标层反映城市高架轨道交通景观目标，准则层说明评价城市高架轨道交通景观必须考虑的几个方面，而具体的指标就构成了指标层。

| 目标层（$A$） | 准则层（$Ai$） | 权重（$W$） | 指标层（$Aii$） | 权重（$ui$） |
|---|---|---|---|---|
| 城市高架轨道交通景观评价（$A$） | 动态景观（$A1$） | 0.667 | 线路（$A11$） | 0.086 |
| | | | 车站（$A12$） | 0.309 |
| | | | 区域（$A13$） | 0.148 |
| | | | 边界（$A14$） | 0.184 |
| | | | 标志（$A15$） | 0.273 |
| | 静态景观（$A2$） | 0.333 | 桥墩（$A21$） | 0.247 |
| | | | 桥梁形态（$A22$） | 0.159 |
| | | | 色彩（$A23$） | 0.436 |
| | | | 尺度（$A24$） | 0.159 |

表 2 城市高架轨道交通评价指标体系及权重

该权重来源于 2006 年西南交通大学覃烨同学的硕士学位论文《城市高架轨道交通景观分析理论与评价模型》。具体计算方法见附录 1。

城市高架轨道交通的景观评价指标体系中的准则层可分为动态景观和静态景观两个方面。

动态景观主要指列车上乘客对线路两侧景观的欣赏。高架快速轨道交通是一种能满足出行的需要，又能居高临下，在比较长的距离中观赏城市景观且票价相对低廉的交通方式。其修长的车体、宽阔的车窗和较大的可视范围，不仅为市民提供了一个从高处观赏城市变化的平台，也为规划师提供了可以合理协调建筑密度、动态规划城市空间的手段。

对于高架轨交动态景观的研究方法，主要从环境心理学角度探究乘客对城市轨道交通空间的景观要求，因此选用线路、车站、边界、区域、标志这五个城市高架轨道交通空间的意象元素作为评价动态景观的指标。

城市高架轨道交通静态景观与动态景观的区别是：前者把城市高架轨道交通放在客体的位置，由“路人”去观赏它、讨论它与周边环境的关系，而后者则把其放在主体的位置，乘客通过它去欣赏城市，城市景观由它来组织。城市高架轨道交通静态景观一方面探讨高架线如何与周围环境协调；另一方面是高架桥自身的线形以及结构的协调问题，主要选用桥墩、桥梁形态、色彩以及尺度作为静态景观的评价指标。

由于城市高架轨道交通景观综合评价时所涉及的因子很多，加上诸多评价因子无明确的外延边界，具有很大“模糊性”的特点。因此，对城市高架轨道交通景观的评价宜采用模糊综合评价法。由于综合评价指标体系涉及到 2 个层次（准则层和指标层）。

此处采用二级模糊综合评价即在确定因子的评价等级标准和权重的基础上，运用模糊集合变换原理，构造模糊评价矩阵，通过 2 个层次的复合运算，最终确定评价对象所属的等级。该方法的评价模型如下：

评价目标单元集 $V$（城市高架轨道交通景观）={$V1$（动态景观），$V2$（静态景观）}；

每个单元因子集

$V1$（动态景观）={ $V11$（线路），$V12$（车站），$V13$（区域），$V14$（边界），$V15$（标志）}

$V2$（静态景观）={ $V21$（桥墩），$V22$（桥梁形态），$V23$（色彩），$V24$（尺寸）}

评价集 $U$={$U1$（优秀），$U2$（良好），$U3$（中等），$U4$（合格），$U5$（不合格）}；

对于每一个 $Vi$ 按一级模糊评价分别进行综合评价：

① 首先单因子评价，建立 2 个从 $V_i$ 到 U 的模糊映射 $f$：$V_i \to F(U)$，诱导出模糊关系 $R_f$；

② 确定一级评价权重即 $V_i$ 中个因子权重分配 $w_i$ =（$w_{i1}$，$w_i \cdots$，$w_{in}$），$\sum w_{i1}$=1

③ 作矩阵符合运算：$B_i = w_i$；$Ri$ =（$b_{i1}$，$b_i \cdots\cdots b_{in}$），$i$=1,2,⋯，n

二级模糊综合评价（图 2）

将每个 $V_i$ 作为一个评价元素看待，用 $B\,i$ 作为它的单元素评价：

$$R\begin{Bmatrix} B_1 \\ B_2 \\ \vdots \\ B_i \end{Bmatrix} = (B_i)_{k\times n}$$

图 2 二级模糊综合评价

建立单元素评价矩阵，每个 $V_i$ 作为 $V$ 的一部分反映了一某一属性，按照它们贡献的重要性汇出权重分配（专家填写判断矩阵），于是又有了二级综合评价 $B = w \cdot R$，其中 $w$ 评价单元的权重集。最后通过归一化处理后，按最大隶属度原则确定评价等级权重由层次分析法 AHP 来确定，按照评价指标体系确定的层次结构，根据 AHP 要求，咨询有关专家的意见，构成判断矩阵，获得各层次。指标全数及随机一致性的率值（CR）等。

## 3. 上海轨道交通三号线景观评价

### 3.1 调查问卷结果

共有 179 人接受了问卷调查，其中 87 名男性，92 名女性；15 岁以下 66 人，

16–30 岁 46 人，31–45 岁 22 人，46–60 岁 24 人，60 岁以上 21 人；高中及高中以下文化程度受访者 96 人，大专文化程度受访者 29 人，本科文化程度的受访者 42 名，研究生及以上文化程度受访者 12 名。

#### 3.1.1 轨道交通三号线结构造型、颜色、灯光的景观影响评价

结构造型：29.05% 的被访对象选择了“赏心悦目”，62.57% 为“一般”。总体意见为三号线造型一般。

颜色：24.58% 的被访对象选择了美观，69.83% 认为一般，5.59% 选择了“看起来不舒服”（图 3）。

灯光：46.93% 的被访对象选择了美观，45.81% 选择了“没注意过”，7.26% 认为不好看。这说明对于夜间灯光较为认可。高架交通最为轮廓线，带状的光路对于城市景观建设极为重要。

#### 3.1.2 三号线与周围建筑协调程度的调查

仅 15.64% 的被访者认为搭配协调，60.89% 认为一般。总体评价不高，尤其有个人对此问题抨击强烈。在走访中发现，这种不协调不止由于先天条件不足——距离内环线过近，而是周边存在很多待改造的旧城区，景色较为脏乱。

#### 3.1.3 三号线景观影响总体评价

三号线建设前后，所在地区的景观产生了显著变化。调查结果显示：77.65% 的被访者认为，三号线相比建设钱的旧淞沪线改善很多。另外 18.44% 和 3.91% 的人认为景观变化不大或很差。

在公众对于三号线的总体评价中，72.63%（179 人中 130 人）认为上海的市容有所提高，仅有 11 人选择对三号线的影响不满。

这在一定程度上表明三号线对景观改善是显著的，但是其造型、颜色、协调度一般。

#### 3.1.4 关于改善措施的调查（复选）

61% 的被访者认为应该增加两侧绿化，三号线的自然生态系统还需提高；周边旧城改造有 55.90% 的选择。

### 3.2 照片评分结果

#### 3.2.1 车站评分结果

统计评分分级为：1—1.8 分，不美观；1.8—2.6 分，较不美观；2.6—3.4 分，一般；3.4—4.2 分，较美观，4.2—5.0 分，美观。

其中东宝兴路得分最高，上海南站得分最低，其余相近（目前南站有较大幅度的景观改造，得分应该提高了）。颜色、造型和周边建筑物协调程度的分值和总体评价基本

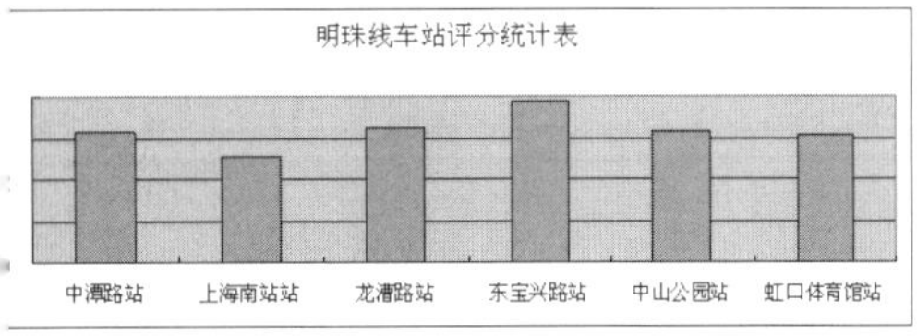


图 3 三号线车站评分统计表

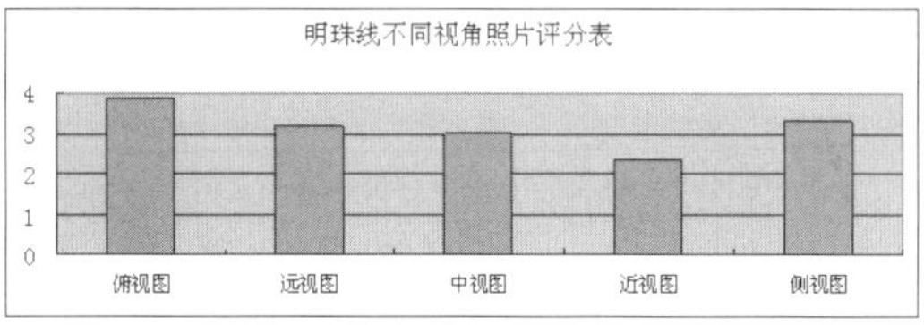


图 4 三号线不同视角照片评分表

一致。

#### 3.2.2 三线轨道桥评分结果

在对不同角度的照片评分过程中发现，俯视图得分最高 3.86 分，属于较为美观范畴；远视图 3.2 分；中视图 3.04 分；近视图 2.35 分。近视图的得分说明三号线近距离给人的压抑感，而俯视图的高得分说明轨道三号线高层俯视时为上海带来了新的层次感和线性连贯感（图 4）。

上述调查存在大量有充分内在联系的资料，事实上的群体意向确实存在。独立分析在一定程度上预测了访谈得出的群体意向，也说明了城市高架轨道交通空间的可意向性。

### 3.3 上海轨道交通三号线动态——静态景观评价指标体系（针对曹杨路站）

选取了较有代表性的上海市轨道交通三号线曹杨路站以及附近区段为评价目标。三号线从镇坪路站起到宜山路站都非常靠近内环高架，导致中间区域脱离了城市群像。沿着狭长的凯旋北路，曹杨路站靠近上海市以人龙混杂著称的武宁新村，夹杂内环和广大居民区之间，使该片环境更加混乱复杂（图 5）。

曹杨路站及其沿岸的景观评论：图 6—图 9 为该区域的部分照片，主要描述了坐在列车上的风景，高架桥桥墩、桥柱以及高架桥周边的景观元素。曹杨路站和苏州河擦肩而过，贴近南北高架方向内环，与周围楼宇距离非常近，所以不利于远眺。武宁路以北靠近镇平路站景观会有小幅的开阔和提高；以南部分景色趋于同一，无太大变化。桥柱设在道路右侧隔离带，左侧仅供非机动车和行人通过，隔离带设置桥下停车场，停车场右侧有一条宽约 1 米的狭长走道，但冉高架下，颇为阴暗。

根据本文建立的评价指标体系及收集的实验数据，运用评价模型对数据整理、统计和分析，相关运算见附录 4。

$B_{d\text{曹杨}}$ =（0.180，0.277，0.359，0.170，0.015）

图 5 曹杨路站周边

图 6 桥墩

图 7 桥梁和周边道路

图 8 沿线标识（部分缺乏管理，已有损毁）

图 9 车厢内的城市群像

$B_{j\,曹杨}$ =（0.208，0.412，0.332，0.049，0）

$A_{曹杨}$ =（0.189，0.322，0.350，0.130，0.010）

按照最大隶属度原则，曹杨路站动态景观评价对优的隶属度为 0.180，良的隶属度为 0.277，中的隶属度为 0.359，合格的隶属度为 0.170 ，不合格的隶属度为 0.015。区域的隶属度最大，结论是综合评价等级为中等。同理，静态景观评价等级为良，曹杨路总体评价为中，符合相关景观描述。

## 4．上海轨道交通三号线的景观问题

黄浦江和苏州河，是上海的魅力之源，可惜上海不够完善的水体沿线景观开发，给游客及公众带来了一定的惋惜。要看清大上海的全貌，高架道路虽然纵横上海，可惜由于不对大部分公交线路开放、两边隔音防护带的阻碍，无法看清市容。高架轨道交通作为动态游廊再好不过——轨道三号线具有较大的载客量，票价低廉，又南北纵穿几个大区，运行距离较长，车辆的行驶时间大部分是在高架轨道上，有比较明确和直观的方向性，可居高临下俯瞰中心市域的优势。可惜轨道三号线的选址局限，特别是行驶在紧逼高架的楼群当中，一排排高大的广告从眼前掠过，视野只能游弋在狭小、紧迫的空间里，很容易产生在天乘地铁的感觉。

从线路设计问题上来说，因毗邻内环高架，两者并肩而行，最近处不过百米。由于在高度上相差无几，不仅造成视野上的阻碍，而且在两条高架之间很难进行合理的规划。

沿线景观问题：

三号线一期工程大部分是在高架上，除了中山公园站为岛式站台设计，并且有开放式的观景平台之外，其他车站均是封闭式的。因此，能够一览城市建筑和规划效果的地方，大部分是在高速移动中的车厢里，这样一来，对规划整齐的新街道和急待改造的旧区之间的对比感受更为强烈。由南向北可以看到一些堆满垃圾的建筑屋顶，拥挤肮脏的背街小巷，癞痢头般的绿化地等，线路两边的景色是截然不同的。环内高楼林立，绿荫成片，旧区更新速度快，道路空间注重规划；环外保留了大量 20 世纪 80 年代前后的建筑，陈旧老化，一些新开发的项目缺少整体上的协调性，布局凌乱，尤其缺少系统的绿化带，标志性建筑更少，周边急需适当的环境艺术规划。

另外，由于三号线的相当部分与内环线距离太近，两条高架之间很难进行合理规划。原先已经存在的高层建筑几乎紧贴着轨道，违反了实体空间的最佳比例，因此车辆通过时不仅造成很大的噪声污染，而且给乘客带来很强烈的压抑感。最令人担心的，是轨道线外侧一些正在规划的住宅楼和办公楼都过于逼近线路，还将会带来新的视觉和噪声问题。幸运的是，目前有个别不宜建筑房屋的地段正在进行绿化，如曹杨路车站，这样将在一定程度下保证外侧视野的畅通和景观远近的参差有序。

在徐家汇的交通要冲漕溪路站附近，尽管集中了上海体育馆、体育场、华亭宾馆、徐家汇大教堂、东方商厦等远近景观，但由于线路从立交桥的上下匝道集中区中穿过，桥面下绿化面积不足，有些空间被辟为车场和交易市场，显得相当杂乱。加上车辆通过路段的近距离内高层建筑过于密集，不仅感觉不到现代化城市的美和协调，反可说是无景可观。又比如在中山公园和金沙江站之间，一片新建的密集住宅楼群严实地阻挡了乘客眺望公园绿地和自然水景的视线，使得近在咫尺的大片绿化地与乘客无缘。实际上，这些建筑距离轨道太近，也对居民的生活产生直接影响。

另外，三号线列车采用国内自主设计的柔性架空接触网的门字形支架，影响了城市净空高度，远看如蜈蚣状。其色彩与桥梁结构也趋于阴暗，给人以沉重的心理影响，其中高架输电线、通信电缆等设施对城市景观的分割和破坏。

## 5. 高架轨道交通景观协调改善措施

### 5.1 高架轨道交通桥底空间改造

高架轨道跨距 25 米以上，国内目前桥柱两侧布置行车通道，剩余的桥下空间或者用来建立花坛，或者作为停车、临时堆场。但是由于线路的分隔，很难全部利用起来。万体馆站下大片空间建立了市场，但是观感如同棚户区，总体来说利用效率低。城市高架轨道交通桥下空间的土地利用形态通常可以分为公园、自行车停放场、汽车停车场、材料堆放场、仓库、绿化用地等，或未利用地，或其他类型。按侧道条件区分的土地利用形态将高架铁路沿线的侧道条件分为没有邻街侧道、一侧有邻街侧道和两侧有邻街侧道 3 种类型（图 10）。

其中没有邻街侧道和一侧有邻街侧道的高架轨道桥下空间，可以设置绿地，两侧有邻街侧道的高架轨道桥下空间土地利用则出现了开放性，可以设置停车场。

当然除了上述两种传统的空间利用方式，也可以发挥创意，借鉴国外经验，根据环境对高架下空间分割设计，可以建立一定的市民活动空间。例如日本名古屋大道公园，该处城市轨道交通的高架桥横穿公园，虽然轨道交通车辆带来的间歇噪声和辐射，可是由于大空间以及运行间歇，桥体下方总体带来一种恬静感，设置了绿地，喷泉等街头小品和游玩设施，营造出了别具地方特色的景别。

### 5.2 高架轨道交通净空改造

高架轨道交通的空间设施包括：广告、招牌、霓虹灯等空间构筑物。这些空间设施可以增添景观层次感，但是设计时要考虑到空间设施的尺度是否适于人们快速移动时的感受，体现不同方位、不同距离的变化。尤其要特别注意城市的高架输电线、通信电缆等设施对城市景观的分割和破坏。

### 5.3 高架轨道交通车站设计

车站的比例、体量、尺度、空间、功能、形状等对城市空间有非常重要的影响。车

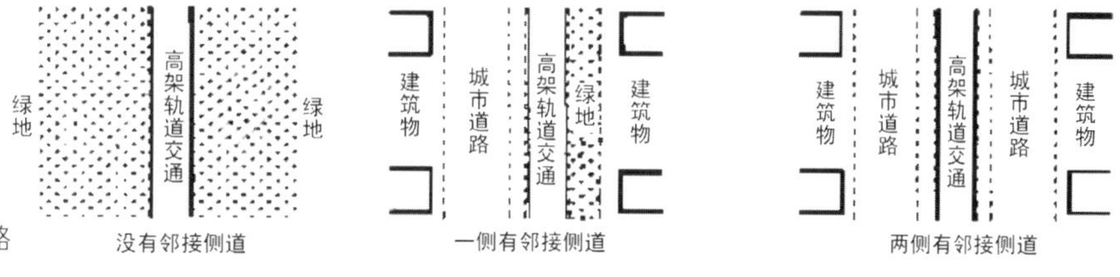


图 10 高架铁路沿线的侧道

站不只要满足其交通功效，而且还要考虑到人眼接受的整个景观。此处应该要考虑到三维空间多向观察的最佳方位与距离。

高架轨道交通车站作为外显的构造物，要满足交通和景观两个功效，应该做到：

（1）整体效果满足城市景观规划，做到“一线一景”；

（2）立面造型设计应处理好共性和个性的关系，做到全线车站既有识别性也有统一性；

（3）站位选择应符合城市规划需要，以车站为中心进行规划设计，重点做好周边地块的交通换乘规划，培育客流，减少TOD模式风险，挖掘周围地块开发潜力，使线路的引导作用发挥到极致；

（4）站厅、站台公共区域设计需要体现以人为本的设计原则：

车站可以增加一定的公共设施（宝山路站：乘客休息室），除了一些便民设施，目前轨道交通三号线的公共厕缺乏。公共厕所成为公共场所必不可少的组成。厕所是一种文化现象。良好的厕所设计有助于促进城市设计的发展，有助于提升建筑的质量水平。从车站环境性质的角度讲，车站空间人流速度很快，对公共厕所的使用频率也很高，为了使人群轻而易举就能够找到厕所，公共厕所的位置要求明显突出，易于识别，这样能减少人们在车站中穿梭和滞留的时间。然而在上海三号线上很难在站内找到厕所，当然有一些设置在桥底空间，可是疏于管理，气味难闻，这是一个城市公共管理的漏洞，值得注意。

另外在车站内部还可以适当增加以装饰、美化建筑空间为目的而设置的造型艺术，如色彩丰富、造型美观的雕塑小品，各种各样的浮雕壁画等，可以缓解过大尺寸建筑物给人的荒凉空洞和恐怖感。

### 5.4 高架轨道交通沿线建筑与城市规划

在高架轨道交通上远距离观赏建筑时，其轮廓只是一个遥远的剪影，群的空间特征比较明显。当视野中许多“点”的形态集中在一起的时候，虽然视线仍有所倾向，但趋于一个总体的感觉。这种空间形态通常作为图形的背景出现，预示着一个区域的存在。远处鳞次栉比的高层建筑的组合可以形成群的空间形态，这种景观体验更多发生在车行方式下的观赏行为中。随着车速的提高，近距离物体会在视野中转瞬即逝，这时，人的注意力就会转移到较远、较稳定的东西上去，比如大的空间、大的地形、大的建筑群。这种由细节到轮廓的转移使得车行景观的设计重点集中在中远距离的欣赏行为上。当车在高架轨道交通上行驶时，由于接近人体的东西，比如街景、绿化、小品、设施等均被“过滤”，建筑群体的配合以及建筑物与外部空间的组合就显得十分重要。

群的空间形态往往成为城市的轮廓，形成整体的景观体验。这时，高层建筑的安排显得十分重要，它们强烈地影响着城市的空间环境形态。通常，相对集中布置的高层建筑易产生群的感受，但在城市重要的视觉通道上，要避免高层建筑的叠加重合。同时，在群的空间形态中，点的感觉也是不可或缺的，适当的变化可以形成活跃的视觉效果。可以想象，如果高层建筑采用相同的高度、雷同的造型，感觉势必单调。因此，在统一的景观感受的前提下，应采用渐变的方式形成连贯又有变化的轮廓线，并适当突出构图中心的建筑。

关于高架轨道交通的景观营造，还有很多要点，比如线路的设计、色彩质感的构造、对于环境影响的控制、灯光设置等。

路线的长宽弯直、纵横坡度和架设的方式直接影响人们视线移动的轨迹，形成了不同的观赏条件。路线形势变化可以丰富景观序列和层次的变化，利于人们在快速移动中对景物的感知。

作为城市轮廓线的高架轨道交通，如果色彩运用得当，可以反映出城市的、社会的、民族的、文脉的性质，并且增加自身的美感，削弱体感，与环境融合。总体来说，高架桥在色彩和质感上应借鉴建筑色彩，采用融合法及消去法。目前，我国轨道交通的高架桥多使用混凝土的本色示人，也有一些爬藤类植物围绕桥柱的装饰手法，但是由于清理不得当、污染严重等原因，植被的美化效果微弱。比如三号线用地范围窄，使用的乳白色由于日久，龟裂和泛黄显著，桥底的隔离网与爬山虎颜色灰败，并没有太大美感，相关部门应该把修复、美化工作做好。

作为一种绿色交通，高架轨道交通在已建成的实例多次测试下可见，高架轨道交通对与生态环境不会产生不可接受的影响。但由于城市环境千差万别，对每一个具体项目如噪声、振动、电磁污染等都应进行环境评价，提出保护措施，确保达到国家要求的各项指标。

城市的夜景照明是通过灯光亮度及灯光色彩的变化，再现城市夜间的风貌，从而美化城市的夜景，为人们提供良好的夜视环境。高架轨道交通线路的夜间照明不仅要经济合理地实现其照明功能，而且要再次塑造城市景观。由于高架轨道交通在城市景观要素中多以“线”的形式出现，故其夜景照明要注意突出“线”的效果，展现力度、优美、指向性以及与其他景观要素的穿插组合。有重点地设置装饰照明，可以使城市的夜间面貌更为生动。

## 附录

附录 1 权重计算

1. 动态景观 B1 权重计算方法

景观元素比较判断矩阵

| $B_1$ | $C_1$ | $C_2$ | $C_3$ | $C_4$ | $C_5$ | $w$ |
|---|---|---|---|---|---|---|
| $C_1$ | 1 | 1/3 | 1/2 | 1/3 | 1/2 | 0.086 |
| $C_2$ | 3 | 1 | 3 | 2 | 1 | 0.309 |
| $C_3$ | 2 | 1/3 | 1 | 1 | 1/2 | 0.148 |
| $C_4$ | 3 | 1/2 | 1 | 1 | 1/3 | 0.184 |
| $C_5$ | 2 | 1 | 2 | 3 | 1 | 0.273 |

| | |
|---|---|
| $\lambda_{max}$ | 5.340 |
| $CI$ | 0.085 |
| $RI$ | 0.120 |
| $CR$ | 0.076 |

2. 静态景观 B2 权重计算方法

景观元素比较判断矩阵

| $B_2$ | $C_6$ | $C_7$ | $C_8$ | $C_9$ | $w$ |
|---|---|---|---|---|---|
| $C_6$ | 1 | 2 | 1/3 | 2 | 0.247 |
| $C_7$ | 1/2 | 1 | 1/2 | 1 | 0.159 |
| $C_8$ | 3 | 2 | 1 | 2 | 0.436 |
| $C_9$ | 1/2 | 1 | 1/2 | 1 | 0.159 |

| | |
|---|---|
| $\lambda_{max}$ | 4.155 |
| $CI$ | 0.952 |
| $RI$ | 0.890 |
| $CR$ | 0.058 |

城市高架轨道交通景观 (A) 层权重计算

| $A$ | $B1$ | $B2$ | $w$ |
|---|---|---|---|
| $B1$ | 1 | 2 | 0.667 |
| $B2$ | 1/2 | 1 | 0.333 |

附录 2 高架轨道交通车站景观调查问卷

调查日期: 天气:

填表人:

可意象度解释: 来自凯文林奇提出的先驱性研究成果。所谓可意象性是指区域环境中所蕴含的，对任何观察者都很有可能唤起强烈城市意象的特性，该词汇为城市规划中重要术语。

动态景观评价 线路 车站 边界 区域 标识

静态景观 桥墩 桥梁形状 色彩 构筑物尺度

评分方式 优 良 中 合格 不合格

| 目标层 ($A$) | 准则层 ($A_i$) | 指标层的可意向性 | 优 | 良 | 中 | 合格 | 不合格 |
|---|---|---|---|---|---|---|---|
| 曹杨路站 | 动态景观 ($A_1$) | 线路 ($C_1$) | | | | | |
| | | 车站 ($C_2$) | | | | | |
| | | 区域 ($C_3$) | | | | | |
| | | 边界 ($C_4$) | | | | | |
| | | 标志 ($C_5$) | | | | | |
| | 静态景观 ($A_2$) | 桥墩 ($C_6$) | | | | | |
| | | 桥梁形态 ($C_7$) | | | | | |
| | | 色彩 ($C_8$) | | | | | |
| | | 尺度 ($C_9$) | | | | | |

本问卷调查人数 10 名，由于条件限制和时间有限，未能在大范围内做采样研究，所以选择了小范围的相关专业人员（同济大学 05 届交通运输、06 届城市规划学院景观专业）

曹杨路站高架轨道交通动态景观评价统计表

| 目标层 | 准则层 | 指标层的可意向性 | 权重 ($w_i$) | 优 | 良 | 中 | 合格 | 不合格 |
| --- | --- | --- | --- | --- | --- | --- | --- | --- |
| 曹杨路站 | 动态景观 | 线路 ($C_1$) | 0.086 | 2 | 3 | 5 | 0 | 0 |
| | | 车站 ($C_2$) | 0.309 | 3 | 4 | 3 | 0 | 0 |
| | | 区域 ($C_3$) | 0.148 | 1 | 0 | 4 | 4 | 1 |
| | | 边界 ($C_4$) | 0.184 | 0 | 1 | 3 | 6 | 0 |
| | | 标志 ($C_5$) | 0.273 | 2 | 4 | 4 | 0 | 0 |

曹杨路站高架轨道交通静态景观评价统计表

| 目标层 | 准则层 | 指标层的可意向性 | 权重 ($wi$) | 优 | 良 | 中 | 合格 | 不合格 |
| --- | --- | --- | --- | --- | --- | --- | --- | --- |
| 曹杨路站 | 静态景观 | 桥墩 ($C_6$) | 0.247 | 1 | 4 | 3 | 2 | 0 |
| | | 桥梁形态 ($C_7$) | 0.159 | 4 | 3 | 3 | 0 | 0 |
| | | 色彩 ($C_8$) | 0.436 | 2 | 5 | 3 | 0 | 0 |
| | | 尺度 ($C_9$) | 0.159 | 2 | 3 | 5 | 0 | 0 |

附录 3 曹杨路站高架轨道景观评价
nikon d40x, 针孔相机（有拼接），seagull df-1( 使用 ilford100 黑白胶卷 )

## 图片来源

作者自摄

**黄思思 / Huang Sisi**
（东华大学服装 • 艺术设计学院，上海 . 邮编 200051）
（Fashion • Art Design Institute, Donghua University, Shanghai. 200051）

# “室内”的室外景观——浅析设计要素景框

# The interior of the outdoor landscape

## ——Research on design element frame

**摘要：**

本文通过以下几部分对景框这一设计元素进行了分析研究，首先是概念的梳理；其次举例介绍了景框概念的最初形态以及在设计中的发展，分析了它的演变过程，对景框进行了分类；再次对景框的作用做了一些阐述，最后是如何将景框运用到设计实践当中。

**Abstract:**

This essay investigates the frame, one of the Design Elements with these following sections.First of foremost, is collate and analyze the concept of the frame. In addition, introduce the Original form of the frame concept by cite some case, analyze the evolvement of the frame,and classify it.Lastly, is the research on the frame's function, and how to practice in the design work.

**关键词**：景框，古典园林，建筑空间，室外化
**Keyword**：frame, classical gardens, architectural space, outdoor

**中图分类号：** TU986.1
**文章标识码：** A

### 1. 概念详述

#### 1.1 原始概念

首先，从理解景框这个概念开始。在汉语大词典中，景有十五个含义：1. 亮光，日光；2. 指太阳；3. 光明；4. 景象，情况；5. 风景，景致；6. 戏剧电影的布景和摄影棚外的景物；7. 剧本一幕中因布景不同而划分的段落；8. 时光；9. 大；10. 仰慕；11. 祥瑞；12. 古代出门御尘的外衣；13. 钟乳，钟面上隆起的部分；14. 通“京”；15. 姓。框有五个含义，分别是：1. 嵌在墙上为安装门窗用的架子；2. 镶在器物周围起约束、支撑或保护作用的东西；3. 在文字、图画或器物的周围加上线条；4. 限制，束缚；5. 所谓事物固定的格式和限制范围。再回到景框这个词当中，景在这里应作风景、景致来解释，框则应取限制、束缚这一含义，所以，合在一起，景框可以理解为对外围环境的一种有选择有范围的限

制或约束。

### 1.2 含义的扩展

环境空间中的风景、景物并不是随处可观的，眼到之处不一定都能给人美的感受，也就是说当我们将景框运用于环境艺术设计中的时候，我们需要有选择的取景，而这一活动就叫做框景。这并非简单颠倒顺序的文字游戏，这里的框不同于景框中的框，这里框是动词，而且包含技巧品位的意蕴。“框景”是利用门框、窗框、树框、山洞等，有选择地摄取空间的优美景色。园林中的建筑的门、窗、洞、或者乔木树枝抱合成的景框，往往把远处的山水美景或人文景观包含其中，这便是框景。下文中，将对景框进行研究，分为传统的以及现在的两部分，以此来说明景框的分类，也将对景框在景观及建筑中的实践予以说明和探索。

## 2. 景框的分析

### 2.1“景框”一词的来源

在我国，最早的用于景观与建筑中的景框概念也许来自于园林中门洞与漏窗的设置。对于门洞漏窗的设置，无论采用哪种形式，都要充分考虑与景墙及周围山石、植物、建筑物风格的协调。为达到尽量完美的景观视觉效果，还需考虑框景、对景、衬景和前、中、后景的结合。

### 2.2 景框的发展

#### 2.2.1 传统的景框

我国的园林艺术，如果从殷、周时代“囿”的出现算起，至今已有三千多年的历史，是世界园林艺术起源最早的国家之一，中国古典园林因其高超的艺术水平和独特的民族风格，在与之并称的阿拉伯园林和欧洲园林——世界三大园林体系中独树一帜，在世界园林史上占有极重要的位置。中国古典园林艺术是中国文化艺术长期积累的结晶，它充分反映了中华民族对自然美的深刻理解力和高度的鉴赏力。中国古代园林与西方传统的规则的几何形风格迥然不同，它是以自由、变化、曲折为特点，师法自然，将人工美与自然美相结合，从而达到“虽由人作，宛自天开”的效果，形成了自然式山水风景园的独特风格，堪称世界上最精美的人工环境之一。

中国古典园林艺术始终表现出“人是主人，景为人用”的基本特点，反映了几千年来人们对自然美的感情和理解，体现了人与自然和谐融合的基本关系，记录了中国历史文化的轨迹，达到了自然性和文化性的完美统一。追求意的优雅和境的深邃是中国古典园林的重要特点之一。民间有“江南园林甲天下，苏州园林甲江南”之说，苏州是我国古典园林的萌发地之一，聚集了江南私家园林的精粹，具有悠久的历史，造园技艺精湛。景物是通过各人体感官直接触动人的心境的，特别是视觉有着综合触觉和运动感觉的性质。苏州园林的成就是与它独特的造园手法和造园思想分不开的。在苏州古典园林中，为了满足人们对于景物的观赏要求，除了良好的观赏路线和视觉观赏条件外，处处有景，

图 1 清代建筑苏州拙政园的水廊

图 2 日本美秀美术馆

图 3 苏州博物馆

步移景异，具有百看不厌的魅力，使人们感觉其园林空间虽小但又不觉其小。中国古典园林以其优越的自然生态与丰饶的精神文化生态之和谐结合辐射于当代，指向未来。

我国古典园林的造景手法主要有借景、对景、框景、漏景、障景，本文主要对框景展开叙述。当景物被嵌于框内或透过适当的空漏处来观赏时，常会显得更为美好。框景就是使空间景色以简洁幽暗的景框作为构图前景，使人的视线高度集中于画面的主景上，给人以强烈的艺术感染力。如在拙政园中，水廊的檐和柱将“与谁同坐轩”及周边景色框入画中（图 1），以简洁的景框作为构图前景，把最美好的景色展现在画面的高潮部分，给人以强烈的视觉冲击力和深刻的印象。耦园的山水间外望的门景及窗景、留园的绿荫窗景、狮子林的海棠门洞及九狮峰、留园的华步小筑、沧浪亭的秋叶门景、怡园的复廊窗景等都是框景手法的较好体现。

这时候对于景框的运用并没有脱离景框一词的原始概念。景是内容，而框是形式。

**2.2.2 现今的景框**

现今的建筑早已不同以往，新材料、新技术的应用使得建筑的形态发生着巨大的变化。原以门、窗、洞或者乔木树枝构成的景框已被钢柱、墙面甚至有体量感的建筑物本身所取代。

具有代表性的实例便是贝聿铭设计的位于日本京都市附近的美秀美术馆。这个建筑几乎大部分都被埋在山里，只露出建筑的入门、前厅、左右两翼展厅的连廊、建筑暴露的部分全是透明的玻璃屋顶，屋顶的框架结构由大小正方形和 45 度角的多面几何形体构成，阳光透过顶棚细细的木格栅投影在地面，产生出非常美妙的光影效果，从日出到日落，这座透明的建筑与周围环境相映生辉。当观者走进这座建筑，视线就自然地被窗外的青松以及层层叠叠的山峦吸引，意境洁静空灵（图 2）。

在中国，同样有贝聿铭先生设计的苏州博物馆新馆也让我们亲身体验了这种引室外与室内，装饰美化较封闭的室内空间，令理性整洁的室内空间多了沉静与清新的灵气（图 3）。

可见，现今的景框已打破了景框词义的局限性，使其运用到设计中能够对观者产生巨大的视觉冲击力。

## 2.3 景框的分类

通过对搜集的资料进行对比分析可以发现，景框在现代及当代设计中的运用与以往最大的不同有两个方面，由此可以梳理出景框的分类。首先从尺度上来划分，传统的景框依照人的尺度设定，属于按照人的尺度设置的景框；而现今景框的运用十分大胆，一般尺度较大，大跨度超高度的建筑空间用大面积的通透感造成知觉上对室内外环境的融合。德国历史博物馆更是将这一变化体现到了极致，设计师将整个建筑的外墙全部做了透明的处理（图4），人行其中感觉既在室内也在室外，这一类就属于超越人的尺度而设置的景框。其次是从景框的材质来划分，分为木材、砖、石材类和玻璃、钢材、合金类。

图4 德国历史博物馆

### 3. 景框的作用

通过追溯景框的发展历程，以及其中的变化，不难看出景框的使用变得越来越频繁，也从公共环境渐渐融入了人们的日常生活中。当今快节奏的时代使人变得浮躁，使得人们重拾回归自然的向往。设计，就是要关注人类的情感与希望，于是室内设计的室外化成为一种必然的趋势。

最初，以盆栽、盆景作为室内陈设是室内设计室外化的突出表现。当时受到技术条件，保守观念等诸多主客观因素的限制，无法做到将室外景色引入室内，只能以陈设绿植来满足向往自然的渴望。

在这之后，时间的推进以及园林设计手法的运用，推动了室外化趋向的发展。园林造景手法之一的框景在室内设计上的应用，加强了室内外空间沟通，进一步把室外环境融合进室内空间之中。室内外空间通过一扇窗子巧妙地融合为一体，人们既可身居室内又能赏室外之景。这时窗子不仅以其自身别致优美的造型构成室内设计的一个部分，而且使室外自然之景成为室内活生生的图画。

现代设计中，现代科技和新型材料的运用使室外景观的大量移入成为可能。使人与大自然之间的接触更加直接和充分，在更大的程度上解决了人们居于室内而又要获室外之感的矛盾。

正如迈克尔・塔瓦在《景框的中介》一文中所说的："景框作为一个包含或排斥的强力框架，它总是关注于围合，但也可以作为一种延伸的框架，既跨越内容又容忍越界，它将关注于那些开放的、那些没有框的和那些领域之外的。景框在包含和排斥之间造成了一种张力，但被排斥的并非不存在。"也就是说，虽然景框是一个有范围、有大小、有局限性的概念，但它所关注的却是开放的没有区域概念或边缘的自然或人文景观，景框是架在二维的框和三维的景之间的一座桥梁，作用有点像画框，但框住的又是三维的景观。景框的概念促使了人们对于室内外环境之间联系的思考，也促进了室内设计室外化的发展，使人类亲近自然的愿望梦想成真。

## 4. 景框的应用

近年来，生态设计、绿色设计等名词的不断涌现，其使用频率不断提高，可见人们对环境的关注度呈现一个逐步上升的趋势。在混凝土、钢筋、玻璃搭建的城市中长期的生活，使人们对绿色的向往尤为突出和迫切。这一需求并不是人类一时的喜好转变，而是存在于人性深处的原始本性。正是人类生于自然，存于自然，天性向往亲近自然的这一特点，决定了“景框”在现今社会中无限的发展前景。

景框在设计中的运用越来越抽象化，原本园林中的景框形式已不再多见，但其内涵和意境却得以保留和深化，设计将传统的内涵赋予现代的形式，既有引人深思的艺术意境又不落俗套。先进的技术可以通过新材料的应用，使我们身处室内却仍然能体验到室外环境的自然和清新。另外，需要强调的是，室内环境设计的室外化也同样不应是原封不动地照搬大自然，而应该是经过现代人的思维过滤，将景框的精髓以崭新的形式表现出来，即取其意而舍其形，是大自然的浓缩，亦是与当下生活和谐的“室内自然”。

## 5. 结语

建筑之美在于其根植于自然环境，又服从于自然环境。多样的建筑形式、各异的建筑风格适宜于不同的自然环境，与风景林木地形融为一体，形成了各种建筑文化自己的美的语言。作为环境艺术设计，一定要放在环境中，与环境联系起来，才有评价的意义。景框是人类环境与自然环境之间的纽带，其在设计中的广泛应用体现了环境艺术设计对人类情感需求的关注。

## 参考文献

[1] 迈克尔・塔瓦．景框的中介——电影与建筑中的动态布局 [J].ARCHITECT，2008.12.

[2] 从视觉传播的角度浅议苏州园林的造园手法 [D/OL].http://blog.sina.com.cn/s/blog_48ebf12101000boh.html

[3] 龙渡江，金晓玲．后现代主义与中国古典园林设计思潮之异同 [D]. 湖南长沙：中南林学院环境艺术设计学院，2006.6.25.

[4] 室内设计的室外化趋向 [D/OL].http://www.arting365.com/vision/essay/2007.01.14 / content.1168780705d142284.html

[5] 汉语大词典（第四卷、第五卷）. 汉语大词典出版社，1989.11.

## 图片来源

图 1. 互动图片 http://tupian.hudong.com/s/%E6%B8%85%E4%BB%A3%E5%BB%BA%E7%AD%91/xgtupian/1/9

图 2. 百度图片

图 3. 旅行者 http://www.uutuu.com/fotolog/photo/157108/

图 4. 上帝之眼 http://www.godeyes.cn/html/2007/10/29/google_earth_6559.html

**朱茜 / Zhu Qian**
（东华大学服装·艺术设计学院，上海．邮编 200051）
（Fashion · Art Design Institute, Donghua University, Shanghai. 200051）

# 浅析环境艺术设计中“暴露”的表现手法
# Analysis of the techniques of expression of “Exposing” in environmental art design

**摘要：**

当今的环境艺术设计要求设计者们摆脱枯燥乏味的设计手法，坚持“以人为本”的原则，将各学科专业进行优化和整合，达到继承和发扬传统精神文化，同时满足增强设计的表现力、凸显设计的形式美感的要求，并且兼具适用和坚固为一体的艺术形式。环境艺术设计是一系列的“控制元素”的融合。本文以“暴露”的表现手法为出发点，研究其手法在环境艺术设计中的概念理解和分类方式，发掘该表现手法在材料、空间、肌理等方面实施的意义，并且探索其在环境艺术设计中的应用方法，从而引导具有创新意识以及可持续发展的设计。

**Abstract:**

Nowadays, the environmental art design, a form of art which unties application and solidity, requires designers should get rid of the tedious way of design, puts forward the principle of “ human orientation”, modify and complete the variety of disciplines and specialties, to carry on and forward the traditional spirit and cultural, in the meanwhile, to satisfy the request of intensification in the expression and prominence in the beauty of formalism of design. The environmental art design is a combination of a series of “control element”. This thesis to begin with the techniques of expression on “exposing”, does research of the way in understanding of the concept and categories in environmental art design, discover the meaning of the techniques of expression in material , space and textile of environmental art design. It explore the practical way in environmental art design in order to lead the creative and sustainable way in design.

**关键词**：环境艺术设计，暴露，表现手法，创新
**Keyword**：environmental art design, exposing, the techniques of expression, creative

**中图分类号**：TU-80
**文章标识码**：A

## 1. 引言

在现代美术史上，表现主义（Expressionism）是一个重要的艺术思潮和流派。表现主义的艺术家们强调了艺术的表现力和形式的重要性。[1)]“暴露”作为环境艺术设计中的一种表现手法，选择了常规材料的反常规用法，来凸显环境艺术设计的鲜明创新性，是现代摩登派的设计风格。环境艺术设计将“美观”“适用”“坚固”三位一体，让“美观”不仅是外在的，更多为内在的、精神的。[2)]“暴露”表现让这种“美”得以体现，构成艺术设计里的各种形式。它要求设计能够反映出人类的生活活动、社会特征、心理需

求以及审美理想。

在设计领域飞速发展的今天，“暴露”的表现手法体现了寻求标新立异的设计师运用材料的多种属性，反常思考，突破常规，重组整合出更新颖、更出彩的适应生活、工作、休闲、娱乐的场所，以此来满足已经麻木的视觉和神经，让设计更前卫、更时尚。

## 2. 环境艺术设计中的“暴露”表现

在《辞海》，暴露有如下解释：暴露、显露、揭露。如：暴露目标、暴露无遗。[3] 在当代文学中“暴露”的意思同环境艺术设计中的理解大相径庭，其中“暴露文学”是指揭露社会黑暗面，而不能指出光明前景的文学。这些对“暴露”词汇的理解已经存在着一种贬低和嘲笑的态度。然而，在环境艺术设计中，设计师给予了“暴露”一种新的定义，因为，环境艺术设计是系统设计，是各个要素点优化设计的过程和结果。[4]“暴露”的表现手法的出现，是适应这个时代出现的创新手法，其存在也具有发展前景，所以，需要用一个客观的眼光看待这种表现手法的存在。

在环境艺术设计中，“暴露”表现是指设计作品都表现出某种超出其本身所包含的物体的表象来展示。将设计时本身应该回避的东西显露出来，或者将材料进行反常规的运用，达到装饰、宣扬个性的效果。这种表现手法成为了现代摩登派设计师所表现的一个派别，他们把要表现的内在东西尽可能地全部暴露出来，一览无余，在视觉、心理、功能等等上传达新奇的效果。

“暴露”的表现手法多样，主要在形式和内容上分类为：

### 2.1 承重结构暴露

承重结构是指梁、柱、墙和各种构架等。现代建筑如果按结构划分，则包括砖混结构、砖木结构、混凝土结构和钢结构四大类。那么，承重结构暴露一般用于整体建筑物设计上，将原本该藏于建筑内部的承重结构暴露在室外。设计多采用裸露结构的形式，外墙采用相配合的挂板或贴面，将沉重结构暴露于建筑表面。它的设计意义多用于表现建筑的结构特色，从而来体现现代建筑结构的优越性。

#### 2.1.1 框架暴露

框架暴露，顾名思义就是将建筑构架直接外露，这种设计成了现代设计中的流行走向，人们希望从原来的只能看到单一墙体到能够看到内部结构这类设计表现方式更多元化的设计。

丹麦的 Kastrup 海上浴室是用一些细长的木头柱子支撑起来的，这些木头柱子露出水面大概一米高，承重结构完全暴露在外（图 1）。

图 1 hite arkitekter AB 设计丹麦 Kastrup 海上浴室

图 2, 图 3　台湾“旧情绵绵”咖啡馆

并且使用 Azob é 木材的在海水中极好的耐水性建立起一个由木质码头延伸至海里的环形建筑，造型独特，同时高低错落的框架结构又具备跳水台的功能。同样，同济大学土木工程学院大楼也是采用全钢结构形式，外墙采用相配合的挂板，将沉重结构暴露于建筑表面。这样的建筑本身就是一本结构教材书，又能够展现不同的设计手法和方式，一举两得。

### 2.1.2 楼板暴露

将楼板掏空，或者将楼板暴露于众，不加以修饰的方式来表现要素特色。登琨艳先生设计的浓情绵绵咖啡馆台北忠孝店就将楼板掏空（图 2），不加以后期的平整装修与装饰填补，让楼板的粗糙效果表现于众，在二层空间（图 3）装上光滑的金属扶手，与粗糙的楼板进行强烈对比。但是这个设计手法赋予了咖啡馆中庭通透空间、自然取光的作用，达到设计师追求的随性、自然、奔放、时尚的效果。

## 2.2 原状暴露

原状，就是指原来的状态。原状暴露则是将建筑物本身的内部用材直接显露。这样的装饰效果在设计著名建筑米勒宅（Muller House）中表现的及其充分，设计师把材料的本身作为另一种意义上的装饰来使用，对装饰的摒弃，钟爱材料自身美感的自然结果，从而达到了建筑原状暴露表现的效果。5）

### 2.2.1 建筑管道暴露

一般在建筑物的设计上运用暴露其水管道、电力管道、空调管道等，

图 4, 图 5　法国巴黎蓬皮杜国家艺术与文化中心

将原本该藏于建筑内部的管道暴露在室外或室内，并运用多种不同的色彩加强视觉效果。

法国巴黎蓬皮杜国家艺术与文化中心（图4，图5）的最大特色，就是外露的钢骨结构以及复杂的管线。文化中心的外部钢架林立、管道纵横，并且根据不同功能分别漆上红、黄、蓝、绿、白等颜色。因这座现代化的建筑外观极像一座工厂，故又有“炼油厂”和“文化工厂”之称。当然，这个前所未见的现代建筑，在巴黎也是在支持与反对的交织氛围中，不过，这个建筑却吸引了国内外的众多旅游者，它也已经成为了现代建筑中不可缺少的典型“摩登暴露表现”的案例。

**2.2.2 墙体暴露**

现在很多设计师在进行厂房创意改造的过程中，热衷于将建筑墙体、地面、楼板等等的原始状态暴露在外，或者干脆将原本的龟裂饰面敲去，故意留出砖墙的实体，意在回归自然、回归原始的心态。

登琨艳先生设计的现代启示录啤酒馆（图6）将原本的白墙剥去，利用墙体的原始砖块来营造咖啡吧的氛围，用淋漓的风格吸引年轻人，让人们在昏暗光线下体会那种回归原始的感觉，远离钢筋水泥，从感官、视觉、触觉上多方面体会设计师的时尚韵味。

### 2.3 材料本体暴露

材料是设计的物质基础和载体。材料使用方式不同，可以造成使用者心理上的不同。材料本体暴露别于原状暴露，它主要是指，材料的反常规用法。设计师通常把废旧的材料，不是频繁出现在特定地点的材料反常规的使用，造成人们眼前一亮、耳目一新的做法。

**2.3.1 新材料暴露**

设计师会采用全新的材料用于饰面或者平铺表现，但是材料反常规使用，淡化其原本的功能或者形式，比如：将原本用来承重支撑的砖块用来拼贴图案，展现其肌理、色彩。上海城市雕塑馆（图7，图8）将砖块暴露于众，运用烧结页岩承重多孔砖块的特殊肌理效果饰面，打破传统砖块的运用方式，运用拼贴组合的方式，增添建筑表皮的趣味性。

**2.3.2 废旧物的暴露**

材料本体的暴露做得最出彩的该属登琨艳先生做的长沙窑餐厅（图9）。铜官窑作为长沙历史文化的载体，设计师将废弃的旧烧窑匣钵用于空间的主体，夜间在匣钵里点

图6 “现代启示录”啤酒馆

图7，图8 裸露砖墙外墙面

图 9 湖南长沙窑餐厅

图 10 匣钵的再利用

上整墙的蜡烛（图 10），神秘的长沙古窑本体在此刻再生，质朴的墙体配上了动感十足的灯光和地面，运用了变化趣味的空间设计思考方式，将一种材质的作用发挥极致。

### 2.4 工艺方法暴露

工艺方法是构建整个设计材料组合方式的关键，技术方式的不同也能够在设计中体现不同的表现形式。涂料、拼贴、组合等方式的不同，可以显露工艺方式的特殊性和设计者的独具匠心。该表现手法一般用于室内的墙面装饰，以水泥、混入石块的水泥、粗糙石块等饰面。将水泥石块的粗糙质感和自带色彩用于室内，有别于传统的抹平涂抹方式，故意表现墙面的肌理以及色彩效果，打破原有的平滑的室内墙面效果，多用于主题餐厅、主题酒吧或者个性旅馆等。

土耳其的卡帕多奇亚的红砂岩风蚀地貌为世界奇观之一，当地利用地貌的特殊性，开发了旅游业，将天然岩洞加以设计和改造，利用其岩壁表面的自身肌理和色彩效果打造主题饭店或者酒店。酒店设计师将岩洞石块肌理效果运用于室内设计（图 11），一些隔断、墙体，仍然选择打造成同岩壁表面肌理相似的裸露效果，让旅行者能够在室内外空间充分感受当地的特殊地貌，体验另类主题旅游。

## 3. 环境艺术设计中“暴露”表现的意义

人同社会、同环境密不可分，那么设计同样也是这样，现代设计总是倡导以人为本，打造和谐。细节决定成败，“暴露”的表现手法能够体现当代社会发展和当代设计发展史上的必然性。

### 3.1 展示建筑构造

环境艺术设计同时需要牢固的特点，要考虑建筑、景观、装置等的承重设计、墙体构造、结构安排等问题。该表现手法则是可以安排、规划好这些元素的情况下，将设计的构造直接暴露于众，构成承重暴露、墙体暴露、结构暴露等表达方式，多为

图 11 土耳其：卡帕多奇亚的主题餐厅

现代建筑设计中的表现手法之一。

### 3.2 发掘材质属性

设计师在选择材料的同时，将材料反常规地合理使用，在考虑好材料本质属性和特点的前提下，发现其原本被忽视的特点，将材料进行创新使用，并通过各种手段将其特色展现，达到与原本材料使用上截然不同的展示效果，体现现代设计的时尚意味。

### 3.3 引导空间走向

对材料的合理运用和设计时，掏空、摆放、堆叠的方式可以构建空间的隔断，从而拓展空间或者重组空间，在空间上起到引导作用，也可以作为合理分配、利用空间的手段。

### 3.4 展示设计心理

由于对选材和构造方式的特殊性，造成不同人不同的心理感觉，“暴露”的表现手法在表达方式上更直接、更大胆，通过材料的夸张、特殊的设计和施工工艺，吸引人们的眼球，体现了空间使用者对不同事物的不同理解，展示和表现了不同的效果。同时，在现代社会，人们在设计的同时也讲究设计的可持续发展。该表现手法的特殊性也可以是材料达到经济与美观相融合的效应，使设计有更多的创新点与发展方向。

## 4. 环境艺术设计中“暴露”表现的应用方法

### 4.1 空间的重组整合

环境艺术设计中的构成要素众多，其中空间在环境艺术设计中起到了至关重要的作用。空间体系中，各个形式的空间表现手法都需要虚实结合的手法。“暴露”的表现手法可以通过在施工过程中的突变方式，造就不同的空间氛围，还可以利用钢材或是铁皮等直接利用的表现手法来分隔空间，以此作为空间的隔断。突破传统的施工方式，让其在空间上起到阻隔、引导、围合等不同的造就空间层次的效果。

### 4.2 施工工艺的创新

材料在拼贴方式、肌理表现、色彩表达等上可以做很多文章，“暴露”的表现手法在施工工艺上可以体现，不同的施工手法可以创造不同的效果，加之设计师对选材用材的创新组合，通过材料质感对比屏贴、类似色彩或者相对色彩的任意组合，都可以展现不同的设计作品。

### 4.3 尺度上的合理把握

设计师在选材和使用上要把握好尺度。过分追求效果也会造成与环境的不协调，不以人为本的设计也不可以考虑。设计需要把握好平衡点。在设计中，“暴露”的表现手法占多数，可以用来表现空间的张扬，以此点缀空间，展示设计师的独特品位和设计理念。无论尺度的多少，都需要考虑使用者的心态，坚持设计为人服务的原则。

### 4.4 设计情感的需求与传递

设计师通过不同的表现方式来展示自己的设计理念，该表现方法也是体现设计师设计表达的一种渠道。“暴露”的表现手法需要设计师通过对设计中的历史文脉的了解、对不同材料属性的熟知，对各类材质使用方式的创新，让设计融合于环境，让设计出彩，简明扼要地传达出设计师的心理以及满足使用者的心理需求。

## 5. 结论

“暴露”作为环境艺术设计中不可或缺的表现手法，应该得到设计者的重视和关注。当然，作为现代设计的代表之一，人们对于“暴露”的表现形式的评价可能会褒贬不一。但是，当这种表现方式通过设计的调整，使其在设计中摒弃突兀另类，进行设计系统内的优化整合，使其代表了兼具传统与时尚的特点，那么，这种表现方式就可以有其存在的必然性。所以，设计师们应该在建立充分理解环境艺术设计的前提条件下，尊重社会历史文化，考虑设计的可持续性，在设计系统中找到其本质的创作规律。所以，“暴露”的表现手法必将继承和发扬现有的环境艺术设计理念，为设计增光添彩。

## 注释

1）翟墨，王瑞廷主编 . 崔庆忠编著 . 西方现代艺术流派书系：表现主义 . 北京 : 人民美术出版社，2000.9:3-4.

2）、4） 鲍诗度 . 论环境艺术设计 . 北京 : 中国建筑工业出版社，2007.11:64-69

3）夏征农，陈至立主编 . 辞海：第六版彩图本 . 上海：上海辞书出版社，2000.9:111

5）史永高 . 材料呈现: 19 和 20 世纪西方建筑中材料的建造 – 空间双重性研究 [M]. 南京 : 东南大学出版社，2008.3:93

## 参考文献

[1] 翟墨，王瑞廷主编 . 崔庆忠编著 . 西方现代艺术流派书系：表现主义 [M]. 北京 : 人民美术出版社，2000.9

[2] 鲍诗度 . 中国环境艺术设计 • 集论 . 北京 : 中国建筑工业出版社 [M]，2007.11

[3] 鲍诗度 . 中国环境艺术设计 01. 北京 : 中国建筑工业出版社 [M]，2007.4

[4] 登琨艳 . 空间的革命 . 上海 : 华东师范大学出版社 [M]，2006.7

[5] 登琨艳 . 蜉蝣建筑 . 上海 : 华东师范大学出版社 [M]，2006.7

[6] 史永高 . 材料呈现：19 和 20 世纪西方建筑中材料的建造 – 空间双重性研究 [M]. 南京 : 东南大学出版社，2008.3

## 图片来源

图 1. 中国建筑地产网（http://build.woodoom.com/zpxs/jianzhu/）

图 2，图 3. 登琨艳《空间的革命》. 上海：华东师范大学出版社，2006.7:54-55.

图 4，图 5. 网络顶尖设计，吉尧姆 • 科钦建筑事务所的设计作品展示（http://www.bobd.cn/design/）

图 6. 登琨艳《空间的革命》. 上海：华东师范大学出版社，2006.7:59-60.

图 7，图 8. 作者拍摄，拍摄地点：上海城市雕塑馆，2008.10.

图 9，图 10. 东华大学联合主编，《中国环境艺术设计 01》 北京：建筑工业出版社，2007:202-209.

图 11. 金羊网—羊城晚报（http://www.3366ok.com）

钱程 / Qian Cheng
（东华大学服装·艺术设计学院，上海. 邮编 200051）
（Fashion · Art Design Institute, Donghua University, Shanghai. 200051）

# 浅析“非装饰品”在室内空间中运用的装饰性

# Research on the decorative of non-adornment in the interior space

**摘要：**

“非装饰品”相对于“装饰品”而言，现代人对于家居装饰品的个性化和独特性要求越来越高，选择原本并非装饰的物品作为室内装饰品逐渐成为一种风尚。文章从“非装饰品”在室内空间运用的独特性原理浅析，以色彩、材质、光影、造型为出发点，列举实际运用中的成功案例。并论述了现代家居空间中装饰品运用的一般方法，得出室内装饰品的运用应与空间环境的要求相适应，体现空间的整体性，达到创意与环保协调统一的设计理念。

**Abstract:**

Paper analysis non-application from the use of decorations in the interior space. Take color, texture, lighting, modeling as a starting point. Cited the success case of the modern interior space. Discusses the general way of how to use accessories in the modern home space. Get the design conclusion that interior decorations should be adapted to the requirements of the space environment, keeping reativity and environmental unity.

**关键词**：装饰性，室内空间，视觉美学，新组合

**Keyword**：decoration, interior space, visual aesthetics, new combination

**中图分类号**：J525.1

**文章标识码**：A

生活条件的改善使得人们对于生活起居空间有了更高的追求。房屋从居住机器转变为了人们诗意的栖息地，在具有基本的功能外居住者更希望能够表达自己独特的气质。现代人对待房子推行两步走：一次装修和二次装饰。由此可见家居装饰已经成为房屋不可或缺的一部分，而装饰品正是整个空间中最具表现力的物体，因而独特的家居装饰有助于空间呈现出精彩的视觉效果，甚至对于整体空间氛围的营造起到推波助澜的作用。

## 1. “非装饰品”的概念

“非装饰品”的概念是相对于“装饰品”而言的，主要是指物品原本的功能并非装饰，利用已有的成品或废旧物品经过适当加工或改造成为新的装饰品，包括 DIY 等。《辞海》中对于“装饰品”的定义是专为增加美观而没有实用价值的物品，所谓“非装饰品”就

图 1 旧式镂空窗花的装饰隔断

是除了“装饰品”以外的物品都可当做“非装饰品”在空间中运用，属于创意家居产品的范畴，不仅美观而且具有实用价值，也是广泛意义上的装饰品。室内装饰品的出现是为了满足人们的社会活动和生活需要，更加合理、完美地组织和塑造具有美感而又舒适、绿色的室内环境。

目前，我国室内装饰品种类繁多。其加工方法包括编织、雕刻、粘贴、模具成型等，概括地说就是大批量的机械化生产。在很大程度上凸显着科技水平的现代化，大大满足了市场的需求，但是这种状态下生产的装饰品缺少个性，甚至千篇一律，非常容易造成人们的视觉审美疲劳。“在家居中如果物质条件比较单一，人的感知就会单调、呆板，甚至冷漠、空虚。所以，营造丰富的环境氛围，创造一种美的形式和美的文化内涵。”1) 现在已经有很多人意识到装饰品在空间中所起到的独特的作用，越来越多的人寻找具有个性的能体现自身风格的装饰物品。因此，许多非装饰品首先被设计师们看中，将原本并非装饰品的物品拿来作为装饰在目前也算是一种突破。但是“非装饰品”在室内空间中的运用并不广泛，只在一些设计工作室或酒吧等个性空间有独特的运用（图 1），但这意味着人们对个性和品位的追求逐渐提升，装饰品的选择范围也越来越广泛了。

## 2. “非装饰品”运用的独特性

相比较于定制式、批量化生产出来的装饰品，使用“非装饰品”对空间进行装饰会随性一些，并且拥有着它独特的空间语言，现代人对于自己生活起居的空间都有自己的装饰想法和喜好，推崇“轻装修、重装饰”的风尚正是人们追求自己空间独特性的体现。

### 2.1 “非装饰品”的运用促进社会资源的节约

#### 2.1.1 成本相对低

价格并非是体现价值的唯一标准。现代人注重的是个性化，追求的是独特性。探访国内外成功的空间装饰案例，许多被设计师挑中的作为装饰的物品往往是手边随手可得的生活用品，拥有生活气息的空间会让人备感亲切。另外，非装饰物品一般需要经改造成为饰品，通常是一些常见的较容易获得的成品再进行二次加工，也省去了设计的费用。“低成本并非意味着使用廉价的材料，一次性投资较高，但反复多次使用后它的成本实际下降了许多倍，又能保证效果。”2）

### 2.1.2 环保和节能

环保和节能是我们耳熟能详的生活发展趋势，可在现实生活中却较难付诸行动，不是我们不愿意，只是我们没有意识到他的重要性，家居生活中必然会产生很多废弃物品。如果大部分人能够稍加用心地将“放错位置的宝贝”放对了地方，其带来的经济和社会效益将是不可估量的。在中国，环境保护者推荐大家使用新型环保节能材料为主，同时辅以废旧物再利用，最大可能地发挥物品的使用效力，同时省去了处理垃圾的人力和物力，这无疑是一举多得，对促进集约型社会的发展起到巨大的推动作用。

## 2.2 “非装饰品”的运用表达着人们自身对空间的情感诉求

### 2.2.1 体现了个性化与自由选择性

非装饰物品想要作为装饰品出现在空间中，需经过一定的加工，此过程中会融入制作者的主观能动性，使其个性化。装饰品就如同使用者的“窗口”，体现着使用者自身的风格和特色，当人们踏入空间，从它的装饰就能“闻”到它的气息。室内空间怎样装饰全凭主人自己的喜好，成品装饰物未必能够完全符合主人的喜好。就拿最常见的墙面装饰画来说，虽然市面上的选择数不胜数，却总找不到最想带回家的那幅，于是很多人开始自己创作——便打破传统图画的单一形式，采用拼贴、雕刻、翻印等等方式，平淡的家居生活也因此增添无限趣味。

### 2.2.2 对“纪念品”的独特收藏方式

房子住久了总想旧貌换新颜即使是乔迁新居，多年生活积累的许多旧物，因浓缩着往昔岁月的情感回忆而不忍舍弃，因而废旧物品的再利用以及成品的二次装饰既可以很好的保留回忆又能推动这一趋势的向前发展。设计本来就是为了解决问题，使人类的生活达到最优化，所以在未来利用这种非成品的装饰物装饰空间将成为人们生活的主要追求。

图 2 彩色瓷盘装饰的墙面

图 3 废旧的铜盘装饰的墙面——
裸露的墙面在斑驳的铜盘的映衬下显得厚重且雅致

## 3. “非装饰品”在室内空间中的视觉形式

对空间进行装饰就是希望空间能拥有“画龙点睛”之笔，成为空间最出彩最有特色的部分，通常分为四种方式来凸显非装饰品在空间中的装饰风采：

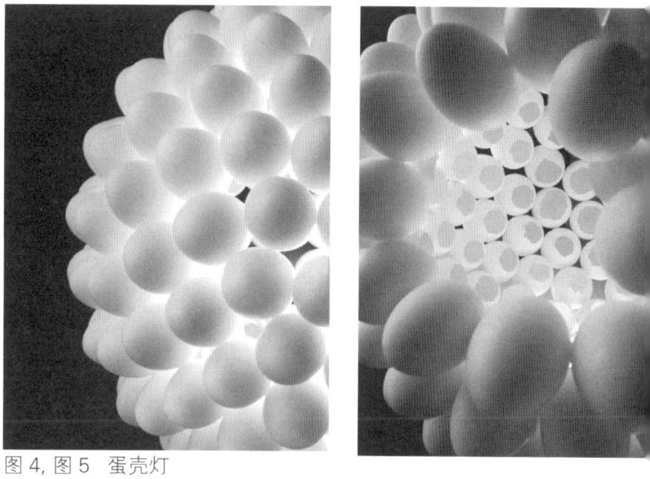

图4, 图5 蛋壳灯

### 3.1 色彩表达

室内装饰品的色彩一般从感性认识与理性分析两方面来考虑。感性认识通常是指个人的喜好，它在其中占主导地位，它决定了室内的整体色彩效果。理性认识主要是指根据空间的整体基调，选择和安排装饰品的色彩，使空间富于变化又具有完整性。色彩元素的植入是对空间氛围最直观的表达（图2）。

### 3.2 质感表现

空间材料的运用无所谓好与坏，只有适合与不适合，只要运用恰当，充分表现了材质的特性，就是好的装饰。“设计就是赋予材料以一种形态的手段而非其他，材料只有与造型结合才有其自身存在的意义和价值，材料也因此成为设计作品特征的一个部分。”[3]（图3）

### 3.3 光影效果

“光源是生命，人和植物的生存都依赖光，人类在任何一种环境内生活都有情绪、有气氛，灯光是影响我们情绪、调节气氛的重要手段之一。”[4] 我们能够利用灯光在室内看清楚房间的界限，知道身处空间的边际，而产生安全感。不同的光影效果会给人带来不同的感受，不同的空间，有不同的灯光需求，因此，不能只利用一种灯光。配合不同的空间，除光线的强弱对空间造成重大影响外，灯光的款式也同样重要。图4， 图5为日本设计师Nosigner在伦敦的Designersblock上展出他最新作品。Rebirth灯是采用了真蛋壳作为制作材料。薄薄的蛋壳在大师的手中摇身一变成了艺术品。

图6 木条塑造的树枝酒吧

图 7 主题为“自然工厂”的 Diesel 品牌专营店

图 8 自己创作的装饰品——“会飞的鞋子”

### 3.4 创意造型

“非装饰品”的又一大特征就是凸显创意造型。如今，这种非大量生产、十分依赖新鲜创意的装饰产品蓬勃发展，迅速在年轻人中间流通，越来越多前卫的商家加入其中，一个更加自由非标准化，彰显个性的市场正在形成。吧台毫无疑问是空间中的焦点，树枝状的装饰物从吧台中心向天花板四处蔓延开，使整个酒吧空间立刻被统一到同一种气氛中（图 6）。

## 4. “非装饰品”在室内空间中的装饰手法

### 4.1 整体装饰

大面积的使用同一种物品，作为空间的主导“旗帜”引领着整个空间。从视觉上形成一种重复感，将物品的“味道”发挥到极致。运用“非装饰品”的特点就是在平凡的空间中创造不平凡的装饰效果。有整齐满面覆盖的，有散点式覆盖的，不同的装饰手法就会带来不同的空间感受。设计师 Makoto Tanijiri 将整个一层空间变成了一篇 PVC 管森林，白色的 PVC 管子就像树枝一样延展开来，无形中将“自然”的品牌文化表达得淋漓尽致（图 7）。

### 4.2 局部点缀装饰

随着现代人对家庭居住环境舒适程度的要求日益提高，如果能在家居设计中善用一些巧妙的装饰，不仅能够花小钱做大效果，还能减少日后家居设计因样式过时要翻新时造成的损失。装饰品可以起到点缀和衬托的作用。现代人大多追求简约主义风格，它的优点是搭配灵活，容易产生变化，也往往是这些细部装饰体现着主人的风格和特色。

笔者突发灵感，选用一双普通的白布鞋，结合羽毛和画笔制作出一对创意装饰品，既可以放在橱柜里展示，也可以固定于墙面上做立体展示。虽然没有机械化生产出的那种精致度，但足可以看出制作者的用心，并且制作过程中的全力以赴更是一种快乐的享受（图 8 ）。

## 5. 结论

笔者认为“非装饰品”的运用对室内设计行业的发展有着诸多实践性意义。而其中材料的选取和使用更是设计师风格和建筑空间可持续性的重要体现。总之，在空间中使用适合的材料、处理好装饰品与空间的关系，尽可能做到造型与装饰风格、主色调与整体空间、物品体量与空间比例、物体及其表面图案、材质与空间格调的协调统一等，体现空间的整体性才是最重要的。

## 注释

1）刘蝉洁．室内色彩设计．室内设计，2006.3:14–20.

2）姜立善．装饰材料在展览空间中的运用．工会论坛，2009，15（4）:173–174.

3）清华大学美术学院 装饰应用材料与信息研究所．装饰材料运用与表现力的挖掘．中国建筑工业出版社，2007.

4）鲍诗度．中国环境艺术设 02. 中国建筑工业出版社，2008:154–155.

## 参考文献

[1] 褚智勇．建筑设计的材料语言 [M]. 北京：中国电力出版社，2006.5.

[2]（英）理查德 • 韦斯顿．材料、形式和建筑 [M]. 北京：中国水利水电出版社、知识产权出版社，2005.7.

[3] 清华大学美术学院 装饰应用材料与信息研究所．装饰材料运用与表现力的挖掘 [M]. 北京：中国建筑工业出版社，2007.9.

[4] 刘旭．图解室内设计手法 [M]. 北京：中国建筑工业出版社，2007.5.

[5] 鲍诗度．中国环境艺术设 02[M]. 北京：中国建筑工业出版社，2008.5.

[6] 蔡丽朋．建筑装饰材料 [M]. 北京：化学工业出版社，2009.4.

[7] 李晨．室内设计中“废物再利用”生态设计理念 [J]. 家具与室内设计，2009.6.

## 图片来源

图 1.《中国商业空间 第五卷 中式餐厅》：100–101

图 2.《家居廊》68 期：81

图 3.《家居廊》68 期：67

图 4，图 5. 网络（http://www.idea78.com/j/13297.html）

图 6.《INTERIOR DESIGN》2011–01：95

图 7.《id+c》186 期：105

图 8. 作者拍摄

图书在版编目（CIP）数据

中国环境艺术设计·景论/鲍诗度主编.—北京：中国建筑工业出版社，2011
ISBN 978-7-112-13600-1

I.①中… II.①鲍… III.①环境设计-中国-文集
IV.①TU-856

中国版本图书馆CIP数据核字（2011）第192141号

责任编辑：唐 旭 张 华
责任校对：王誉欣 陈晶晶

第三届中国环境艺术设计国际学术研讨会论文集
**中国环境艺术设计·景论**
**Analects of China Environment Art Design**
鲍诗度 主编
*
中国建筑工业出版社 出版、发行（北京西郊百万庄）
各地新华书店、建筑书店经销
北京云浩印刷有限责任公司印刷
*
开本：850×1168毫米 1/16 印张：18 字数：450千字
2011年10月第一版 2011年10月第一次印刷
定价：**58.00**元
ISBN 978-7-112-13600-1
(21324)